FLORE D'EUROPE

Traduction de Barbora Neumannova
Révision et mise à jour de Georges Becker, Docteur ès sciences, Correspondant du Muséum

Arrangement graphique par Vladimír Šmerda

ISBN 2-7000-0114-1
Troisième tirage 1986
Imprimé en Tchécoslovaquie par Svoboda

1/12/02/53-03

FLORE D'EUROPE

JAN TŘÍSKA

ILLUSTRATIONS DE EDUARD DEMARTINI,

KVĚTOSLAV HÍSEK, VLASTIMIL CHOC,

JIŘINA KAPLICKÁ, KVĚTA SCHMIDTOVÁ

ET OTTO UŠÁK

LA NATURE À LIVRE OUVERT

GRÜND · PARIS

INTRODUCTION

Le monde végétal fait tellement partie du décor de notre vie que c'est à peine si nous lui prêtons attention. Un arbre au bord de notre rue, une laitue chez le marchand, le pain qu'on coupe, la pomme qu'on croque, le sucre de notre café, le bois de notre lit, le lin de nos draps, le vin de notre cave, nous ne nous arrêtons pas souvent à songer que tous ces éléments qui conditionnent notre existence de tous les jours méritent un peu d'intérêt.

Et pourtant, il suffit d'ouvrir les yeux pour aborder un véritable univers, inépuisable par son nombre, ses formes et ses propriétés, d'une variété presque infinie, qui nous a précédés et nous survivra sans doute, qui s'est adapté aux conditions les plus extravagantes, qui a colonisé la surface de la terre depuis les rochers du pôle jusqu'aux sables en apparence stériles des déserts, et toutes ces plantes ont simplement exécuté des variations inépuisables sur le seul thème de la chlorophylle. Cette chlorophylle est une substance miracle, que la Vie a inventée du premier coup. Elle lui a permis de construire des laboratoires miniaturisés extraordinaires, où se sont élaborées toutes les formes, mais aussi tous les corps les plus complexes dont nous faisons la meilleure part de notre nourriture. Sans les végétaux, aucune vie animale ne serait concevable. Ils sont au commencement de tout, et à la fin de tout.

Ils sont d'une telle importance que chaque région est caractérisée par sa flore autant que par sa population. Et bien souvent c'est la végétation qui conditionne l'existence même de l'homme et son style. Il y a des civilisations du blé, de la vigne, du riz, du maïs, du manioc, et j'en passe. Pour notre seule France, qu'on songe aux différences de physionomie entre les grandes plaines à blé et à betteraves du Nord, et les rivages ensoleillés et arides de la Méditerranée, entre la forêt du Jura et des Vosges, et la désolation des Causses, entre les gras pâturages de la Normandie et les cailloux de la Crau.

Mais chaque type de végétation est en perpétuelle évolution. Non seulement du fait de l'homme qui défriche, cultive, abandonne, brûle ou détruit, mais par elle-même une forêt par exemple, en un siècle, change de visage, et voit telles espèces d'arbres remplacées par d'autres, et il est fréquent qu'en revenant après quelques années dans un edroit qu'on croyait bien connaître, on n'y retrouve aucun souvenir d'autrefois.

Et puis, comme chaque plante a des préférences évidentes pour son régime, on trouvera les unes dans les situations les plus chaudes et les plus arides, d'autres dans les endroits ombreux et frais, d'autres aussi au bord des eaux courantes ou dans les marécages. Mais considérez un marais: les roseaux qui croissent sur ses bords les consolident, de l'humus s'y amasse, et peu à peu ils auront formé un véritable sol où des arbres prendront racine, qui chasseront les roseaux, qui seront forcés de s'aventurer plus loin sur le plan d'eau, qui ainsi peu à peu se rétrécira jusqu'au moment où il aura disparu pour devenir un terrain comme un autre. Ce processus peut demander des siècles mais la nature a une espèce d'éternité devant elle.

Chaque milieu particulier et que caractérise une végétation particulière est appelé un biotope, c'est-à-dire un »lieu de vie«. Ces biotopes sont innombrables, et il serait vain de vouloir les étudier tous, un seul d'entre eux suffisant souvent à fournir la matière d'un ouvrage complet. Mais il sera intéressant d'examiner quelques-uns d'entre eux, parmi les plus fréquents et les plus faciles à reconnaître. C'est pourquoi nous en avons choisi dix, qu'ils soient naturels ou artificiels, qu'on peut rencontrer un peu partout. Et comme il serait impossible d'étudier toutes les espèces qui les peuplent (la flore de la France comprend à elle seule près de 3.500 espèces, et celle de Madagascar plus de 10.000!) on a choisi les plus évidentes et les plus nécessaires à connaître. Pour chaque biotope les espèces sont rangées par familles, et en suivant l'ordre phylogénique, c'est-à-dire l'ordre ordinairement admis qui a présidé à leur évolution. Toutefois, pour plus de commodité, les plantes ligneuses, arbres et arbustes, sont toujours placés à la fin des chapitres.

LES EAUX DOUCES

C'est dans l'eau que la Vie a pris naissance, du temps qu'elle couvrait toute la surface de notre planète. Elle est toujours un élément indispensable à toute forme de vie, et si le plus grand nombre des plantes a opté pour l'existence terrestre, il en est de fort intéressantes qui sont restées fidèles à leur élément originel. Elles sont parfaitement adaptées à la vie aquatique, et se développent dans l'eau des mers, des étangs, des lacs, des ruisseaux et même des marais salants. Elles y germent, y croissent, y fleurissent et y fructifient, et la plupart manifestent une rapidité et une vigueur de croissance qu'on ne trouve pas ailleurs.

Certaines s'enracinent au fond de l'eau et restent submergées durant tout leur cycle végétatif, chez d'autres seules les fleurs apparaissent à la surface, d'autres encore, bien qu'attachées au fond, émettent des feuilles et des fleurs qui s'étalent à la surface quand la saison est venue. Il en est aussi qui ne vivent qu'à la surface, et leurs longues racines flottantes leur permettent de voguer librement. D'autres passent une partie de leur vie au fond de l'eau, puis se libèrent au moment de la floraison et viennent alors flotter à la surface. Il en est encore qui peuvent survivre aussi bien immergées que sur la terre ferme si les circonstances l'exigent.

Le milieu aquatique apporte aux plantes un soutien plus sûr que le milieu aérien, mais les plantes qui y vivent doivent en revanche résister à des poussées considérables provoquées par les mouvements de l'eau. De là, en général, la souplesse et l'élasticité de leurs tiges. D'autre part, le niveau de l'eau n'est pas constant, et les plantes doivent s'adapter à ces variations en allongeant ou en raccourcissant leurs tiges. Enfin, elle jouissent de l'avantage que constitue l'égalité de température de l'eau, bien plus constante que celle de l'atmosphère. Dans l'ensemble, elles sont toutes bien adaptées à toutes ces conditions particulières par leur forme générale, leur mode d'alimentation et d'assimilation, de respiration, de fructification et de dispersion de leurs graines.

C'est ainsi que les végétaux immergés sont capables d'absorber le gaz carbonique et l'oxygène — éléments nécessaires à l'assimilation chlorophyllienne et à la respiration — par toute leur surface libre. Ils peuvent de même puiser dans l'eau les éléments nutritifs qui leur sont nécessaires et qui s'y trouvent dissous, et c'est pourquoi leur système radiculaire est souvent réduit, ou même inexistant. Les racines sont dépourvues de chevelure et peuvent être transformées en organes d'assimilation. Les faisceaux vasculaires sont atrophiés ou nuls, et peuvent être remplacés par des canaux ou des chambres pleins d'air, qui apportent de l'air aux parties submergées et en même temps assurent le flottaison.

Les tiges et les pétioles des plantes submergées sont le plus souvent longs, souples et extensibles: ils suivent ainsi les mouvements de l'eau sans se rompre et s'adaptent aux variations de l'étiage. La disposition souvent verticillée des feuilles a les mêmes conséquences.

En revanche, les feuilles flottantes possèdent de larges limbes arrondis et de consistance coriace, ce qui leur permet de résister aux fantaisies du courant. La surface supérieure porte de nombreux stomates et se trouve souvent recouverte d'un enduit cireux qui la rend imperméable.

Un trait fréquent des plantes aquatiques est l'hétérophyllie: c'est-à-dire que la plante présente des types de feuilles différents selon qu'elles sont submergées, flottantes ou aériennes. Les fleurs des espèces immergées sont le plus souvent petites et simples. La pollinisation se fait directement par l'eau. Les fleurs aériennes sont pollinisées par les insectes ou par certains mollusques aquatiques. Au contraire, les fleurs des espèces de surface, comme les Nymphéas, sont parfois énormes et d'une grande beauté.

Les graines sont souvent adaptées à la flottaison, tandis que d'autres possèdent un mucus qui les fixe aux pattes des oiseaux aquatiques qui se chargent de leur dispersion. Certaines graines sont aussi dispersées par les poissons. Leur faculté germinative peut même être exaltée par le transit intestinal.

Mais ces plantes se multiplient également, et le plus souvent, par voie végétative, au moyen de bourgeons, de bulbilles, de fragments de tiges, de rhizomes, ou par des rejets stoloniformes. Un grand nombre d'entre elles sont capables de donner des formes terrestres qui leur permettent de survivre en période d'étiage ou de grande sécheresse. Ces formes sont parfois capables de fleurir, mais leur fructification est stérile.

Si toutes ces plantes sont bien adaptées à leur milieu, en retour elles l'influencent et le modifient constamment. La matière vivante qu'elles produisent rend de nombreux services aux animaux aquatiques: elle épure et réoxygène l'eau, elle abrite de nombreux petits organismes dont les poissons sont friands et constituent la nourriture d'innombrables animalcules. Ces plantes offrent aussi aux animaux aquatiques un abri et une protection: une végétation un peu dense peut même servir de frayère et de cachette pour les œufs et pour les jeunes. Enfin, certaines de ces plantes peuvent servir de fourrage ou d'engrais à l'occasion.

Toutefois, elle deviennent rapidement envahissantes. Elles constituent alors un obstacle à la pénétration de la lumière et au réchauffement de l'eau, elle gênent les déplacements des poissons et troublent sa pureté. Alors l'eau peut arriver à fermenter et se corrompre, et les cadavres d'animaux et de plantes qui l'encombrent s'amoncellent et comblent les fonds d'une manière indésirable. Elles arrivent aussi à boucher les vannes des étangs et les écluses des canaux, elles perturbent la pêche et l'élevage des poissons, et sous les tropiques elles arrivent à entraver la navigation.

L'eau abrite aussi d'innombrables plantes microscopiques, unicellulaires ou non, qui forment avec les animaux de la même taille, ce qu'on appelle le plancton. On y trouve de nombreuses bactéries (Schizomycètes), des levures (Phycomycètes), une infinité d'espèces d'algues: algues bleues (Cyanophycées), Conjuguées, Diatomées, des algues vertes (Chlorophycées), des algues brunes (Phéophycées) et rouges (Rhodophycées) surtout dans les eaux marines. Les algues pluricellulaires forment souvent d'immenses colonies, d'autant plus que certaines peuvent atteindre des dimensions géantes: le thalle de l'algue brune Macrocystis pyrifera AG. qui vit dans l'océan Pacifique peut atteindre 80 m de longueur et les sargasses de l'Atlantique sont connues par leurs immenses colonies qui avaient inutilement épouvanté les matelots de Christophe Colomb. Les eaux pures du monde entier abritent en outre de nombreuses espèces de charophytes caractérisées par leurs filaments ramifiées et verticillés.

NÉNUPHAR BLANC — *Nymphaea alba L.*
Famille: Nymphéacées

Le Nénuphar blanc est une plante vivace qui possède un long rhizome dont l'épaisseur peut atteindre 7 cm et la longueur 1 m. Ce rhizome porte des radicelles sur toutes ses faces.
Les feuilles longuement pétiolées sont de forme ovale avec une base cordiforme. La surface supérieure est lisse et comme vernissée, ce qui facilite l'écoulement de l'eau et évite l'engorgement des stomates. Les jeunes feuilles encore immergées sont enroulées en cornet. Les pétioles de section circulaire sont souples et possèdent une quantité de conduits aérifères et de lacunes aériennes qui assurent la flottaison.
Les fleurs s'épanouissent à la surface pendant la journée et dépassent souvent 10 cm de diamètre. Elles comportent 4 sépales verts et de nombreux pétales qui diminuent de taille vers le centre de la fleur pour se transformer en étamines. Toutes ces pièces florales sont insérées en spirale sur l'ovaire pluriloculé que les étamines recouvrent jusqu'au stigmate plan. La pollinisation est assurée par les insectes, surtout des coléoptères et des mouches.
Le fruit est une capsule hémisphérique qui se détache après la floraison pour tomber au fond de l'eau. Alors, la paroi se déchire et laisse remonter à la surface des amas de graines portés par une enveloppe mucilagineuse qui renferme des bulles d'air. Par la suite, ce mucus se délite et les graines libérées s'enfoncent dans l'eau. Elles sont disséminées par les oiseaux aquatiques.
Par beau temps, les fleurs du Nénuphar s'ouvrent vers 7 h du matin et se referment à la fin de l'après-midi.
Ces Nénuphars sont fréquents à la surface des bras morts des rivières et des autres eaux tranquilles. Ils sont souvent cultivés comme plantes décoratives dans les bassins des parcs, surtout sous la forme d'hybrides rouges, jaunes, orange ou roses. On les trouve dans toute l'Europe et jusqu'au-delà du Caucase.
Il en existe une espèce voisine qu'on trouve en Europe centrale et jusqu'au lac Baïkal: *Nymphaea candida SCH. THELL.* Elle est beaucoup plus rare que la précédente et s'en distingue à peine.
Le Nénuphar a de tout temps attiré l'attention des hommes et a servi prétexte à beaucoup de légendes, de fables et de superstitions. Dans la Grèce antique, il symbolisait la beauté et l'art oratoire. Pour tous ces peuples, c'était la fleur des nymphes, des naïades et des esprits des eaux.

Nénuphar blanc

Nénuphar jaune

Pour les Frisons, l'emblème orné d'un Nénuphar apportait la gloire et rendait invincible. Certains peuples slaves le considéraient comme une arme contre les esprits et en faisaient des talismans pour les longs voyages. Disséminé autour des pâturages, le rhizome protégeait le bétail contre les bêtes nuisibles.
Son rhizome contient 40 % d'amidon. En période de disette on le séchait et on en tirait une farine. Il contient aussi du tannin et a été parfois utilisé pour apprêter les cuirs.
Les pétioles séchés, pris en infusion, ont un pouvoir anaphrodisiaque certain, et au Moyen Age on les administrait utilement pour calmer les hystériques et les nymphomanes.

NÉNUPHAR JAUNE — *Nuphar luteum (L.) SM.*

Le Nénuphar jaune est une plante vivace qui possède un rhizome épais, légèrement aplati, dépassant 3 m de longueur et 10 cm d'épaisseur. La face supérieure porte de nombreuses cicatrices foliaires de forme triangulaire et sur la face inférieure on peut trouver de nombreuses radicelles filiformes.
L'extrémité du rhizome et ses ramifications donnent naissance aux feuilles longuement pétiolées et aux fleurs. Les feuilles flottantes sont grandes, ovoïdes, découpées en coin ou en cœur à la base. Les limbes atteignent 40 cm de longueur et 30 cm de largeur. Ils

sont coriaces et rigides, de sorte qu'ils résistent aux mouvements de l'eau. A la différence du Nénuphar blanc, les nervures secondaires des feuilles se ramifient à angle aigu. Il existe aussi des feuilles immergées qui sont plus pâles, fragiles et ondulées. Elles apparaissent les premières au printemps, et parfois même en automne.

Les pétioles ont une section légèrement triangulaire, ils sont de consistance caoutchouteuse et sont extensibles. Leur longueur s'adapte de ce fait aux fluctuations du niveau.

Les fleurs d'un beau jaune d'or apparaissent de juin à août. Elles ont un parfum très particulier et atteignent de 4 à 6 cm de diamètre. Les pièces florales comprennent 5 grands sépales jaunes qui protègent une multitude de tout petits pétales de la même couleur. Les étamines sont fines, et l'ovaire porte un stigmate circulaire légèrement déprimé en entonnoir. Le fruit en forme d'urne apparaît après la fécondation. Dans les nombreuses loges se cachent des graines de couleur jaune-brun, enfoncées dans une moelle visqueuse. Le fruit mûr se décompose dans l'eau et les loges spongieuses en forme de croissant flottent librement. Les graines sont disséminées par les oiseaux, mais la plante se multiplie surtout par division naturelle des rhizomes.

C'est une plante des eaux tranquilles à faible courant, qui abonde surtout en plaine, où on la trouve à côté du Nénuphar blanc qu'elle finit souvent par évincer. Complètement immergée quand le courant est rapide, néanmoins la fleur est toujours aérienne.

On la trouve communément dans presque toute l'Europe, en Afrique et dans le nord de l'Asie.

Les feuilles arrivent à recouvrir des surfaces considérables, et empêchent l'aération de l'eau. Mais leur surface inférieure abrite des quantités d'animalcules dont les poissons font leur nourriture. Ce Nénuphar contribue largement à l'envasement des bras morts et des étangs.

On fabrique en Turquie par distillation des fleurs une boisson rafraîchissante appelée «pufer cicegi».

On trouve parfois dans le commerce des morceaux de son rhizome, qu'on prétend médicinaux. En fait, ces rhizomes n'ont aucun pouvoir, mais par escroquerie on voudrait les confondre avec une drogue chinoise très antique et de haute réputation, le Jen-cheng, dont les vertus réelles n'ont d'ailleurs jamais été prouvées.

RENONCULE AQUATIQUE — *Batrachium aquatile (L.) DUM.*
Famille: Renonculacées

C'est une plante vivace, dont le rhizome émet des tiges longues de 1 à 2 m qui flottent au fil de l'eau.

Les feuilles se présentent sous deux formes différentes: celles qui sont immergées sont finement laciniées, et de 2 à 3 fois trifoliées. Elles se laissent mollement agiter par le courant et se réunissent en pinceau quand on les tire de l'eau.

D'autres feuilles portées par de longs pétioles flottent à la surface. Leur limbe est arrondi ou réniforme, palmé à 3 ou 5 lobes. C'est cette même forme de feuilles qu'on voit apparaître quand la plante se trouve sur la terre ferme. Il se montre de nombreuses formes intermédiaires entre les deux types.

Un long pédoncule floral se dresse au-dessus de la surface et porte des fleurs blanches de 1 à 2 cm de diamètre. Chacun des 5 pétales porte à sa base une tache jaune qui abrite des glandes nectarifères. Le calice est caduc et les étamines sont nombreuses comme chez tous les représentants de la famille.

Après la pollinisation le pédoncule se recourbe et le fruit pluricarpellé mûrit sous la surface. Les carpelles sont ridés et terminés par une sorte de bec.

Certaines fleurs restent submergées durant toute leur vie. Dans ce cas, elle ne s'ouvrent pas et se fécondent elles-mêmes par leur propre pollen.

La Renoncule aquatique forme des colonies étendues dans les eaux tranquilles ou à faible courant.

Elle est fréquente dans toute l'Europe, en Asie centrale et orientale, de même qu'en Afrique tropicale et en Amérique du Nord. Elle est très âcre et on ne lui connaît aucun usage.

RENOUÉE AMPHIBIE — *Polygonum amphibium L.*
Famille: Polygonacées

La Renouée amphibie est une plante vivace qui présente un dimorphisme déterminé par son habitat.

La forme aquatique possède un long rhizome ramifié qui porte des tiges de plus de 2 m de longueur et qui flottent au gré du courant. Les feuilles pétiolées sont allongées, lancéolées, lisses, d'un vert sombre un peu gras. Elles flottent à la surface.

De juin à août l'extrémité des tiges porte des inflorescences droites, fuselées qui se dressent au-dessus de

l'eau et se composent d'une quantité de petites fleurs rose vif, serrées les unes contre les autres. Les fruits sont des akènes.
On trouve la Renouée amphibie dans les eaux stagnantes ou à très faible courant, plutôt boueuses, souvent aussi sur les berges des rivières, au milieu des roseaux. Elle peut coloniser de grandes étendues et recouvrir de ses feuilles toute la surface de l'eau. Elle se multiplie très facilement par reproduction végétative de fragments de tiges ou de rhizomes, en plus de la générosité de sa grenaison.
Mais cette plante peut aussi vivre sur la terre ferme et elle supporte très bien la sécheresse. On la trouve très souvent dans les étangs asséchés ou dans les lacs de retenue sur les bandes de boue laissées à découvert selon les fluctuations du niveau de l'eau. La forme terrestre a un port dressé ou couché, et les tiges ont environ 6 cm de longueur. Les feuilles pétiolées sont rigides, soyeuses sur le pourtour. Dans ce cas, la floraison est rare et très réduite.
On trouve souvent au bord de l'eau des spécimens qui poussent à moitié dans l'eau, à moitié sur terre, et qui présentent alors les deux types en même temps.
Elle est commune dans toute la zone septentrionale tempérée, dans les régions orientales de l'Inde, en Afrique du Sud et au Mexique.
La médecine populaire faisait appel à la décoction de Renouée pour soigner les éruptions boutonneuses, par voie orale. Le rhizome contient des substances diurétiques et une forte proportion de tannin.

ÉTOILE D'EAU — *Callitriche verna L.*
Famille: Callitrichacées

L'Etoile d'eau est une petite plante vivace à tige gracile, fixée au fond de l'eau par de fines racines simples. Les feuilles revêtent deux aspects: sous l'eau, elles sont linéaires, avec un limbe légèrement échancré à son extrémité, opposées ou plutôt espacées sur la tige et recouvertes de poils étoilés. D'autres feuilles flottent à la surface: la tige peut alors atteindre 40 cm de longueur et porte une rosette de feuilles plus larges, lancéolées. La forme des feuilles varie aussi selon que la plante vit en eau courante ou stagnante. On trouve également une forme terrestre qui est annuelle et présente des feuilles différentes de celles des formes aquatiques.
En été on voit apparaître à l'aisselle des feuilles de petites fleurs unisexuées dont le périanthe est formé

Renouée amphibie

Étoile d'eau

Renoncule aquatique

de deux petites écailles. Les fleurs mâles n'ont qu'une étamine, les fleurs femelles un pistil unique qui porte deux styles filiformes.
On trouve l'Etoile d'eau dans les eaux propres et tranquilles, mais parfois aussi sur la vase. On la remarque à cause de sa couleur claire qui se maintient souvent tout le long de l'hiver, même sous la glace. C'est une plante universellement répandue, qui sert d'abri aux truites et enrichit considérablement le milieu aquatique en oxygène.

CHÂTAIGNE D'EAU — *Trapa natans L.*
Famille: Trapacées

C'est une plante annuelle, pourvue d'une longue tige (jusqu'à 1,50 m) parfois ancrée au fond, mais le plus souvent flottant sur l'eau. La tige porte de longues racines vertes, opposées, qui fonctionnent comme des feuilles submergées. L'extrémité de la tige porte une rosette de feuilles très décoratives qui flottent à la surface. Les limbes sont en forme de losange denté sur les bords antérieurs. Ils sont de couleur vert sombre, de consistance coriace et recouverts de poils bruns. Les pétioles sont nettement renflés, surtout au moment de la floraison et de la fructification: ils contiennent en effet un tissu lacunaire et servent de flotteurs, en maintenant à la surface toute la plante avec ses fruits pesants.
La floraison a lieu de juin à août. Les fleurs apparaissent à l'aisselle des feuilles de la rosette et se dressent au-dessus de l'eau sur de longs pédoncules. Elles sont isolées, et présentent une symétrie par quatre; les pétales blancs tombent au moment de la floraison. Au moment de la fructification le calice prend une consistance cornée. Le fruit est une noix monocarpique de forme bizarre: elle est entourée par le calice corné, orné de grosses épines latérales en nombre variable. Les fruits mûrs pendent sous la surface, puis finissent par se détacher de la rosette et tombent au fond. Au printemps ils donnent d'abord naissance à un long cotylédon qui portera la tige et la racine. La racine est tout d'abord orientée vers le haut, puis elle se recourbe peu à peu vers le sol. Les épines de la Châtaigne d'eau maintiennent la jeune plante sur le sol à la façon d'une amarre. Au bout d'un certain temps, le vieux fruit finit par se détacher de la plante qu'on peut voir flotter sur l'eau dès le mois de mai. Les vieilles coques noires sont souvent rejetées en grand nombre sur les rives.

La Châtaigne d'eau est une plante des eaux stagnantes, présentant un fond de vase peu profond. Elle est assez commune dans toute l'Europe tempérée, encore qu'en France elle semble disparaître peu à peu sans qu'on en connaisse les raisons. On la trouve aussi en Asie et jusqu'en Chine. Elle a existé en Amérique où on en retrouve les fossiles, mais elle en a disparu de nos jours.
Quand elle trouve des conditions favorables, elle devient envahissante et peut transformer la surface d'un étang en prairie verdoyante.
L'amande de la graine est blanche, farineuse et nourrissante. Elle contient une grande proportion de protéines, de l'amidon et des matières grasses. Elle a donc été recherchée en tant que nourriture depuis l'époque néolithique, comme le prouvent les découvertes qu'on a faites de ses coques dans les sites préhistoriques des cités lacustres.
De nos jours le fruit reste une nourriture populaire et un peu folklorique dans de nombreuses régions. On peut le consommer cru, rôti, bouilli, ou en faire de la farine. Son seul inconvénient est le fait de ses épines vulnérantes et très solides. En Inde, au Japon, en Afrique du Sud, dans l'île de Ceylan, c'est un fruit cultivé qu'on récolte pour le vendre. En Inde il porte le nom de «singara». Dans certains pays il est utilisé comme nourriture pour les porcs, ailleurs on en fabrique des objets décoratifs, des colliers, des bracelets, et dans l'ouest de la France on en faisait couramment des chapelets.

VOLANT D'EAU — *Myriophyllum verticillatum L.*
Famille: Haloragacées

Voici une plante vivace, submergée, pourvue d'un long rhizome qui porte des tiges cassantes, peu ramifiées et capables d'atteindre jusqu'à 3 m de longueur, recouvertes de feuilles denses, filiformes, à ramification pennée et disposées en verticilles réguliers. Les feuilles peuvent mesurer jusqu'à 5 cm de long et elles se déploient dans l'eau en bouquets décoratifs.
En été, les extrémités des tiges portent des épis droits, dressés hors de l'eau, composés de petites fleurs rougeâtres de 2 mm de diamètre. Ces fleurs sont disposées à l'aisselle de bractées pennées qui les dépassent nettement en taille. La partie inférieure de l'épi porte des fleurs hermaphrodites ou femelles, la partie supérieure seulement des fleurs mâles. Le fruit se divise en quatre parties, mais la plante se reproduit surtout par la

multiplication végétative du rhizome et des fragments de tiges. A l'automne les extrémités des tiges secondaires forment des bourgeons d'hiver en forme de massue. Si le niveau de l'eau s'abaisse brusquement, on peut voir apparaître des formes terrestres.
C'est une plante commune dans les eaux dormantes ou tranquilles et dépourvues de calcaire. Elle est fréquente dans toute l'Europe, en Asie et en Amérique du Nord.
Le *Myriophyllum spicatum L.* est une espèce voisine qui possède des tiges rougeâtres, courtes, et des feuilles plus petites. L'inflorescence est moins grande et les bractées ont la même longueur que les fleurs. On la trouve plutôt dans les eaux calcaires où les tiges et les feuilles se couvrent bientôt d'un dépôt blanc formé par le carbonate de calcium acide excrété au cours de l'assimilation.
Cette dernière espèce est répandue dans toute l'Europe, en Asie, en Inde, en Chine, au Japon, en Amérique et en Afrique du Nord. On la trouve même au Groenland.

HOTTONIE DES MARAIS — *Hottonia palustris L.*
Famille: Primulacées

C'est une plante vivace qui flotte entre deux eaux et dont le rhizome s'ancre parfois dans la vase. La tige a de 2 à 6 dm de longueur et porte de fines racines blanches, pourvues de renflements produits par les faux verticilles des feuilles.
Les feuilles sont alternes, très ténues, pennées, divisées en lanières linéaires. Toute la plante est couverte de petites glandes qui lui donnent une couleur rougeâtre et elle porte parfois des pilosités blanches.
La tige se ramifie juste avant d'atteindre la surface et produit entre mai et juin des hampes florales qui apparaissent au-dessus de l'eau. Les fleurs sont symétriques, d'ordre cinq, et disposées en verticilles fuselés, de couleur blanche ou rosée et rappellent par leur forme les fleurs des primevères. Au moment de la floraison la plante se détache ordinairement du fond et vogue au fil du courant pour se fixer à nouveau par la suite. Après la pollinisation, l'inflorescence s'enfonce sous la surface où les capsules effectuent leur maturation. L'Hottonie se multiplie aussi abondamment au moyen de bourgeons qui apparaissent à l'extrémité des turions, parmi les feuilles étroitement jointes et serrées, d'où ils se détachent spontanément pour mener leur vie propre.

Châtaigne d'eau

Volant d'eau

Hottonie des marais

Petit Nénuphar

C'est une plante des eaux boueuses, peu profondes et tranquilles que l'on trouve couramment de l'Europe tempérée à l'Asie orientale et à l'Asie Mineure.
Linné l'a dédiée à Pierre Hotton, professeur de botanique à Leyde (1648 — 1709).

PETIT NÉNUPHAR — *Nymphoides peltata (GMEL.) KTZ.*
Famille: Gentianacées

Le Petit Nénuphar est une plante vivace pourvue d'un long rhizome articulé enfoui dans la vase. Les tiges sont longues, de section ovale et donnent naissance à des feuilles presque opposées, portées par de longs pétioles. Les limbes flottent à la surface, ils sont arrondis, ovales, découpés en cœur à la base et longs d'environ 15 cm. Les feuilles du printemps sont de couleur claire, les suivantes d'un vert sombre et brillant, souvent pourpres et tachetées à la face inférieure.
Les fleurs d'un jaune d'or, d'à peu près 4 cm de diamètre, apparaissent au-dessus de l'eau entre juin et juillet. La corolle a la forme d'un entonnoir à cinq branches dont les bords et les faces inférieures sont légèrement colorées. Le fruit est une capsule qui mûrit sous l'eau et les graines flottent ensuite longtemps à la surface. Elles sont munies de petites épines qui les accrochent aux pattes et au plumage des oiseaux aquatiques. La plante se multiplie également avec facilité par des fragments de rhizomes.
Elle croît en grandes colonies dans les eaux dormantes ou tranquilles, de préférence dans des stations chaudes. On la trouve dans toute l'Europe et jusqu'en Chine et au Japon.
Quand il se produit une forte baisse du niveau de l'eau, elle peut présenter des formes paludéennes ou même terrestres, mais qui n'arrivent guère à fleurir.

Grenouillère

Utriculaire

UTRICULAIRE — *Utricularia vulgaris L.*
Famille: Utriculariacées

L'Utriculaire est une plante vivace qui flotte librement dans l'eau. Elle possède de longues tiges fines (jusqu'à 70 cm) assez peu ramifiées. Les feuilles alternes atteignent 8 cm de long et se subdivisent en plusieurs lobes principaux, eux-mêmes découpés en lanières filiformes et pennées, qui portent une quantité de vésicules piriformes qui ne dépassent pas 4 mm de section. Avant la floraison, ces vésicules s'emplissent d'air et soutiennent toute la plante à la surface, mais

leur fonction essentielle est d'attraper de petits animaux aquatiques, car l'Utriculaire est une plante carnivore. En effet, l'entrée de chaque vésicule est frangée de longs cils et protégée par une fine membrane qui s'ouvre vers l'intérieur et qui peut laisser entrer de petits insectes, mais s'oppose à leur sortie. Sous l'effet du contact la vésicule se contracte et aspire sa proie qui est ensuite tuée par un liquide sécrété par de petites glandes situées dans ses parois. Le même liquide assure la digestion de l'animal dont la substance est ensuite assimilée par la plante. On peut ainsi voir se former sans arrêt de nouvelles vésicules sur les feuilles, qu'on reconnaît à leur teinte rougeâtre alors que les anciennes sont bleues.
De juin à août on voit apparaître au-dessus de la surface les longues hampes florales qui portent des inflorescences pauciflores (de 4 à 15 fleurs). Le calice est rougeâtre, la corolle en forme de gueule est d'un jaune éclatant. Le fruit est une capsule, mais la plante se reproduit surtout par multiplication végétative grâce aux bourgeons qui hivernent au fond de l'eau et par des fragments de tiges.
On trouve cette plante surtout dans les eaux stagnantes, chaudes, à fond boueux, riches en animalcules. Elle est répandue dans toute l'Europe, en Afrique du Nord, en Amérique du Nord et dans les régions tempérées de l'Asie.
Les mêmes sites peuvent abriter *Utricularia neglecta LEHM., Utricularia minor L.* qui est très rare ainsi que *Utricularia ochroleuca HARTM.,* et bien d'autres encore. Remarquons à ce propos que les plantes carnivores sont à peu près toutes des plantes de marécages; Droséras de chez nous, Népenthès des tropiques, et toutes ces plantes ont trouvé par ce moyen les nitrates dont leur milieu naturel est dépourvu.

GRENOUILLÈRE — *Hydrocharis morsus-ranae L.*
Famille: Hydrocharidacées

C'est une plante vivace, qui vit libre dans l'eau et qui possède un court rhizome terminé par une rosette de feuilles qui flottent à la surface de longues pousses grêles, et qui émet une touffe de petites racines pendantes. La base des feuilles porte deux stipules en écailles, et les limbes cordiformes ou ovales-réniformes sont portés par de longs pétioles. La face supérieure des feuilles est lisse et imperméable, la face inférieure est souvent teintée de violet.
Les rameaux portent de nouvelles rosettes de feuilles, réunissant ainsi les plantes mères et filles en vastes colonies à texture de réseau. En automne on assiste aussi à la formation aux extrémités des pousses de bourgeons riches en amidon qui finissent par tomber au fond et hivernent dans les couches les moins froides. Ces «hibernacles» s'épanouissent au printemps et remontent à la surface pour donner de nouveaux individus.
La Grenouillère fleurit en été. Les fleurs mâles apparaissent par groupes de deux ou quatre à l'aisselle de bractées membraneuses. Elles sont portées par une longue hampe florale, leur calice est vert bordé de blanc; la corolle, large de 1—2 cm, est blanche et tachée de jaune. Ces fleurs possèdent 12 étamines. Les fleurs femelles sont plus petites, blanchâtres, portées par une hampe plus longue. La plante a besoin de beaucoup de soleil pour fleurir, et dans les endroits ombragés les fleurs sont rares.
On la trouve dans les eaux dormantes des étangs, des bras morts, dans toutes les régions de l'hémisphère Nord.

STRATIOTE FAUX-ALOÈS — *Stratiotes aloides L.*

C'est une grande plante vivace, issue d'une souche courte enracinée dans la vase et dont le sommet porte une rosette de feuilles en forme de lame de sabre, dépassant souvent 50 cm, sessiles, rigides et fortement dentées sur les bords et sur la carène. Au moment

Stratiote Faux-Aloès

Élodée du Canada

Épi d'eau

de la floraison les touffes quittent le fond et flottent, plus ou moins submergées, en déployant le bouquet de leurs racines.

Ce Faux-Aloès fleurit de juin à août en donnant une ou deux fleurs d'un blanc pur, qui naissent à l'aisselle de bractées membraneuses portées par un court pédoncule aplati et renflé. C'est une plante dioïque et les fleurs mâles possèdent un pédoncule plus long et 12 étamines, et elles sont ordinairement plus grandes que les fleurs femelles. Le fruit est une capsule coriace qui porte deux rangées d'épines et les graines sont disposées dans une moelle gélatineuse. Comme la multiplication végétative par le moyen de rejets portant de nouvelles rosettes est intense, il arrive parfois qu'on ne puisse trouver sur de grandes étendues que des plantes d'un seul sexe. Les fruits se forment même dans ce cas, mais ils sont évidemment stériles.

A l'entrée de l'hiver toutes les touffes redescendent au fond de l'eau où elles s'enracinent pour passer la mauvaise saison. La plante produit aussi des bourgeons d'hiver de forme ovale.

On la trouve généralement dans les eaux stagnantes, souvent boueuses, où elle peut devenir envahissante au point de combler les fossés et les petits étangs.

Elle peut aussi se répandre au moment des crues où l'eau arrache les touffes de leur mare bien tranquille pour les emporter au loin, jusqu'à ce qu'elles trouvent un nouvel endroit propice pour s'enraciner et se multiplier à leur aise.

Si on le trouve un peu partout en Europe surtout centrale, en France il est localisé dans les marais de l'ouest et du nord, où il semble se faire de plus en plus rare.

Il a été utilisé comme engrais humique et comme fourrage pour les porcs, du moins là où il pullulait. Aujourd'hui, on a été contraint de le protéger dans beaucoup de stations.

ÉLODÉE DU CANADA — *Elodea (Anacharis) canadensis MCHX.*

L'Elodée est une plante vivace pourvue de longues tiges (jusqu'à 1 m) immergées et richement ramifiées, enracinées au fond ou libres dans l'eau. Elles sont entièrement couvertes par de petites feuilles lancéolées, disposées en verticilles par trois, de couleur vert sombre un peu translucide, et traversées en leur milieu par un canalicule aérifère.

C'est une plante dioïque, mais on ne trouve en Europe que des pieds mâles, qui seuls ont été importés du Canada au siècle dernier. Les fleurs sont minuscules: on peut les voir sortir de l'eau de mai en août, portées par de longues hampes qui prennent naissance à l'aisselle des feuilles. L'Elodée ne donne donc jamais de fruits dans les eaux européennes, ce qui ne l'a pas empêchée de s'y disséminer avec une rapidité extraordinaire grâce à une multiplication végétative particulièrement intense: chacune de ses courtes pousses fragiles, chaque fragment de tige, peut donner naissance à un nouvel individu. Ses possibilités de reproduction sont en fait infinies et il lui suffit d'un temps très bref pour envahir complètement fossés, étangs et canaux.

Elle nous vient du Canada, d'où elle fut implantée, grâce aux botanistes ou aux poissons, dans un étang irlandais. C'était en 1836. Quelques années plus tard, on a retrouvé cette plante agressive dans d'autres eaux d'Angleterre et d'Ecosse. Elle s'y multiplia au point d'entraver la navigation et de provoquer des inondations. Un botaniste berlinois l'introduisit sur le continent entre les années 1854 et 1860. Elle se mit à y proliférer au point de gagner bientôt toutes les eaux disponibles. Sa destruction est malaisée même par des moyens mécaniques car chaque fragment brisé redonne un nouvel individu.

L'Elodée s'oppose à la pénétration de la lumière, et elle trouble l'eau en retenant les boues et en facilitant sa putréfaction. Elle entrave les mouvements des poissons et sa croissance rapide finit par épuiser tous les élements nutritifs de l'eau. Parfois on la combat en installant dans les eaux infestées des carpes qui soulèvent la vase en la fouillant, et comme l'Elodée ne supporte pas l'eau trouble, elle périt.

Dans certaines régions l'Elodée est utilisée comme fourrage pour les porcs, car on dit que sa valeur alimentaire est égale à celle du trèfle. On peut aussi l'employer pour faire du fumier ou du terreau.

Mais, chose étrange, il semble qu'après quelques bonnes années conquérantes, l'Elodée ait perdu de sa fougue. La plupart du temps, maintenant, elle se comporte comme n'importe quelle autre plante d'eau et a perdu peu à peu cette puissance d'invasion qui en avait fait un véritable fléau.

ÉPI D'EAU — *Potamogeton natans L.*
Famille: Potamacées

C'est une plante vivace dont le rhizome porte des tiges flottantes qui peuvent dépasser 2 m de longueur. Sur les tiges apparaissent au printemps de long phyllodes linéaires, qui sont des pétioles élargis en forme de feuilles que l'on a longtemps considérés comme telles et qui disparaissent au bout d'un temps très bref. Les vraies feuilles flottent à la surface. Elles sont elliptiques ou ovoïdes, parfois cordiformes, longuement pétiolées, de consistance coriace. La longueur du pétiole s'adapte à la profondeur de l'eau, et si l'Epi d'eau se trouve dans un terrain simplement marécageux, les pétioles peuvent être complètement rabougris; les feuilles se présentent alors en rosette serrée. En été apparaissent au-dessus de la surface des épis fuselés, composés de petites fleurs verdâtres sans attrait. Les fleurs possèdent 4 étamines dont les connectifs sont creux et lobés, et rappellent par leur forme un périanthe. Les creux recueillent le pollen qui est ensuite disséminé par les insectes. Après la pollinisation, l'inflorescence s'enfonce à nouveau sous l'eau. Les fruits sont des akènes carénés.

L'Epi d'eau peut former de grandes colonies dans les étangs et les eaux tranquilles comme dans les bras

Potamot brillant

Potamot perfolié

morts des rivières. C'est l'espèce de Potamot la plus répandue, et on peut la trouver dans toutes les régions tempérées et tropicales du monde.

POTAMOT BRILLANT — *Potamogeton lucens L.*

C'est une plante vivace pourvue d'un rhizome tacheté de jaune et de brun, de tiges qui peuvent atteindre 2 m de long, richement ramifiées et portant de nombreuses feuilles lancéolées ou ovoïdes de 6 × 2 à 25 × 4 cm. Les feuilles, toutes immergées, sont d'un beau vert clair, d'une transparence membraneuse, et montrent une nervation grillagée particulièrement décorative. La nervure centrale est souvent très apparente

Laitue des grenouilles

et chez certaines pousses très jeunes on assiste parfois à une atrophie du limbe qui la laisse seule en place. Les épis floraux très serrés atteignent jusqu'à 6 cm de long, ils sont renflés à leur extrémité en forme de massue et portent de petites fleurs d'un vert brunâtre, étroitement serrées les unes contre les autres. La pollinisation se fait par le vent, puis l'inflorescence s'enfonce sous la surface où finissent de mûrir de petits fruits (3—4 mm) terminés par un bec court.
La plante se dissémine beaucoup par multiplication végétative des fragments de tiges ou de rhizomes, et elle forme aussi d'abondants hibernacles.
Le Potamot brillant est une plante des eaux tranquilles, soit dormantes, soit au cours très lent, où il arrive à former de véritables prairies aquatiques. Il est répandu dans l'ensemble de l'Europe, en Asie septentrionale et occidentale et en Amérique du Nord, mais rare en Amérique du Sud.

POTAMOT PERFOLIÉ — *Potamogeton perfoliatus L.*

C'est une plante vivace, immergée, pourvue d'un rhizome arqué qui donne naissance à des tiges ramifiées couvertes de feuilles serrées. En eau profonde, les feuilles peuvent devenir tellement denses qu'elles finissent par se recouvrir. Elles sont plaquées contre la tige et embrassantes; elles brillent d'un éclat dû à la présence de nombreuses gouttelettes d'huile dans les cellules épidermiques.
Les épis floraux ont de 2 à 3 cm de long et apparaissent au-dessus de la surface entre juin et juillet. Ils sont formés de nombreuses petites fleurs étroitement serrées. Les fruits sont des akènes terminés par un bec. Cette plante ne supporte pas un abaissement du niveau de l'eau. Elle vient dans des eaux stagnantes ou au cours lent, surtout en plaine et dans les régions chaudes. Elle s'accommode facilement des eaux troubles.
Le Potamot perfolié est fréquent dans toute l'Europe, à l'exception des régions centrales. Il s'étend jusqu'en Algérie, existe en Asie, en Australie et en Amérique du Nord.
Il existe une autre espèce, semblable au Potamot perfolié remarquable par la densité de ses feuilles: *Potamogeton densus L. (Groenlandia densa (L.) FOURR).* Cette espèce possède des feuilles presque opposées qui se recouvrent comme les tuiles d'un toit. Elle est beaucoup plus rare.

LAITUE DES GRENOUILLES — *Potamogeton crispus L.*

La Laitue des grenouilles est une plante immergée, vivace, pourvue d'un long rhizome richement ramifié. Les tiges atteignent 2 m de long, elles sont ramifiées et quelque peu comprimées, de section quadrangulaire. Les feuilles sont allongées, parfois linéaires, lancéolées, appliquées contre la tige et demi-embrassantes. Elles sont nettement ondulées, souvent dentées, d'un vert clair qui tourne parfois au brun et au pourpre. L'intensité de la couleur verte varie selon la profondeur et la qualité de la lumière reçue.
Les épis floraux sont courts, épais et pauciflores. Les akènes se terminent par un long bec.
Pendant les mois d'été on voit se former aux extrémités des tiges les bourgeons d'hiver qui sont de véritables bulbilles. Ce sont des formations courtes, épaisses, cornées, formées de larges feuilles étroitement plaquées les unes sur les autres, d'aspect vitreux. Ces hibernacles se séparent aisément de la plante mère et on peut souvent en voir de grandes quantités accumulées sur les rives des étangs et des trous d'eau.
On trouve la Laitue des grenouilles dans les eaux dormantes ou au cours lent, de préférence riches en matières azotées, parfois même à 10 m de fond. C'est une plante des régions tempérées et tropicales.
Elle est fréquente dans toute l'Europe, en Afrique, en Amérique du Nord et en Australie, mais elle manque en Amérique du Sud.
Elle enrichit l'eau en oxygène et constitue l'abri préféré des truites. Les Cyprinidés et les Ecrevisses s'en nourrissent volontiers.

MARAIS
ET
BORDS
DE
L'EAU

Les marais, les bas-fonds vaseux et les mouillères forment une transition entre le milieu aquatiques et la terre ferme. Ces zones abritent une végétation de plantes hélophytes adaptées aux particularités de ce milieu riche en eau et en éléments nutritifs provenant de la décomposition de nombreux débris. C'est aussi un milieu instable et pour ainsi dire provisoire, car la vase est molle et l'eau peut monter ou descendre. Enracinées dans ce substrat peu consistant, les plantes des marais doivent être capables de résister aux mouvements des masses aquatiques et aux mouvements de l'air souvent violents, car elles sont en grande partie émergées. Elles possèdent presque toutes des rhizomes ramifiés, rampants et étendus, avec de nombreuses racines adventives qui les ancrent dans la vase et les empêchent d'être emportées par une crue éventuelle. Ces rhizomes permettent aussi une colonisation rapide des surfaces disponibles et une végétation intense. Les hélophytes se caractérisent d'ordinaire par la longueur de leurs tiges qui maintient les inflorescences hors de l'eau en cas de crue, par leur solidité qui leur permet de résister aux assauts du vent, et par leurs feuilles linéaires, en fer de lance ou lancéolées.

Ce sont des plantes à extension rapide qui consolident le sol par l'enchevêtrement de leurs rhizomes et de leurs racines, dont les tiges retiennent la vase qui s'enrichit chaque année d'une couche épaisse de débris végétaux. On assiste donc peu à peu à un exhaussement du fond qui se consolide et à un recul de l'eau qui aboutissent au comblement de la zone humide. Ce processus tend à repousser sans cesse vers la zone aquatique la zone de conditions optimales pour les hélophytes et à former des marais et des bas-fonds nouveaux dans les zones primitivement submergées. Les terres ainsi consolidées sont à leur tour occupées par des végétaux terrestres, et peu à peu on voit disparaître le marais. Quand il s'agit d'un étang voué à la pisciculture, ce processus n'est évidemment pas souhaitable, et il faut de temps en temps faucarder les bouquets envahissants de plantes et les touffes de roseaux en ramenant sur les rives la vase accumulée par les rhizomes.

En revanche, de telles stations couvertes de roseaux et d'autres végétaux constituent un abri idéal pour les oiseaux aquatiques qui viennent souvent y nicher.

Au voisinage immédiat de l'eau, mais déjà sur la terre ferme, au bord des ruisseaux, des rivières, des étangs et des lacs, on trouve de très riches associations végétales. Les espèces qui les forment sont de grande taille et forment un couvert abondant, mais on y trouve aussi quelques plantes rampantes ou grimpantes. L'ensemble est parfois tellement dense (surtout dans les régions tropicales) qu'on se trouve devant de véritables fourrés inextricables. Cette luxuriance est due surtout à un sol profond et riche en humus, à une humidité atmosphérique extrême, et à l'absence à peu près absolue de l'intervention humaine. Cependant, l'homme s'y manifeste parfois avec brutalité: les rives sont peu à peu remplacées par des parois de béton qui n'accueillent dans leur minces crevasses que quelques misérables plantes rudérales.

La végétation des rives comprend aussi quelques espèces qui suivaient autrefois les cours d'eau et qui ont fini par se fixer définitivement dans ce genre d'associations. Outre les plantes herbacées, on rencontre aussi quelques végétaux ligneux, des arbres et des arbustes. Ce sont surtout les représentants des Salicacées, saules divers, aulnes et peupliers.

A la différence des plantes de marais qui participent par leur masse végétale au comblement des aires aquatiques, les végétaux des rives jouent plutôt un rôle de protection: leurs longues racines par leur abondance maintiennent le sol en place et l'empêchent de s'effondrer sous l'effet de l'érosion. Les aulnes, en particulier, possèdent une rhizosphère spécialement utile: leurs racines foisonnantes se renouvellent sans cesse et assurent une protection et une régulation efficaces des rives. Et il est presque inutile de souligner l'avantage esthétique de tels peuplements.

LES MARAIS

POPULAGE — *Caltha palustris L.*
Famille: Renonculacées

Le Populage est une plante vivace purvue d'une touffe de racines fasciculées et des tiges dressées ou couchées, peu ramifiées, creuses et lisses.
Les feuilles inférieures sont longuement pétiolées, réniformes ou cordiformes, de couleur vert foncé et qui brillent d'un éclat mat. En s'élevant le long de la tige les pétioles deviennent de plus en plus courts et les feuilles supérieures sont toutes petites et complètement sessiles.
Les fleurs d'un jaune brillant apparaissent très tôt au printemps, elles ont 4 cm de diamètre, 5 pétales et de nombreuses étamines. Les fruits sont des follicules arqués vers l'arrière d'une manière caractéristique et dressés avant leur ouverture.
Le Populage est une plante des marais et des mouillères qu'on trouve à toutes les altitudes dans l'ensemble de l'Europe, dans les régions tempérées de l'Asie et en Amérique du Nord.
C'est une plante toxique, âcre et amère, que le bétail évite de lui-même. Si le foin en contient une trop forte proportion, il en est déprécié et peut même causer des ennuis digestifs.
Dans certaines régions on fait mariner les jeunes boutons floraux dans du vinaigre et on les consomme à la façon des câpres sous le nom de «câpres allemandes». Signalons qu'il en existe une variété horticole à fleurs pleines très décorative.

GRANDE DOUVE — *Ranunculus lingua L.*

La Grande Douve dépasse 1 m de haut. Elle est pourvue d'un gros rhizome creux qui porte des racines adventives disposées en verticilles. Les tiges aussi sont creuses, pauvrement ramifiées au sommet et portent de longues feuilles lancéolées, raides, parfois duveteuses sur leur face inférieure, et les inférieures sont portées par un court pétiole tandis que celles du haut sont plus ou moins sessiles.
Les grandes fleurs d'un jaune brillant apparaissent de juin à juillet et peuvent atteindre 4 cm de diamètre. Après la pollinisation on voit se former un fruit conique composé d'akènes ovoïdes terminés par un bec crochu. C'est une plante que l'on trouve surtout sur la vase ou dans les bas-fonds des roselières, mais elle présente aussi des formes terrestres et submergées. Avec le Roseau, l'Acore et la Massette, elle constitue le fond de la flore caractéristique des roselières des marais, des bras morts, surtout en basse altitude. On la trouve dans toute l'Europe et jusqu'en Sibérie, parfois jusqu'en Inde.

CIGUË D'EAU — *Oenanthe aquatica (L.) POIR.*
Famille: Ombelliféracées

La Ciguë d'eau est un plante trapue, annuelle ou bisannuelle, dont le rhizome se perpétue par ses rami-

fications. Elle émet une tige géante, dressée, anguleuse très épaisse à la base et qui peut atteindre jusqu'à 1,5 m de hauteur. La tige se couche souvent et s'enracine au niveau des nœuds, elle est creuse et très ramifiée.

Les feuilles pétiolées sont deux à trois fois pennées et possèdent un contour triangulaire. Chaque subdivision a une forme ovoïde-lancéolée, filiforme chez les feuilles immergées.

La plante fleurit de juin à juillet. Les petites fleurs blanches sont disposées en nombreuses ombelles aplaties. Celles de la première ombelle sont hermaphrodites, les autres sont stériles. Les fruits sont des akènes ovoïdes, légèrement côtelés.

Elle pousse surtout dans les bas-fonds des étangs, dans les bras morts des rivières et dans les baies envasées. Elle apparaît souvent en grande quanité dans les étangs en culture d'été et doit alors être éliminée à la hache. Elle pousse dans toute l'Europe, de la plaine jusqu'aux plateaux, à l'exception des régions nordiques, en Asie occidentale et elle a été introduite artificiellement en Amérique.

La Ciguë d'eau contient un suc très vénéneux, l'œnanthine, qui produit des crampes violentes et des inflammations de l'appareil digestif. Son odeur est âcre et désagréable, et la médecine d'autrefois faisait appel à ses graines de saveur brûlante qu'on utilisait en poudre ou en décoction pour soigner la toux, les maladies rénales, et même la tuberculose. Elle est à peu près tombée en désuétude aujourd'hui.

GRANDE GIGUË — *Cicuta virosa L.*

C'est une plante vivace qui atteint 2 m de hauteur et qui possède un rhizome massif divisé intérieurement en loges. Si on le brise, il dégage une odeur de céleri et laisse sourdre un suc jaunâtre, fonçant à l'air libre, de goût vaguement sucré. La tige est creuse et se divise d'une manière presque verticillée dans sa partie supérieure. Les feuilles sont grandes, bi- ou tripennées, formées de folioles lancéolées, fortement dentées. Celles du haut n'ont qu'un court pétiole ou adhèrent à la tige par leurs gaines et sont nettement moins divisées.

Les ombelles sont portées par de longues hampes florales. Elles apparaissent de juillet à septembre et sont formées de petites fleurs blanches. Les fruits sont ovoïdes et latéralement aplatis, ornés de 10 côtes obtuses et d'un calice peu apparent.

La Grande Ciguë est fréquente dans les eaux boueuses et dans les marais de tout l'hémisphère Nord, des plaines jusqu'aux plateaux. Elle supporte même une eau courante, et se laisse parfois emporter par une crue pour aller se fixer plus loin. Elle préfère un sol de vase acide où elle arrive à se multiplier au point de devenir envahissante. C'est une mauvaise herbe difficile à détruire.

C'est une plante extrêmement vénéneuse, sans doute la plus toxique de toute la famille des Ombelliféracées. Tous ses organes, et surtout le rhizome, contiennent un poison amer, la cicutoxine, qui s'accumule dedans surtout au printemps. La plante contient en outre un alcaloïde, la cicutine, et une huile aromatique non toxique. La cicutoxine agit sur le système nerveux central, sur le cerveau et sur l'épiderme. L'empoisonnement est marqué par de violents vomissements, des maux de tête et des spasmes cardiaques, suivis d'une paralysie du cerveau, puis de la mort. Dans la Grèce antique, ce poison, probablement mêlé à d'autres, servait à l'exécution de citoyens condamnés, que la loi interdisait de frapper, mais que leur honneur obligeait à se suicider en absorbant publiquement ce breuvage.

TRÈFLE D'EAU — *Menyanthes trifoliata L.*
Famille: Gentianacées

Le Trèfle d'eau est une plante vivace, pourvue d'un gros rhizome rampant, de tiges dressées et de feuilles trifoliées portées par de longs pétioles.

Les hampes florales, nues, portent des grappes serrées de fleurs blanches ou rosées. Calice et corolle sont de type cinq et la corolle en entonnoir est découpée jusqu'à la mi-hauteur. Les pointes sont ciliées et les cinq anthères colorées en violet. Le fruit est une capsule ovoïde et contient de nombreuses graines aplaties.

Le Trèfle d'eau se trouve généralement en station semi-immergée, dans les mouillères, les bas-fonds en voie de colmatage et les tourbières, de la plaine jusqu'en montagne. Il est répandu dans tout l'hémisphère Nord, on le trouve en Europe jusqu'en Islande, en Asie tempérée jusqu'au Japon et en Amérique du Nord il longe les Rocheuses jusqu'en Californie.

Toute la plante contient un glucoside amer et brûlant, la ményanthine. Elle est aussi très riche en iode, en sels de manganèse et de fer.

C'est une plante médicinale qui a été par endroits complètement anéantie ou qui se trouve au moins très

Trèfle d'eau

menacée. C'est pourquoi elle est protégée dans certains pays. En France elle est particulièrement commune dans les tourbières du Jura et des Alpes.
Son utilisation dans la médecine populaire et officielle se perd dans la nuit des temps. L'infusion amère faite avec les feuilles séchées fortifie l'organisme, stimule l'hématopoïèse, les fonctions digestives et chasse la fièvre. Toute la plante possède au plus haut degré les vertus des «amers» classiques.
En outre, dans certains pays on l'a utilisée dans la fabrication de la bière pour remplacer le houblon.

Myosotis des marais

MYOSOTIS DES MARAIS — *Myosotis palustris (L.) NATH.*
Famille: Borraginacées

C'est une plante vivace pourvue d'une tige glabre ou couverte de poils adhérents et qui atteint jusqu'à 50 cm de hauteur. La tige est portée par un rhizome rampant et sa base a une section carrée formée par les feuilles concourantes. Les feuilles sont longues, lancéolées, les supérieures sessiles, les inférieures courtement pétiolées.
Les fleurs en forme de trompe sont réunies en cymes terminales scorpioïdes. Elles sont d'abord de couleur rosée, puis virent au «bleu myosotis». L'intérieur de la trompe est ordinairement de couleur jaune. Les fleurs entièrement roses sont rares, de même que les blanches. Le fruit est un akène brillant, dur, de couleur brun-rouge.
C'est une espèce commune dans les marécages, les mouillères, les clairières humides, répandue de la plaine jusqu'en montagne dans tout l'hémisphère Nord. Elle est très accommodante et peut donner des formes terrestres, semi-submergées, ou complètement aquatiques. Les formes immergées apparaissent surtout dans l'eau froide en hiver.

CRESSON DE CHEVAL — *Veronica beccabunga L.*
Famille: Scrofulariacées

Le Cresson de cheval est une plante vivace dont les

Grande Ciguë

Cresson de cheval

tiges peuvent atteindre 50 cm de hauteur. La base de la plante est rampante est possède de nombreuses racines adventives. Le sommet est dressé.
Les feuilles sont ovoïdes, elliptiques, succulentes, et d'aspect brillant, disposées en opposition le long de la tige.
Les fleurs d'un bleu profond son disposées en grappes lâches qui se montrent à l'aiselle des feuilles supérieures de mai en juillet. Le fruit est une capsule arrondie qui contient une abondance de petites graines.
Le Cresson de cheval forme souvent de grandes colonies dans les ruisseaux peu profonds les canaux et les marais propres. C'est une plante à demi ou totalement immergée, mais elle peut aussi présenter des formes terrestres. La forme submergée reste verte tout le long de l'hiver.
Elle est répandue dans toute l'Europe, en Asie occidentale et septentrionale, et jusqu'à l'Himalaya. On la trouve aussi en Afrique du Nord.
La plante contient des glucosides et des huiles volatiles qui ont un effet calmant et expectorant. La médecine populaire s'en servait pour soigner l'asthme, la tuberculose, la jaunisse et les maladies hépatiques. L'extrait de feuilles fraîches est un remède ancien pour purifier le sang.

BUTOME — *Butomus umbellatus L.*
Famille: Butomacées

Le Butome est une plante de marais vivace, pourvue d'un rhizome qui peut atteindre 1 cm d'épaisseur, et d'un bouquet de feuilles linéaires, triangulaires, à la base et qui s'élargissent progressivement vers le haut. Elles peuvent mesurer jusqu'à un mètre de haut. Au centre de la touffe apparaissent une ou plusieurs hampes florales, de section arrondie, non ramifiées et toujours plus hautes que les feuilles. Elles se terminent par une inflorescence de 15 à 30 fleurs disposées en ombelle. Elles sont longuement pédonculées et apparaissent à l'aisselle de plusieurs bractées membraneuses. La calice est vert, teinté de rose, les pétales

Butome

sont rosés et les 9 étamines ont des anthères rouges. La floraison a lieu de juin en août, les fruits sont des follicules qui contiennent des graines longues de presque 1 cm et qui peuvent flotter sur l'eau. La multiplication végétative par les fragments de rhizomes est particulièrement intense. En eau profonde ou lorsque le courant est fort, les feuilles peuvent dépasser 2 m de longueur, mais alors la plante ne fleurit pas.
Les formes étirées des feuilles et des hampes florales font du Butome une plante caractéristique des roselières. Il est répandu dans toutes les régions tempérées de l'Europe et de l'Asie.
Le rhizome épais et amer contient plus de 50 % d'amidon, des protides et des matières grasses. Il sert d'aliment dans certaines régions orientales: les Iakoutes, les Kalmouks, les Toungouzes et les Kirghiz le consomment sous le nom de «pain yakoute», soit cru, soit séché, soit rôti. On peut aussi en faire une farine qui sert à la fabrication d'une espèce de pain, ou de galettes. Torréfié, le rhizome est également utilisé comme ersatz du café.

PLANTAIN D'EAU — *Alisma plantago-aquatica L.*
Famille: Alismacées

La Plantain d'eau peut atteindre 80 cm de hauteur. Il se distingue par un rhizome court, renflé en forme de bulbe qui porte une touffe de feuilles longuement pétiolées, ovales, en forme de cœur ou de coin à la base. Les hampes florales sont longues et se terminent par une panicule richement fournie.
Outre les feuilles aériennes on peut voir se former des feuilles submergées rubanées qui se transforment progressivement en feuilles flottantes pétiolées de forme lancéolée. Ces différences de forme permettent une bonne adaptation aux variations du milieu.
Les fleurs disposées en panicule pyramidale ont de longs pédoncules et sont de couleur blanche ou rosée. Les sépales sont arrondis, les pétales presque ovoïdes. La floraison a lieu de juillet à septembre. Les fruits sont des akènes aplatis disposés en un glomérule grossièrement triangulaire.
Le Plantain d'eau est une plante de marais et de basfonds vaseux où il croît en compagnie du Butome et de la Sagittaire. Il est commun dans tout l'hémisphère Nord.
A l'état cru, les feuilles et les rhizomes du Plantain d'eau sont vénéneux, et d'un goût amer et brûlant. Les herbivores les évitent. Mais ce poison disparaît par la dessication, de sorte que le rhizome peut être consommé sec, car il est riche en amidon. En Russie on l'a utilisé pour soigner la rage, et en Suède les compresses d'extrait de feuilles étaient un topique contre les maux de tête.

SAGITTAIRE — *Sagittaria sagittifolia L.*

Cette plante de marais ou du bord de l'eau se remarque facilement grâce à ses feuilles décoratives en forme de fer de lance, portées par un rhizome court et épais qui se ramifie dans toutes les directions en stolons bulbiformes riches en amidon.
Les feuilles de la touffe peuvent avoir diverses formes: les premières à apparaître sont des feuilles immergées, linéaires, longues de plusieurs décimètres et qui flottent entre deux eaux. Ces feuilles disparaissent par la suite et cèdent la place à des feuilles pétiolées à limbe lancéolé. Enfin se montrent les feuilles caractéristiques en fer de lance, dressées et portées par de longs pétioles.

Sagittaire

Plantain d'eau

Les hampes florales de section triangulaire atteignent un mètre de haut et portent une grappe composée de verticilles de fleurs unisexuées disposées par trois et à éclosion échelonnée de juin à juillet. Les fleurs inférieures, ovariées, ont des pétales blancs, tandis que les fleurs supérieures, staminées, ont un pédoncule plus long, un calice rougeâtre et des pétales blancs à onglet pourpre. Les étamines sont au nombre de 30.
Les fruits sont des akènes crochus disposés en glomérules sphériques. La Sagittaire se multiplie également et tout autant par les bulbilles portés par les extrémités des stolons.
Elle peut former de grandes colonies dans le basfonds tranquilles, surtout en eau stagnante. On la trouve dans toute l'Europe, en Asie et jusque dans l'Himalaya, au Japon et à Formose.
Les bulbilles qui apparaissent surtout et automne sont très riches en amidon et en protides dont ils contiennent plus que les pommes de terre. Crus, ils ont un goût de noix, et cuits, de pois cassés. On peut aussi bien les faire cuire sous la cendre comme les pommes de terre.

IRIS FAUX-ACORE — *Iris pseudacorus L.*
Famille: Iridacées

Le Faux-Acore (dit aussi Glai ou Iris d'eau) est une plante vivace issue d'un gros rhizome ramifié, et dont les feuilles en forme de lames de sabre sont disposées deux à deux, longues de 1 à 2 m. Les hampes florales ont la même longueur, sont aplaties et ramifiées.
Les fleurs présentent un long pédoncule qui prend naissance à l'aiselle d'une bractée verte qui cache l'ovaire infère et triloculé. Le périanthe est jaune, soudé à la base en tube, et comporte 6 pièces florales. Les 3 externes sont horizontales, réfléchies et dépourvues de barbes qui sont pourtant le signe distinctif de la plupart des epèces d'Iris. Les trois pièces internes sont dressées et nettement inférieures en taille aux trois lames pétaloïdes stigmatiques. Les stigmates recouvrent les étamines. Le fruit est une capsule pendante, cylindrique, à 3 loges arrondies, qui contiennent des graines aplaties.
Le Faux-Acore est le compagnon usuel des roseaux, il peuple les trous d'eau, les bras morts et les eaux calmes de toute l'Europe, de l'Asie et de l'Amérique du Nord.
Le rhizome contient une proportion considérable de tannin et peut être utilisé dans l'apprêt des peaux. Mélangé à des sels de fer, il donne une teinture noire de belle qualité.
Il a été également utilisé, à cause de ses propriétés astringentes, comme hémostatique par les médecins d'autrefois sous le nom précisément de «Faux-Acore».

JONC — *Juncus effusus L.*
Famille: Joncacées

Ce jonc forme des touffes épaisses, qui atteignent 1 m de haut. Les tiges ne portent pas de feuilles et sont insérées à la base dans une gaine de couleur brunrouge. Toute la tige est pleine d'une moelle blanche et spongieuse formée d'un tissu aéré et de texture continue. La souche porte aussi des feuilles en tous points semblables aux tiges. L'inflorescence est développée et disposée de façon lâche sur le côté de la tige qui semble se prolonger vers le haut par sa bractée. Les fruits sont des capsules.
C'est une plante commune dans les marais et les mouillères de la plaine jusqu'au pied des montagnes. On la trouve dans toutes les régions tempérées de l'hémisphère Nord ainsi qu'en Australie. On ne lui connaît aucun usage.

SOUCHET — *Scirpus sylvaticus L.*
Famille: Cypéracées

C'est une plante vivace qui mesure 1 m de haut et pourvue d'une souche courte et ramifiée. Les tiges sont creuses, à section triangulaire obtuse, les feuilles sont longues et larges d'environ 1 cm, carénées et rugueuses sur les bords. Elles sont d'un charmant vert clair. La hampe porte une abondante panicule composée, qui atteint 30 cm de diamètre, formée d'épillets qui surmontent plusieurs bractées foliacées.
Le Souchet fleurit de mai à juin et les fruits sont des akènes tétraédriques de couleur claire.
Il forme souvent des colonies au bord des étangs, dans les eaux peu profondes et les mouillères de presque toute l'Europe, du Caucase, de Sibérie et d'Amérique du Nord. Au printemps, ses groupes forment des taches jaune clair qui permettent de repérer de loin et avec précision les endroits détrempés et boueux. Cette plante fait obstacle à la pénétration de la lumière, elle appauvrit le milieu par ses exigences nutritives, et elle abrite de nombreux prédateurs des poissons. Elle indique aussi infailliblement un sol acide et pauvre et des eaux pauvres en poissons.

Iris Faux-Acore

JONC DES CHAISIERS — *Schoenoplectus lacustris (L.) PALLA.*

C'est une plante vivace de marais pourvue de gros rhizomes rampants qui portent des tiges parfois hautes de 3 m, arrondies et entourées à la base d'un gaine rougeâtre. L'intérieur des tiges est occupé par une moelle multiloculée.
Le sommet de la tige porte des panicules d'épillets de couleur brun-rouge qui dépassent un groupe de bractées verticales, au limbe court et caréné. La floraison a lieu en juin jusqu'en août. Les fruits sont des akènes.
Ce Jonc est fréquent au bord des eaux dormantes et dans les fossés. On le trouve le plus souvent en colonies unispécifiques, mais il s'associe aussi aux roseaux dont il prolonge les groupes jusqu'en eau profonde. Il peut fort bien s'accommoder d'une profondeur de 2 m. Il est commun dans toute l'Europe, en Asie, en Australie et dans l'Amérique du Nord et du centre.
Les rhizomes forment rapidement sur le fond des tapis impénétrables qui favorisent l'accumulation de la vase et l'enherbement des surfaces aquatiques. Au printemps et en automne ils contiennent une forte proportion d'amidon et de sucre. On peut les faire sécher et les moudre pour en obtenir une farine de goût douceâtre, ou les faire bouillir pour obtenir par évaporation un sirop sucré.
Mais le principal usage de cette plante, comme l'annonce son nom vulgaire de «Jonc des chaisiers» reste dans son emploi pour garnir les chaises dites paillées. Les feuilles de la plante, d'abord séchées, puis tordues, fournissent des sortes de cordes solides propres au rembourrage des sièges.

ROSEAU À BALAIS — *Phragmites communis TRIN.*
Famille: Graminacées

Le Roseau à balais est une plante vivace, glauque, qui mesure de 1 à 4 m de haut, mais qui peut en atteindre 10. Les rhizomes rampants sont enfouis dans la vase et mesurent souvent 5 m de long. Ils portent des tiges

Jonc

Roseau à balais

Jonc des chaisiers

solides, dresées, parfois couchées et dans ce cas elles se ramifient.
Les tiges portent des feuilles opposées, rugueuses, longues d'une cinquantaine de cm, glauques et longuement engainantes. Les tiges couchées se distinguent par des gaines raccourcies, des feuilles plus réduites et en roulées. Les gaines peuvent tourner plus ou moins librement autour de la tige: en cas de grand vent, tous les limbes s'orientent du même côté comme autant de fanions.
Le sommet de la tige porte une panicule ramifiée, qui atteint souvent 40 cm de longueur, et composée d'épillets mauves, formés de 3 à 7 fleurs. L'axe de l'épillet porte de longues soies qui se maintiennent après la floraison, donnant ainsi à la panicule un air plumeux et argenté, d'autant plus qu'elle se contracte avant de fructifier.
Les fruits sont grisâtres ou rougeâtres, enroulés en spirale. Le Roseau se multiplie aussi intensivement par boutures de rhizomes qui ne cessent de s'étendre dans toutes les directions.
De plus, il forme des stolons aériens ou aquatiques qui peuvent atteindre 10 m de long et qui s'enracinent au niveau des nœuds pour donner de nouvelles pousses. Ce mode de multiplication survient surtout en eau profonde.
C'est une plante des bords des eaux dormantes ou tranquilles, des marais et des mouillères, des champs et des prairies humides. Elle indique avec certitude l'existence des nappes d'eau souterraines et superficielles, ou l'affleurement d'une source.
Elle est commune dans le monde entier mais qui manque en certains endroits déterminés, comme l'Amazonie.
Les tiges du Roseau sont très solides, car elles sont appelées à résister au vent et aux vagues. La plante adulte est imprégnée de silice, et sa cendre en contient plus de 70%.
Les organes jeunes, et surtout les rhizomes, contiennent jusqu'à 5% de sucre. En période de disette, on les a consommés soit crus, soit rôtis ou bouillis. Ils donnaient aussi une espèce de farine et par torréfaction un ersatz de café.
Les tiges servent à recouvrir les toits, à fabriquer toutes sortes de nattes, ou encore on les utilise comme support pour divers enduits muraux, plâtres, torchis, etc. On s'en sert aussi parfois comme litière, ou comme fourrage quand il est très jeune et encore tendre. Des recherches récentes ont montré qu'on pouvait en tirer de la cellulose, de la soie artificielle, de la glycérine, des tannins, de l'acide lactique, etc.

FROMENTEAU — *Baldingera arundinacea (L.) DUMORT.*

Le Fromenteau est une plante vivace qui dépasse 2 m de haut et qui rappelle par son port le Roseau. Le rhizome rampant, écailleux, se cache dans la vase et émet des tiges dressées, rigides et lisses. Les feuilles sont longues, plates, larges d'environ 2 cm et les gaines sont bordées d'une marge scarieuse.
L'épi est mince et déporté de côté, vert pâle ou rougeâtre, et se déploie au moment de la floraison. Les glumes ont un aspect brillant caractéristique. La floraison a lieu de juin à juillet. On voit souvent veritables colonies de Fromenteau dans les marais et les eaux peu profondes, dans presque toute l'Europe, en Asie occidentale, orientale et septentrionale. En Amérique du Nord, il s'étend jusqu'aux confins de la Virginie et de la Californie.
Le Fromenteau se prête aux mêmes usages que le Roseau à balais, mais c'est aussi un excellent fourrage dont la valeur équivaut à celle de l'avoine. Dans certains endroits on en fait une véritable culture et on le récolte trois fois par an.

ACORE — *Acorus calamus L.*
Famille: Aracées

Cette plante de marais peut mesurer 1,50 m de haut et se présente en touffes peu fournies, issues d'un rhizome épais, ramifié, de consistance spongieuse mais dense, de couleur blanche ou rosée à l'intérieur. Sa face inférieure porte de courtes radicelles adventives. Les feuilles sont distiques, longues d'environ 1 m, en forme de glaive, pourvues d'une gaine en gouttière épaissie à la base.
Les hampes florales ont une section à peu près triangulaire, aiguë d'un côté, canaliculée de l'autre.
Les fleurs sont petites, sant attrait, de couleur vert-jaunâtre avec un périanthe scarieux et 6 étamines. Elles sont disposées en un épi cylindrique, d'abord vert puis brunâtre, qui peut mesurer 8 cm de longueur. L'épi semble naître sur le côté de la tige: en fait il est terminal, mais la spathe caractéristique de la famille est verticale et le déporte de côté. Elle a l'aspect d'une longue lame foliacée qui prolongerait la tige.
Les fruits sont de longues baies de couleur rouge. On ne les voit jamais dans nos régions, parce que l'Acore

est une plante introduite et naturalisée, mais elles se forment couramment en Asie orientale qui est sa patrie d'origine.
L'Acore est donc originaire des régions tropicales de l'Asie de l'Est d'où il s'est étendu vers l'occident, puis dans le monde entier, car il a été importé partout à cause de ses vertus médicinales connues depuis des temps reculés. De nos jours il abonde dans toute l'Europe centrale et orientale, en Italie du Nord, dans les Balkans, en France, en Asie et dans les régions orientales de l'Amérique du Nord.
L'Acore à l'état vivant fut introduit pour la première fois en Europe en 1574: le botaniste Clusius (l'Ecluse) le reçut de l'ambassadeur à la cour de Constantinople, Augerius Ghislenius Busbequius, et arriva à le cultiver à titre de curiosité dans les collections du jardin botanique de Vienne. D'autres chroniques font remonter son introduction en 1557: ce serait Matthioli qui l'aurait reçu à Prague, toujours de Constantinople. Les botanistes, les amoureux de la nature, puis les moines et les herboristes se sont chargés ensuite de le disséminer en pleine nature où il s'est rapidement multiplié.
L'Acore possède une odeur particulièrement forte. C'est surtout la souche qui est très aromatique, car elle contient de l'acorine qui est un glucoside amer, deux alcaloïdes, la calamine et la choline, beaucoup d'amidon et surtout des huiles éthérées aromatiques.
Les propriétés médicinales du rhizome sont connues depuis des temps immémoriaux: on l'utilisait dans l'Inde ancienne, dans les pays arabes, en Grèce et à Rome. L'extrait servait à nettoyer les plaies, à soigner les crampes d'estomac, les flatuosités, la scrofulose infantile et diverses maladies épidémiques. Il stimule la digestion et ajouté à l'eau du bain il fortifie les nerfs. Les femmes romaines ajoutaient de la décoction du rhizome à leur bain pour être encore plus belles et plus fraîches. La mastication du rhizome frais protège contre les maladies infectieuses, grâce à son pouvoir antiseptique.
Il peut aussi se conserver dans l'alcool et sert à la fabrication de liqueurs: son extrait entre pour une part dans la fabriccation de la vraie Bénédictine française et aussi dans la Chartreuse.
On se sert également du rhizome dans la composition des dentifrices, de certains parfums, et dans la confiserie. En Turquie il est particulièrement apprécié à l'état de confit.

Fromenteau

Acore

Anguine

ANGUINE — *Calla palustris L.*

L'Anguine est une plante vivace haute de 15 à 30 cm, issue d'une souche cylindrique, verte et creuse qui peut atteindre une cinquantaine de cm de longueur. Les feuilles distiques ont un long pétiole, un limbe arrondi-cordiforme, pointu, large de 4 à 11 cm, brillant et coriace.

L'extrémité de la souche porte une tige dressée, nue, terminée par une spathe déroulée, aiguë, longue de 6 à 7 cm. Cette spathe est verte à l'extérieur, blanche à l'intérieur et contient un court spadice cylindrique, composé de petites fleurs serrées, porté par un court pédoncule.

Les fruits sont des baies rouges au goût brûlant, qui contiennent des graines violacées incluses dans une gelée vitreuse et transparente. Elles sont disséminées par l'eau et les oiseaux.

L'Anguine forme des groupes étendus dans les marais, les bras morts et les aulnaies de toute l'Europe centrale et du Nord. Elle se trouve aussi en Amérique du Nord dans ses régions atlantiques, et en Sibérie. Elle s'est naturalisée en Angleterre, mais n'apparaît que de façon isolée en Suisse.

Les rhizomes ont une saveur très âcre et sont toxiques. On les a utilisés jadis en médecine sous le nom *«Rhizoma Dracunculi Palustris»* surtout comme vésicatoire. La tradition populaire de son côté en faisait un remède contre les morsures de serpents.

Ruban d'eau

Roseau de la Passion

RUBAN D'EAU — *Sparganium erectum L.*

Famille: Sparganiacées

Le Ruban d'eau est une plante vivace, qui atteint 1,20 m de haut, et pourvue d'un rhizome ramifié et rampant. Les tiges sont dressées, parfois légèrement recourbées par le poids des fruits, à section arrondie, plus ou moins ramifiées dans leur partie supérieure. Les feuilles apparaissent et touffes et peuvent atteindre 1,50 m de long. Elles ont un limbe en forme de lame de glaive et sont de section triangulaire à la base, carénées jusqu'à leur extrémité.

Bouton d'or

Les fleurs minuscules à sexes séparés, à périanthe brun et parcheminé, sont disposées en une panicule de capitules arrondis, les femelles à la base, les mâles au sommet. La floraison a lieu en juin et en juillet et la pollinisation se fait par le vent. Les fruits sont des akènes de 8 mm de long, disposés en têtes piquantes. Le Ruban d'eau est une espèce adaptable et changeante, qui abonde dans les marais, les bras morts, etc., surtout en plaine. On le trouve dans toute l'Europe tempérée et en Asie, mais aussi en Afrique du Nord, aux confins du cercle polaire artique et jusqu'au Japon.
Les tonneliers se servent de ses feuilles très minces pour assurer le joint entre les douves des tonneaux et des baquets. C'est sans doute la seule utilité de cette plante.

MASSETTE — *Typha latifolia L.*
Famille: Typhacées

La Massette est une grande plante vivace, qui peut atteindre 3 m de haut, et pourvue d'un long rhizome ramifié de couleur brun-jaune. Les feuilles sont étroites, linéaires, souvent plus longues que les tiges dressées, à limbe souple, enroulé en deux ou trois tours de façon à résister au vent malgré leur longueur. Elles sont longuement engainantes et remplies d'un tissu lacunaire aéré, et souvent au tiers ou à demi submergées. L'extrémité de la tige porte deux inflorescences fuselées et superposées. Elles mesurent entre 1 et 3 dm et sont presque contiguës. Ces épis sont formés de petites fleurs serrées, nues, unisexuées, et portent à leur base de longues soies qui donnent à l'ensemble son air caractéristique de cigare. L'épi supérieur est mâle celui du dessous femelle. Les fleurs mâles sont caduques tandis que l'épi femelle conserve son aspect compact et brun noirâtre. La floraison a lieu entre juin et juillet, la pollinisation se fait par le vent (les grains de pollen sont produits en grande quantité) et les fruits sont de petits akènes portés par un court pédoncule et couverts de longues soies.
La Massette est un hôte fréquent des bas-fonds vaseux des étangs et des bras morts, surtout en plaine. On peut la rencontrer dans toute la zone tempérée et tropicale de l'hémisphère Nord, mais aussi en Australie et en Polynésie. Elle manque en Afrique centrale et australe.
On en fait de beaux bouquets perpétuels. Mais il faut pour le conserver prendre la précaution de pulvériser les épis avec une laque à cheveux, snas quoi un jour ou l'autre ces épis éclatent et remplissent la maison d'un énorme duvet, impalpable et très difficile à expulser.

ROSEAU DE LA PASSION — *Typha angustifolia L.*

C'est une espèce très voisine de la précédente, mais elle est pourvue de feuilles beaucoup plus longues que les tiges et les hampes florales, et beaucoup plus étroites. Les épis inférieurs sont plus longs que les supérieurs et les deux sont espacés de 1 à 3 cm. Le Roseau de la Passion est répandu dans toute l'Europe, à l'exception de la Grèce, en Asie occidentale et en Amérique du Nord, sauf au Canada.
Les rhizomes sont riches en amidon, en protides et en sucre. Ils ont servi d'aliments dans de nombreux pays asiatiques et américains torréfiés, comme ersatz de café, bouillis et consommés comme des salsifis, moulus en farine et utilisés dans la confection de divers biscuits et pains d'épices. A l'état cru, on en fait un fourrage pour les porcs.
Les feuilles servent à la fabrication de nattes, de chapeaux, de clisses pour les bouteilles et les dames jeannes, etc. On en recouvre aussi les toits en guise de chaume.

LES RIVES

BOUTON D'OR — *Ranunculus repens L.*
Famille: Renonculacées

Le Bouton d'or est une plante vivace, pourvue d'une tige rampante ou dressée, qui atteint 50 cm de haut et dont les ramifications s'enracinent facilement.
Les feuilles de la base sont pétiolées, trilobées, avec des lobes laciniés, soit simples, soit redivisés en trois. Les feuilles caulinaires ont la même forme, mais les pétioles diminuent de longueur en se rapprochant du sommet et les feuilles du haut sont sessiles.
Les fleurs d'un jaune brillant apparaissent de mai jusqu'à la fin de l'automne. Les fruits sont des akènes terminés par un bec court.
C'est une plante qui s'adapte à toutes les circonstances et qui peut même pousser dans les terrains inondés. Elle se multiplie, outre ses graines, par des stolons terrestres qui s'enracinent très vite à tous leurs nœuds. Le Bouton d'or est répandu dans toute l'Europe, en Sibérie et jusqu'au Kamtchatka, parfois en Afrique

du Nord. Il a été artificiellement introduit en Amérique.
Son habitat favori est le bord des rivières, les prairies fraîches, les bois et les bords des chemins. Il devient une mauvaise herbe dans les vignes et dans les jardins. Il signale généralement des terres qui manquent de chaux, et comme il est très âcre, les bestiaux le dédaignent. Une prairie qui en est couverte a besoin d'un renouvellement complet de son sol.

RAIFORT (MOUTARDE D'ALLEMAND) — *Armoracia rusticana (LAM.) G. M. SCH.*
Famille: Cruciféracées

Le Raifort est une plante vivace, profondément ancrée dans le sol par une forte racine cylindrique presque ligneuse et blanche à l'intérieur. Les tiges peuvent atteindre 2 m de haut, elles sont feuillées et ramifiées dans leur partie supérieure.
Les feuilles présentent un curieux polymorphisme: celles qui entourent la racine ont un long pétiole, une forme allongée et des bords crénelés. Elles peuvent atteindre 1 m de long. Les feuilles caulinaires sont sessiles et plus petites, celles de la base profondément divisées et souvent en peigne, les supérieures plus courtes, lancéolées ou entières, ou légèrement crénelées. Les fleurs sont petites, blanches, disposées en grappes compactes qui s'allongent pendant la floraison. Celle-ci a lieu en juin et en juillet. Après la chute des fleurs on remarque la disposition caractéristique des pédoncules qui s'écartent obliquement de la tige principale. Les fruits sont des silicules gonflées, rondes ou elliptiques, mais on les voit rarement en Europe où le Raifort se multiplie surtout et très facilement par des fragments de racines, qui à peine plantés bourgeonnent et reproduisent la plante.
On trouve surtout le Raifort dans les associations de plantes voisines des cours d'eau, et également dans les terrains vagues ou dans les remblais. Mais c'est là pour lui un habitat secondaire car sa patrie d'origine est l'Euro e orientale et l'Asie occidentale. Son extension ancienne est due aux peuples slaves: d'après de vieilles chroniques, on sait qu'il était déjà cultivé au XIIe siècle, et sainte Hildegarde connaissait dejà ses vertus.
La racine contient deux fois plus de vitamine C que le citron, et un glucoside, la sinigrine, qui lui donne sa saveur caractéristique, qui est brûlante et qui irrite les muqueuses. La racine contient aussi des phytoncides, substances antiseptiques qui détruisent les bactéries et d'autres organismes inférieurs.
On l'utilise râpé en guise de moutarde, mêlé à de la crème ou de l'huile pour en atténuer un peu l'âcreté. Il ne faut pas en abuser, car il peut irriter la vessie. Mais il possède en outre des propriétés médicinales certaines: il améliore les fonctions gastriques et intestinales, et sa haute teneur en vitamine C permet de vaincre les fatigues du printemps. Une préparation classique est le «Sirop de Raifort iodé», utilisé à la fois comme fortifiant, comme antiscorbutique, et contre divers affections pulmonaires. On l'utilise aussi en cataplasmes qui rubéfient violemment l'épiderme et soulagent les douleurs rhumatismales.

SAPONAIRE — *Saponaria officinalis L.*
Famille: Caryophyllacées

La Saponaire est une plante vivace, pourvue d'un rhizome traçant et de tiges dressées, ramifiées, parfois presque ligneuses à la base.
Les feuilles sont elliptiques-allongées, pointues à leur extrémité, les inférieures courtement pétiolées, celles du haut sessiles. A l'aiselle de ces feuilles principales qui portent 3 à 4 nervures apparaissent souvent des bouquets de feuilles secondaires.
Les fleurs, disposées en cymes bipares, axillaires ou terminales, sont portées par un court pédoncule. Elles se composent d'un calice violacé et pubescent et d'une corolle blanche ou rosée, dont les pétales sont légèrement échancrés à leur extrémité. Elles sont délicatement parfumées, surtout le soir et la nuit. Elles s'ouvrent de juin à septembre. Le fruit est une capsule ovoïde qui contient un grand nombre de graines noires.
La Saponaire est caractéristique des haies humides et des bords de l'eau, mais elle est également commune le long des routes et dans les terrains rapportés.
Elle est répandue dans toute l'Europe, dans toute l'Asie tempérée, au Japon et en Amérique du Nord. Elle est particulièrement commune dans l'est de la France.
On la cultive en Autriche, en Hongrie et en Allemagne pour ses propriétés médicinales. La plante entière (et surtout la racine) contient un glucoside, la saponine; substance toxique qui mousse dans l'eau comme le savon, qui provoque des éternuements et irrite la gorge. On y trouve aussi des saccharides et des substances lipidiques.

Raifort (Moutarde d'Allemand)

Les racines sont utilisées pour laver les tissus qui craignent, et elles peuvent remplacer le bois de Panama.

On utilise en pharmacie l'extrait des racines, ou bien l'infusion qui est diurétique, sudorifique, et efficace contre la toux. On en a fait aussi un usage externe pour déterger les abcès et diverses maladies épidermiques. En France, son usage semble être tombé en désuétude.

REINE DES PRÉS — *Filipendula ulmaria (L.) MAXIM.*
Famille: Rosacées

Une souche noire, rampante et articulée donne naissance aux nombreuses tiges dressées, solides et anguleuses, de cette grande plante vivace qui peut atteindre deux mètres de haut.

Les feuilles composées sont imparipennées, formées de 2—5 groupes de folioles opposées, ovoïdes, et d'une foliole terminale palmée. Les stipules découpés en cœur et dentés ont une forme caractéristique. Le dessus des feuilles est vert foncé, le dessous est plus pâle et légèrement velu.

Les fleurs sont très nombreuses et forment des corymbes très ramifiés. On les reconnaît de loin à leur couler blanc-jaunâtre, à leur odeur spécifique aromatique et éthérée, à leur longues étamines qui dépassent la corolle, et à leur aspect plumeux.

La floraison a lieu de juin à septembre et on distingue de loin les grandes colonies de Reines des prés, repérables par la hauteur de leur tiges, la couleur claire de leurs inflorescences, et leurs parfum particulier. Après la pollinisation, on voit se former des follicules bruns de forme spiralée très spéciale.

C'est une plante des berges, des prés humides et des fossés, abondante dans toute l'Europe et dans l'Asie du Nord.

Elle contient en abondance des tannins, un peur de vanilline et d'héliotropine et un glucoside, la gaulthiérine.

Les sommités fleuries servent à la préparation d'une

Reine des prés

Saponaire

infusion fébrifuge. Au Portugal on récolte aussi la souche qui est dite apaiser les crampes qui accompagnent les calculs rénaux ou biliaires. Il est vrai qu'elle contient aussi de l'acide salicylique, et de là son utilisation la plus classique contre les rhumatismes, du moins en France.

La médicine populaire en faisait grand usage pour soigner la scrofulose, la goutte et même les morsures de serpents.

Dans les paxs scandinaves on ajoute les fleurs au vin et à la bière pour leur donner un parfum spécial.

BENOÎTE — *Geum rivale L.*

C'est une plante vivace pourvue d'une forte souche qui se trouve couverte des restes des feuilles mortes et porte des tiges dressées, velues, veinées de rouge, et de 30 à 40 cm de haut.

Les feuilles de la rosette racinaire sont longuement pétiolées, pennées et lyrées, formées de folioles ovoïdes, velues et irrégulièrement dentées, la terminale grande, arrondie et trilobée, comme le sont aussi les feuilles caulinaires.

Les fleurs sont penchées vers le sol, le calice brun est bien développé et pubescent, la corolle jaunâtre ou jaune clair.

Cette plante fleurit de mai à juin et les fruits sont des akènes terminés par un appendice bifide. Le calice se redresse après la floraison.

La Benoîte est fréquente le long des rivières, en France surtout en montagne, au voissinage des sources ou des mouillères dans les régions fraîches de toute l'Europe tempérée, de l'Asie et de l'Amérique du Nord.

Le rhizome d'odeur aromatique est parfois utilisé par la médecine populaire.

SALICAIRE — *Lythrum salicaria L.*
Famille: Lythrariacées

La Salicaire est une belle plante vivace qui atteint plus d'un mètre de haut. Elle sort d'une souche qui se lignifie avec l'âge et ses tiges simples sont pourvues d'arêtes aiguës.

Les feuilles sont sessiles, lancéolées, cordiformes à la base et nervurées sur l'envers, celles de la base opposées et les supérieures alternes.

Au sommet de la tige, des bractées axillaires portent des groupes de 3 à 6 fleurs d'un bleu violacé, parfois rougeâtres, rarement blanches, qui forment une longue grappe ininterrompue. La floraison se situe de juin à septembre et le fruit est une capsule biloculée qui contient de nombreuses graines.

La Salicaire est une habituée des associations des bords des rivières, des marais et des mouillères, de la plaine jusqu'au pied des montagnes. On la trouve dans l'ensemble de l'Europe en Asie centrale et septentrionale, çà et là en Australie et en Amérique du Nord.

Elle contient des corps gras et du fructose, et sa richesse en tannins l'a de tout temps destinée aux apprêts des cuirs. Les fleurs fournissent un colorant autorisé en confiserie.

Dans certaines régions on consomme les jeunes pousses, les feuilles et le rhizome brun à coeur blanc comme légumes.

Les compresses de feuilles broyées sont astringentes et hémostatiques, et feuilles et fleurs servaient jadis à soigner les saignements et les diarrhées.

Elle avait en France un usage folklorique presque oublié: les paysans surmontaient la dernière voiture de foin de la saison d'un gros bouquet de Salicaire, qui était censée porter bonheur et assurer sa conservation.

HERBE AUX CORNEILLES — *Lysimachia vulgaris L.*
Famille: Primulacées

C'est une plante vivace, pourvue d'une longue souche traçante aux ramifications écailleuses, hérissées de nombreux propagules.

Les tiges atteignent 1,50 m de haut. Elle sont à peine ramifiées, velues, anguleuses-arrondies.

Les feuilles caulinaires peuvent être opposées ou verticillées par 4—4, les supérieures sont parfois alternes. Toutes possèdent un pétiole court et un limbe entier, arrondi, aigu au sommet et couvert de points rouges. La nervation est apparente.

Les fleurs sont groupées en panicules terminales fournies dont les ramifications inférieures prennent naissance à l'aisselle des feuilles. Les fleurs de la partie supérieure sont axillées par des bractées. La fleur elle-même atteint 1 cm de diamètre; elle comporte un calice profondément divisé aux sépales bordés de rouge et une corolle d'un beau jaune d'or. Le fruit est une capsulle arrondie pluriséminée.

L'Herbe aux corneilles fleurit de juin à juillet et forme souvent de vastes colonies au bord des ruisseaux, le long des marécages, des fossés et dans les anses aquatiques peu profondes.

Elle est répandue dans toutes les régions tempérées d'Europe et d'Asie, de l'Angleterre au Japon. Elle a été observée en Algérie.
On l'a employée jadis pour soigner les fièvres et les abcès. La tige fournit une teinture jaune, la racine une teinture brune, et les fumées dégagées par sa combustion passent pour éloigner et détruire les mouches.

GRANDE CONSOUDE — *Symphytum officinale L.*
Famille: Borraginacées

C'est une plante vivace entièrement velue. La souche, épaisse, longue d'une trentaine de cm, porte des tiges qui peuvent atteindre 1 m de haut et qui sont entièrement anguleuses du fait de la décurrence des feuilles. Les feuilles sont ovales-lancéolées et portent en dessous des nervations en relief. Elles se prolongent sur la tige en longues ailes continues.
Les fleurs penchées sont portées par de courts pédoncules et groupées en cymes bipares peu fournies. La corolle gamopétale a la forme d'une trompe renflée, de couleur mauve, parfois rose, souvent blanche dans les formes françaises, dont la gorge porte des écailles tournées vers l'extérieur. Elle se termine par cinq lobes courts. La floraison a lieu de mai à août et le fruit est un tétrakène gris brunâtre, finement chagriné.
La Grande Consoude est commune dans les associations des rives, des lieux humides et des fossés, de même que dans les dépotoirs, de la plaine jusqu'aux plateaux de toute l'Europe jusqu'en Asie Mineure et en Sibérie occidentale, au nord jusqu'à la Scandinavie. Elle est naturalisée en Amérique du Nord.
Ses propriétés médicinales sont connues depuis toujours. La souche, qui porte parfois le nom de «racine noire» est riche en mucilages, en silice et en tannins. Elle contient aussi toute une série d'alcaloïdes dont le principal est la symphytocynoglossine, et un glucoside, la consolidine. La racine, noire au dehors et blanche à l'intérieur, était utilisée en décoction, en extrait, en distillat ou en poudre comme purgatif, comme remède contre la toux et le rhume de cerveau, comme analgésique aussi, surtout en cas d'ulcère d'estomac. Elle régularisait également la circulation sanguine et la tension artérielle. En applications

Benoîte

Salicaire

Herbe aux corneilles

Grande Consoude

externes, son emploi le plus courant, elle soulageait les hématomes, les varices, les fractures et les plaies à cicatrisation difficile. Elle soignait les inflammations des gencives et les maladies articulaires, et elle est encore couramment employée comme coricide.
La «racine noire» a connu une grande faveur surtout au Moyen Age où elle entrait dans la composition de toutes les pommades destinées à soigner les fractures. On continue à la récolter de nos jours et les spécialistes s'intéressent à nouveau à ses vertus. Elle entre dans la composition de nombreux médicaments.

DOUCE-AMÈRE — *Solanum dulcamara L.*
Famille: Solanacées

La Douce-amère est un arbrisseau vivace, pourvu d'une souche ramifiée et rampante. Les tiges sont grimpantes, rampantes à l'occasion, ligneuses à la base, et de longueur variable selon la taille du support qui leur est offert: les tiges grimpantes, qui sont toujours plus longues, atteignent 3 m et davantage.
Les feuilles sont de forme variable: le plus souvent arrondies-lancéolées, les supérieures fréquemment sagittées ou en pertuisane, certaines portant deux petits segments à la base de limbe. D'autres sont si profondément etranglées qu'elles en paraissent trilobées.
Les fleurs d'un bleu-violet profond sont disposées en panicules lâches terminales et inclinées qui prennent toujors naissance à l'opposé d'une feuille. Les pétales aigus sont tendus à l'horizontale, ensuite recourbés en arrière, et portent à la base une tache verdâtre bordée de blanc. Les filets des étamines sont soudés en tube et les anthères sont d'une belle couleur jaune brillant. La floraison a lieu de juin à août.
Les fruits sont des baies elliptiques, d'un rouge brillant à maturité, portés par des pédoncules épaissis.
La Douce-amère est fréquente les long des cours d'eau, des fossés et des trous d'eau, mais aussi dans les clairières et les bois clairs, soit à l'état rampant, mais le plus souvent enroulée autour d'autres plantes. Elle est répandue dans la plus grande partie de l'Europe et s'étend jusqu'en Chine et au Japon. On peut aussi la rencontrer en Afrique du Nord, et elle a été signalée en Amérique, mais sans qu'on sache si elle y est indigène.
C'est une plante toxique: les organes jeunes surtout — feuilles et tiges — contiennent de la solanine, de la dulcamarine et son produit dérivé, la solanidine. Toutes ces parties ont une saveur changeante: elles commencent par donner une impression d'amertume, puis elles deviennent douces sous l'action des sucs salivaires qui décomposent la solanine. Son nom spécifique, comme son nom vulgaire en français, est dû à cette propriété.
Les jeunes pousses, et également le bois aoûté, sont utilisés en infusion comme tranquillisants contre les toux nerveuses, et en compresses contre les maladies de la peau. Mais c'est un remède dangereux à haute dose, et qui doit être manié avec précaution.

BOUTON-D'ARGENT — *Achillea ptarmica L.*
Famille: Composacées

Le Bouton-d'argent est une grande plante vivace à souche traçante et ligneuse, qui porte des tiges dressées, simples ou ramifiées dans leur partie supérieure et abondamment couvertes de feuilles.
Les feuilles sont simples, sessiles, longues et étroites, aux bords profondément et finement dentés.
De grands corymbes portent des capitules blancs sur leur pourtour, jaunâtres ou blanc pâle au milieu. L'involucre est hémisphérique et composé de bractées d'un brun sombre.
La plante fleurit de juillet à septembre. Elle est fréquente dans toutes les associations du bord de l'eau: le long des fossés dans les prairies humides et dans les tourbières de la plaine jusqu'au pied des montagnes, parfois même au milieu des roseaux.
Le Bouton-d'argent est répandu dans presque toute l'Europe, du Nord, des Balkans, de l'Italie et de l'Espagne jusqu'en Scandinavie. Il n'est pas inconnu dans le Caucase pas plus qu'en Sibérie, en Asie Mineure et en Arménie. Il s'est naturalisé en Amérique du Nord. Sa grande extension est due surtout à sa culture, aussi bien comme plante ornementale que médicinale (soulignons que la forme horticole à fleurs pleines est charmante), mais elle ne date que de la fin du Moyen Age, car la littérature ne fournit pas de références plus anciennes. En Europe elle n'est vraiment connue que depuis le XVIe siècle environ.
La racine et l'inflorescence étaient jadis abondamment utilisées en médecine populaire. Les feuilles réduites en poudre provoquent de violents éternuements, et les garnements des campagnes profitent encore de cette propriété pour en faire des farces de plus ou moins bon goût.

Douce-amère

CHANVRE D'EAU — *Bidens tripartitus L.*

C'est une plante annuelle pourvue de tiges dressées, largement ramifiées, souvent veinées de rouge, qui peut atteindre 1 m de haut.
Les feuilles caulinaires sont opposées, divisées en 3 à 7 folioles de couleur vert sombre. Les folioles sont rhomboïdales à lancéolées, à marge dentée, la terminale étant souvent trilobée. La base du limbe se transforme insensiblement en un pétiole à ailettes.
Les capitules terminaux sont dressés et de forme conique. L'involucre est pourvu de deux types de bractées: les externes sont grandes et foliacées, les internes petites et de couleur brun jaunâtre.
Les capitules sont tubuliflores et tous les fleurons sont de la même teinte ocre. La floraison a lieu de juillet jusqu'en automne et les fruits sont des akènes aplatis de couleur brun-vert aciculés, munis de 2 à 5 arêtes retroussées. Ces aiguillons s'accrochent à la fourrure des animaux qui en assurent ainsi la dissémination. Ils peuvent être dangereux pour les poissons, car ils se plantent dans leur ouïes ou dans leur gueule et les empêchent de se nourrir normalement. Ils peuvent même provoquer leur mort.
Le Chanvre d'eau est fréquent sur les berges, dans les mouillères, les fossés et les marais, mais il préfère avant tout les abords et les fonds des étangs vidés.
On le trouve à l'état spontané dans presque toute l'Europe et en Asie occidentale et septentrionale. Il a probablement été introduit en Australie. Dans certaines régions méridionales, il se comporte comme un parasite des champs de pommes de terre et de maïs.
Il existe deux espèces voisines de la précédente:

BIDENT RADIÉ — *Bidens radiatus THUILL.*
et
BIDENT PENCHÉ — *Bidens cernuus L.*

Cette dernière espèce possède des capitules jaune d'or, penchés, souvent munis de courtes ligules jaunes. Les bractées externes de l'involucre sont foliacées. Les akènes munis de soies portent 4 aiguillons.
On peut aussi la trouver dans les tourbières où elle colonise les anciennes excavations, au voisinage des habitations, ou dans les friches humides.

Bouton-d'argent

Chanvre d'eau

On ne connaît aucun emploi à ces trois plantes.

CHARDON DES CHAMPS — *Cirsium oleraceum (L.) SCOP.*

Ce Chardon accroche le regard par sa couleur vert clair ou même jaune. C'est une plante vivace dont la grosse souche noueuse et traçante donne naissance à des tiges creuses, cannelées, parfois un peu ramifiées dans leur partie supérieure et qui atteignent 1,5 m de haut.
Les feuilles sont grandes, de couleur vert clair, molles, les inférieures ovoïdes ou elliptiques, lobées ou profondément découpées, aux bords et nervures aciculés, mais à peine piquants contrairement aux autres espèces du genre.

Les feuilles caulinaires supérieures sont cordiformes, embrassantes, de forme lancéolée, entières ou pennatiséquées.
A l'extrémité des tiges on trouve ordinairement plusieurs capitules portés par de longues tiges et formés de fleurs blanc jaunâtre, rarement rougeâtre, à odeur sucrée. Les capitules portent à leur base un involucre de grandes bractées foliacées de couleur claire. Après la floraison on voit apparaître des akènes terminés par un appendice hérissé de plusieurs rangées de soies plumeuses. Les capitules attirent particulièrement les papillons de l'espèce *Rhodocera rhamni* dont les ailes imitent l'allure générale des bractées par leur couleur jaune-vert clair et leur maintien dressé.
C'est une plante banale des rives, des marécages et des prairies très humides, dans toute l'Europe et en Asie. Sa haute taille et sa couleur originale provoquent l'attention et permettent de reconnaître de loin les terrains d'une excessive humidité.
C'est une très mauvaise herbe dans les prés, car elle est dure, sèche mal, et est refusée par les bestiaux.

CHAPELIÈRE — *Petasites hybridus (L.) G. M. SCH.*

C'est en mars et en avril qu'on voit sortir de terre, portées par une souche épaisse aux longues ramifications, les grosses tiges creuses et simples, de couleur rougeâtre et couvertes d'écailles de la même couleur, de la Chapelière.
La plante est souvent dioïque et les capitules de fleurs polygames, de couleur rouge rosé, sont groupés en une longue grappe terminale ovoïde allongée. Chez certains spécimens on trouve des fleurs centrales hermaphrodites et quelques fleurs périphériques femelles (qui peuvent manquer complètement), chez d'autres ce sont les fleurs hermaphrodites centrales qui manquent et le capitule ne contient que des fleurs périphériques femelles. Au cours de la floraison la tige s'allonge jusqu'à atteindre une cinquantaine de cm. Elle continue de grandir par la suite et peut même dépasser 1 m. Les akènes portent une aigrette terminale.
Les feuilles, groupées en une géante rosette terrestre, commencent apparaître au cours de la floraison. Un long pétiole solide porte le limbe cordiforme ou arrondi, légèrement crénelé. Le limbe peut atteindre jusqu'à 50 cm de diamètre. La face inférieure est couverte dans la jeunesse d'un duvet laineux et blanchâtre qui disparaît par la suite. Toute la plante dégage une odeur fétide qui rappelle la punaise.

La Chapelière forme souvent de grandes colonies le long des cours d'eau, souvent au milieu de leur lit, et dans les endroits humides de toute l'Europe et de l'Asie occidentale. Elle a été introduite accidentellement en Amérique du Nord.
Cette plante a joui d'une grande réputation médicinale dans l'Antiqué et au Moyen Age. Elle a servi de remède contre la peste, le choléra, l'épilepsie et les fièvres. En France, on l'attachait sur la tête des enfants atteints de pelade ou de plique, de là son nom de Chapelière.
Les feuilles écrasées sont encore utilisées en compresses sur les abcès et les plaies qui guérissent mal. Dans certaines régions on récolte encore la souche qui est riche en mucilages, en silice, en tannins et en substances amères, mais aussi les feuilles dont la décoction calme la toux et possède des vertus vermifuges et laxatives.

CHAPELIÈRE BLANCHE — *Petasites albus (L.) GAERTN.*

Chez cette espèce les inflorescences sont portées par des tiges creuses d'un blanc verdâtre qui apparaissent dès la fonte des neiges. Les plantes femelles portent des grappes de capitules d'un jaune blanchâtre. Chez les plantes mâles les capitules moins nombreux forment une manière de corymbe.
Les feuilles ressemblent à celles de l'espèce précédente: elles sont arrondies-cordiformes, pubescentes sur l'envers à l'état jeune.
Rare en plaine, la Chapelière blanche est répandue dans toutes les régions montagneuses de toute l'Europe.

VÉGÉTAUX LIGNEUX

VERNE, ou AULNE — *Alnus glutinosa (L.) GAERTN.*
Famille: Bétulacées

C'est un arbrisseau qui vient en bouquet quand on le recèpe, et un arbre qui peut atteindre 20 m de haut quand il est à toute venue. Il se distigue par son écorce d'un gris noirâtre et par le port particulier de ses branches qui sont d'abord droites, puis pendantes. Les jeunes rameaux ont une section nettement triangulaire et un toucher légèrement visqueux. Les feuilles se composent d'un court pétiole et d'un limbe arrondi, à base cunéiforme, avec un sommet plus ou moins rétus et un bord bidenté. Les bourgeons de couleur

Chardon des champs

Chapelière blanche

violacée sont pédonculés. Les jeunes feuilles ont le même toucher visqueux que les rameaux.
Les fleurs mâles, staminées, ont un périanthe écailleux et sont disposées en chatons retombants qui s'allongent pendant la floraison. Ils sont apparents sur les branches dès l'automne sous la forme de courts cylindres verts.
Les chatons femelles sont plus courts, elliptiques et dressés. Les bractées soudées se lignifient après la floraison pour former un fruit qui ressemble à une toute petite pomme de pin pédonculée, d'abord verte puis noire, et qui reste fixé sur l'arbre jusqu'à l'année suivante même après la dispersion des graines.
Le Verne fleurit de mai à juin et la pollinisation se fait par le vent. Les fruits sont de petits akènes plans, bordés d'une membrane aérienne qui leur permet de flotter.
Cet arbre exige une humidité constante du sol, et c'est de ce fait un habitant typique des berges, des lisières des marais, et des zones plus ou moins inondées des plateaux et des plaines. Dans les forêts sa présence décèle souvent la présence d'une source cachée. Il peut former des taillis étendus, qu'on appelle aulnaies ou vernois. Dans les sols instables des marais, le Verne forme parfois des racines-échasses comme celles des palétuviers tropicaux qui renforcent sa stabilité. Il est courant dans toute l'Europe, de la Sicile à la Finlande, à l'est jusqu'en Transcaucasie et jusqu'à l'Oural.
Son bois est mou, léger, cassant et facile à travailler. De couleur blanc jaunâtre, il rougit fortement et rapidement à l'air libre. Sa richesse en tannins lui permet de résister à l'humidité et c'est pourquoi on l'utilise souvent pour les conduits des fontaines. Mais il convient aussi pour la petite menuiserie, la fabrication de crayons, de bobines, de diverses écuelles, d'objets décoratifs, de moules de verreries, etc.
Les racines portent de nombreuses nodosités de la taille d'une perle, souvent disposées en longs chapelets: ces formations sont dues à une bactérie symbiotique (Schinzia alni) qui a le pouvoir de fixer l'azote de l'air qu'elle restitue à l'arbre au moment de sa mort. De plus, le Verne héberge un nombre considérable de Champignons, surtout des Lactaires, qui lui sont particuliers, mais ne présentent qu'un intérêt purement botanique.
L'écorce contient une grande quantité de tannin et

Chapelière

Verne, ou Aulne

on l'emploie en corroierie. L'extrait de l'écorce donne par cuisson un bon colorant brun.
L'infusion des feuilles est utilisée comme fébrifuge ou en gargarismes pour soulager les angines, car elle est fortement astringente. On a utilisé également les compresses de feuilles écrasées pour faire mûrir les abcès.

SAULE BLANC, ou ARGENTÉ — *Salix alba L.*
Famille: Salicacées

Le Saule blanc est un arbre qui peut atteindre et

Saule blanc, ou argenté

dépasser 20 m de haut. Les jeunes rameaux sont velus, souples et difficiles à briser et l'envers des feuilles est couvert d'un velours soyeux qui leur donne un aspect argenté, surtout quand le vent les retourne.

Il est très fréquent au bord de l'eau de l'Europe entière et de l'Asie tempérée, mais il a aussi pénétré en Afrique et la culture l'a répandu en Amérique et en Australie. Les branches et les rameaux sont d'une vigueur énorme et capables de régénération illimitée, et une taille répétée aboutit à la forme en «têtards», si caractéristique des paysages humides.

Le Saule blanc est souvent cultivé pour la grosse vannerie. Ses feuilles de saveur amère sont recherchées par les chèvres, et leur infusion est fébrifuge et antirhumatismale. C'est de ces feuilles qu'a été extrait la première fois l'acide salicylique dont l'aspirine est le dérivé le plus connu. Son écorce, encore plus amère a été longtemps le fébrifuge majeur, et on a pu l'appeler le «Quinquina indigène».

Une espèce voisine mais de taille plus réduite est le

SAULE CASSANT — *Salix fragilis L.*

Ce nom évoque la fragilité des jeunes rameaux, longs et retombants.

L'espèce est commune dans toute l'Europe, dans le Caucase, l'Asie proche et les régions tempérées de Sibérie. Elle a été introduite en Amérique du Nord.

OSIER ROUGE — *Salix purpurea L.*

C'est un Saule d'habitude buissonnant, rarement arborescent que l'on distingue à ses branches et rameaux fins, flexibles et de couleur rouille ou rougeâtre.

Les feuilles sont lancéolées, aiguës, de couleur glauque, souvent opposées, et surtout à l'extrémité des rameaux.

L'Osier rouge est un hôte classique des berges, des prés humides, des marais et des tourbières de la plaine jusqu'au pied des montagnes, parfois même assez haut, surtout en Europe méridionale et centrale et en Asie tempérée.

Ses rameaux flexueux le font souvent cultiver pour la vannerie, la fabrication des paniers, des meubles et de divers objects décoratifs.

OSIER BLANC — *Salix viminalis L.*

L'Osier blanc est un arbuste, très rarement un arbre, pourvu de branches longues, aux feuilles étroites et lancéolées ornées de nervures très marquées sur la face inférieure, qui est fortement tomenteuse.

C'est une espèce banale le long des cours d'eau et dans les endroits humides de toute l'Europe centrale et méridionale. On peut le rencontrer aussi bien dans le Caucase qu'en Sibérie, au Japon ou en Amérique.

C'est de loin l'espèce de Saule la plus cultivé, car ses rameaux trouvent de multiples usages, du lien de moisson jusqu'aux paniers et aux meubles les plus raffinés.

L'écorce a un goût amer causé par la présence en grande quantité d'un glucoside, la salicine (jusqu'à 10%) et de tannins.

La salicine est une substance fébrifuge identique à celle qu'on trouve dans le Saule blanc. Au Moyen Age les feuilles remplaçaient le houblon dans la fabrication de la bière, fraude qui a été de nouveau autorisée dans les années de disette.

Saule cassant

PEUPLIER BLANC — *Populus alba L.*

C'est un arbre à croissance rapide, en général de grande taille, remarquable par son écorce grise. Les feuilles ont une forme ovoïde, elles sont dentées parfois découpées en cinq lobes, et ne se montrent qu'après la floraison. Leur revers est nettement feutré d'un duvet blanc, surtout chez les feuilles encore jeunes.

Les fleurs sont groupées en chatons, les mâles longs et épais, les femelles plus courts. Les deux styles sont rouges, tout comme les anthères qui jaunissent par la suite.

Le Peuplier blanc fleurit de mars à avril et les graines qui portent une longue soie blanche provoquent souvent le rhume des foins chez les personnes allergiques. Elles sont disséminées par le vent en gros paquets cotonneux.

Cet arbre était autrefois un fidèle compagnon de toutes les rivières d'Europe, mais l'aménagement des rives l'a fait reculer. A Paris, où il ornait les berges de la Seine, il a été progressivement détruit par un Polypore, *Fomes robustus,* qui s'est propagé en quelques années et a eu raison des plus puissants spécimens.

Le Peuplier franc *(Populus nigra L.)* a subi le même sort. En revanche, on a fait de ces deux espèces et de quelques autres d'énormes plantations dans les plaines humides où on les exploite régulièrement pour leur bois léger, idéal pour la caisserie légère et la fabrication des bourriches destinées à l'emballage des huîtres et autres coquillages.

Osier rouge

Peuplier blanc

PLAGES
ET
DUNES

Le littoral sableux et souvent plat de la mer constitue un milieu vital (un biotope, comme on dit) tout à fait original et plein d'intérêt. En effet, deux éléments s'y partagent les rôles, qui sont également déterminants: il y a d'abord les propriétés physiques du substrat sableux, et ensuite le degré de salinité de ce substrat et de l'eau disponible. On trouvera donc côte à côte ou presque les halophytes, qui sont les plantes du sel, et les psammophytes qui sont celles du sable.

Ces deux types de végétation sont délimités par des frontières lâches, mais séparés suivant le degré de salinité qui dépend lui-même de l'amplitude des ressacs et des marées.

Tout près de la mer on trouve tout d'abord des halophytes purs, dont les associations peuvent être régulièrement submergées par la marée montante. Ces plantes n'ont à leur disposition qu'une eau très riche en sel, et cette particularité mortelle pour tous les autres végétaux exige d'elles un certain nombre d'adaptations morphologiques et physiologiques. Leur suc cytoplasmique contient une forte concentration en sel, et par conséquent une pression osmotique supérieure à celle des autres végétaux: cette particularité leur permet d'absorber facilement une eau salée, ce dont d'autres végétaux sont incapables. Les feuilles et les tiges sont toujours plus ou moins charnues et succulentes et leur épiderme cireux ou velu s'oppose à une évaporation trop active. Pour d'autres végétaux, ce milieu serait «physiologiquement sec», et ils y mourraient de soif, car il leur serait impossible d'absorber l'eau salée.

Vient ensuite dans ce milieu littoral le substrat sableux souvent mouvant et plus ou moins salé. Le sable est pauvre en eau, car elle le traverse rapidement et s'infiltre dans les profondeurs. De plus, il est très mauvais conducteur de la chaleur et les racines vont se trouver dans un milieu constamment frais qui ne facilite guère l'absorption. Il est très pauvre en substances nutritives qui sont rapidement et facilement lessivées. C'est pourquoi les plantes littorales présentent les caractères propres aux végétaux xérophytiques et ressemblent souvent à celles des pays désertiques. Mais cet habitus leur permet de lutter contre le manque d'eau et ses pertes excessives. Les racines et les rhizomes sont souvent longs, profonds et traçants, et peuvent exploiter très loin dans le sol l'eau et les aliments nécessaires à leur croissance. La plante doit aussi pouvoir lutter contre la mobilité excessive du substrat que le vent déplace et trouble sans cesse. Il lui faut pouvoir refaire surface même si elle est profondément ensablée, et être capable de reconstituer de nouveaux sujets à partir de ses moindres fragments de tiges ou de rhizomes.

C'est le vent qui détermine la formation des dunes: le sable soulevé s'accumule sous le vent à l'abri d'un obstacle quelconque: caillou, touffe végétale, etc. pour former ce qu'on pourrait appeler un embryon de dune. Cette dune va servir de germe pour l'accumulation de sable nouveau. L'ensemble croît en se déplaçant vers l'intérieur des terres. Si l'obstacle initial était un végétal, sa croissance phototrope, c'est-à-dire dirigée toujours vers plus de lumière, va consolider la dune et permettre son développement. Au fur et à mesure que la dune se déplace vers l'intérieur, elle échappe progressivement à l'influence des vagues et le sel qu'elle contenait est peu à peu lessivé. On se trouve alors en présence d'une dune secondaire, dite aussi dune blanche, qui n'est plus salée mais souvent très riche en calcium qui provient de la décomposition des coquilles d'organismes marins. Elle se prête ainsi à l'établissement d'autres végétaux qui vont à leur tour contribuer à sa consolidation et à son enrichissement en humus et préparer le terrain pour d'autres espèces. Enfin, à une certaine distance du littoral, on trouvera des dunes tertiaires, déjà fixées par la végétation, peu ou pas mobiles, plus riches en matières humiques et capables de recevoir de nombreuses espèces herbacées et même quelques arbres. Il existe toute une série de végétaux qu'on plante pour la fixation artificielle, ou du moins accélérée des dunes maritimes. Les dunes du département des Landes en France ont été le banc d'essai de toutes ces expériences, qui se sont étendues ensuite à toutes les dunes de l'Europe et d'ailleurs.

Mais ce milieu salé et sableux n'est pas l'apanage des seuls littoraux: on le rencontre aussi dans les marais salants, dans les steppes salées d'Asie, dans les déserts africains, et plus près de nous en France, là où des sources salées s'échappent à l'air libre.

ROQUETTE DE MER — *Cakile maritima SCOP.*
Famille: Brassicacées

La Roquette de mer est une plante annuelle ou bisannuelle, parfois vivace, atteignant 30 ou 40 cm de hauteur, glauque, charnue, et toute farineuse. La base des tiges est dressée, parfois ligneuse.
Les feuilles sont épaisses-charnues, pennatifides, avec des pinnules écartées, les inférieures parfois entières. Elles ont une saveur à la fois âcre et salée.
Les fleurs ont odeur suave de Giroflée quarantaine, elles sont violet clair ou blanchâtres, rarement d'un blanc pur, dépourvues de bractées et disposées en grappes terminales. Les sépales étroitement resserrés compriment les onglets des pétales pour former un étui de plusieurs millimètres, souvent rempli à moitié de nectar.
Le fruit est une silique dure, fissile, d'un jaune brillant. Elle est formée de deux articles: l'inférieur, plus court, est légèrement aplati et porte deux cornes au sommet, le supérieur, plus long, est ovale-aigu.
On peut rencontrer la Roquette de mer dans de nombreuses stations: sur le littoral depuis la ligne de marée jusqu'au revers des dunes blanches, dans les prés périodiquement inondés par la mer, et comme espèce secondaire au bord des marais salants et près des décombres à l'intérieur des terres, dans le ballast des voies ferrées. Elle supporte une forte concentration de sel, mais peut aussi s'accommoder de son absence. Elle fleurit surtout de juillet en octobre. Elle est particulièrement abondante en France sur les côtes de l'Atlantique et sur les rochers du bord de mer en Méditerranée.
On la trouve de la mer Noire à la mer Egée, en Afrique du Nord, d'Egypte jusqu'à Madère, mais elle manque en Suède septentrionale et dans une partie de la Finlande.

Roquette de mer

SPERGULE — *Spergularia salina J. et C. PRESL.*
(Syn.: Spergularia marina)
Famille: Caryophyllacées

Haute d'une vingtaine de centimètres, la Spergule est une petite plante annuelle, rarement vivace. Une racine épaisse donne naissance à de nombreuses tiges dressées, parfois glanduleuses au sommet.
Les feuilles sont charnues, plus ou moins rondes, linéaires à lancéolées et munies de deux stipules membraneuses, concrescentes et persistantes.

Spergule

Portées par des pédoncules glanduleux qui s'infléchissent après la floraison, les fleurs sont disposées en cymes axillaires ouvertes. Elles sont blanches ou rosées, de type 5, avec des sépales glanduleux et bordés d'une large marge scarieuse, aux pétales plus courts que les sépales.
Le fruit est une capsule sphérique qui contient des graines ocre. Elle est pourvue d'un épaississement périphérique.
La floraison a lieu de mai à septembre.
C'est une espèce abondante dans les zones côtières, mais on la trouve aussi dans les prairies à l'intérieur des terres, et parfois le long des chemins. Elle tapisse les fameux «prés-salés» du Mont-Saint-Michel, où les moutons la broutent, et elle concourt à leur donner leur finesse inimitable.
Mais elle abonde sur tous les rivages européens jusqu'en Suède, et aussi en Afrique du Nord, en Asie Mineure et centrale, en Sibérie et sur le continent américain.

SOUDE — *Suaeda maritima (L.) DUM.*
Famille: Chénopodiacées

La Soude est une plante annuelle à port bas dont les tiges rampantes et abondamment ramifiées depuis la base peuvent mesurer de 5 à 30 cm de long. Toute la plante est de couleur glauque, parfois lavée de rouge.
Les feuilles sont allongées, souvent linéaires, épaisses, renflées, planes seulement sur l'endroit. Les inférieures sont plus longues et opposées, les supérieures plus courtes et alternes.
Les fleurs axillaires ont un aspect insignifiant: elles sont minuscules et pourvues d'un périanthe hémisphérique-ovoïde.
Les fruits ont une forme légèrement aplatie; ils contiennent des graines noires, brillantes, finement ponctuées.
La Soude fleurit de juillet à septembre et peut former de véritables colonies halophiles sur les côtes de tous les continents. Il arrive qu'on trouve des individus à l'intérieur des terres.
Le nom du genre est d'origine arabe.

KALI — *Salsola kali L.*
Famille: Salsolacées

Cette plante annuelle charnue, légèrement épineuse, peut mesurer jusqu'à 1 m de haut. Les tiges épaisses et rameuses, souvent couchées, sont de couleur grisvert, fréquemment striées de rouge.
Les feuilles en alêne triangulaire sont élargies vers la base et terminées par un aiguillon, les supérieures étant plus courtes et plus larges.
A l'aisselle des feuilles supérieures s'abritent de très petites fleurs à périanthe ovoïde, pointu, qui devient parcheminé, caréné ou ailé au moment de la fructification. Les bractées rigides, à section triangulaire et épineuses, sont plus longues que les fleurs.
Le Kali fleurit de juillet à septembre et abonde le long des côtes, sur les dunes et dans les marais salants. Il couvre d'énormes surfaces en Camargue. Il peut aussi s'introduire comme adventice dans les champs sablonneux, le long des chemins, sur les remblais des chemins de fer et les bords des rivières à l'intérieur des terres. Sa présence dans ces stations et dans les sablières est d'habitude transitoire.
C'est une plante répandue en Europe centrale et méridionale, mais elle remonte jusqu'au sud de la péninsule scandinave, l'Angleterre et de la Finlande. Elle vient aussi en Afrique du Nord, en Transcaucasie et en Sibérie. Elle a été introduite en Nouvelle-Zélande et en Amérique du Nord où elle devient parfois une adventice des prairies.
Selon son habitat elle peut présenter des formes très diverses, surtout remarquables par les différences de leur port. La cendre de Kali contient jusqu'à 25 % de soude: au XVIII siècle on l'extrayait sous le nom de «soude végétale», «barilla» en Espagne, «rochetta» en Sicile, «blanquette» ou «salicor» en France. Il s'en faisait un grand commerce.

SALICORNE — *Salicornia europaea L.*

La Salicorne est une halophile exclusive, de teinte vert gris, plus tard lavée de rouge, annuelle ou bisannuelle. Elle est faite d'une tige charnue qui peut mesurer jusqu'à 60 cm, formée d'articles apparents, opposés et massifs, ramifiés dès la base.
Les feuilles ont la même forme que les articles de la tige et donnent à toute la plante une allure de prêle.
Les fleurs peu apparentes sont pourvues d'un périanthe quadrangulaire, entier, qui devient spongieux lors de la fructification. Elles sont disposées à l'aisselle des articles caulinaires. Le fruit reste enfermé dans le périanthe.
La Salicorne fleurit de juillet à septembre. Elle forme le plus souvent des colonies étendues sur les littoraux

Salicorne

et sporadiquement sur les sols salés à l'intérieur des terres. On peut aussi la trouver exceptionnellement sur des sols argileux.

C'est une plante halophile typique qui supporte les plus fortes concentrations salines dans l'eau et dans le sol, ainsi qu'une submersion périodique et durable comme la marée.

Elle est répandue dans le monde entier à l'exception de l'Australie.

Les feuilles sont légèrement amères et salées. On les a longtemps consommées comme légume. Aujour-

Soude

Kali

d'hui, c'est une spécialité gastronomique des départements du Nord et de la Somme, où on fait de ses jeunes rameaux marinés dans le vinaigre d'excellents «pickles».

PANICAUT MARITIME — *Eryngium maritimum L.*
Famille: Ombelliféracées

Le Panicaut maritime est bien reconnaissable à sa teinte gris vert clair ou glauque, d'un beau bleu améthyste dans sa partie supérieure. Il est bisannuel, parfois vivace, et peut atteindre 60 cm de hauteur, quoiqu'il soit plutôt rampant.
La racine, noire et épaisse, est exceptionnellement longue: elle s'enfonce très profondément dans le sable et donne naissance au printemps à une rosette de feuilles longuement pétiolées, puis à de fortes tiges rigides, ramifiées au sommet. L'ensemble forme des touffes hémisphériques ou aplaties.
Les feuilles sont raides, bleu-gris, arrondies légèrement crénelées, les inférieures arrondies ou réniformes, lobées et bordées d'épines, les caulinaires légèrement embrassantes, palmatilobées et epineuses. Toutes possèdent une marge cartilagineuse et une nervation très apparente.
Les capitules des fleurs bleu pâle sont d'abord arrondis ou ovoïdes, puis s'allongent après la floraison. A la base des inflorescences se trouvent plusieurs grandes bractées épineuses et foliacées. Les bractées florales sont plus longues que les fleurs et nettement épineuses. Les sépales aussi portent une épine acérée dans le prolongement de la nervure centrale bien apparente. La corolle ne dépasse pas le calice.
Les fruits sont ovoïdes, aplatis et gardent le calice desséché.
L'ensemble de la plante est extrêmement décoratif. La floraison a lieu de juin à août. On chercherait en vain ce Panicaut à l'intérieur des terres, car c'est une plante exclusivement littorale. Elle est répandue sur les côtes méditerranéennes du Maroc jusqu'en Asie Mineure, sur la côte atlantique du Portugal jusqu'à l'ouest de l'Angleterre, de l'Irlande aux îles Shetland. Ell existe aussi sur les côtes de la mer du Nord, de la Baltique et de la mer Noire.
Malheureusement, les touristes, tentés par sa beauté, en font de telles provisions pour en fabriquer des bouquets perpétuels que dans beaucoup de stations où alle abondait autrefois, elle est en voie de disparition.
La Panicaut maritime supporte très bien l'ensablement. Ses longues racines et les rejets nouveaux qu'elles émettent lui permettent de regagner rapidement l'air libre. C'est aussi un bon fixateur des dunes côtières.
La racine douceâtre à odeur de carotte est parfois utilisée en médecine populaire pour soigner diverses affections pulmonaires, et aussi comme diurétique et dépurative. En Europe du Nord on consomme parfois en salade les jeunes feuilles et les racines. En automne, les racines des pieds morts portent un champignon délicieux: le *Pleurotus eryngii* var. *maritima.*

HERBE À LAIT — *Glaux maritima L.*
Famille: Primulacées

C'est une petite plante gris-vert, aux tiges plutôt charnues, droites, plus ou moins dressées, peu ramifiées à la base et densément couvertes de feuilles. Elle est vivace et s'ancre dans le sol par une souche traçante et ramifiée. Les parties aériennes ne dépassent pas 20 cm de hauteur.
Les feuilles sont petites, sessiles, charnues, ovoïdes-lancéolées, entières, les inférieures opposées, les supérieures alternes.
Les fleurs sont minuscules et isolées, à l'aisselle des feuilles médianes. La corolle est toute rabougrie et le périanthe se réduit au calice persistant, profondément divisé en 5 lobes rougeâtres ou blanchâtres. Les étamines sont de couleur rouge et le fruit est une capsule déhiscente par 5 valves.
L'Herbe à lait abonde sur les sols de sable et de vase, le plus souvent sur les côtes, plus rarement à l'intérieur des terres sur des sols humides et salés. Elle supporte très bien la submersion par l'eau de mer et l'ensablement, ainsi qu'une très forte concentration saline à laquelle seules les graines sont sensibles.
La floraison se fait de mai à juillet.
On peut la rencontrer aussi bien en Europe occidentale, au nord des Pyrénées qu'en Europe centrale ou septentrionale ou encore en Asie, en Sibérie, en Chine, au Japon ou au Tibet et sur les côtes de l'Amérique. Elle est plus rare dans le bassin méditerranéen.

PLANTAIN CORNE DE CERF — *Plantago coronopus L.*
Famille: Plantaginacées

La Corne de cerf est une annuelle qui dépasse rarement 20 cm de haut. Toute la plante est nettement

Plantain Corne de cerf

Panicaut maritime

Herbe à lait

pubescente et s'ancre dans le sol par une souche courte et peu ramifiée.
Les feuilles en rosette forment sur le sol une touffe dense, d'habitude étalée. Elles sont allongées-ovoïdes, aux bords profondément divisés et laciniés en pinnules linéaires-lancéolées, parfois à leur tour redécoupées. La rosette feuillée émet de nombreuses hampes dressées, de section arrondie, velues et plus longues que les feuilles. Elles portent des épis terminaux étroits et cylindriques, composés de petites fleurs serrées à corolle blanchâtre.
Les fruits sont des capsules qui renferment 4 graines. La Corne de cerf fleurit de juin à septembre. Elle abonde sur les côtes de l'Europe moyenne et orientale, dans les Açores, et en Asie proche. Elle a été artificiellement introduite en Amérique du Nord, en Australie et en Nouvelle-Zélande.
Quoiqu'elle préfère le bord de la mer, on la trouve un

peu partout, et autrefois elle colonisait les interstices des pavés de Paris.
On l'utilisait autrefois pour soigner diverses maladies, et elle passait pour être efficace contre la rage. On l'a longtemps consommée en salade, bien qu'elle soit coriace, et on la cultive encore en Hollande et dans les pays nordiques comme plante dépurative.
On raconte aussi qu'elle a servi d'unique aliment aux habitants de l'île de Minorque après la destruction de toutes les récoltes par les sauterelles en 1865.

PLANTAIN MARITIME — *Plantago maritima L.*

Cette espèce de Plantain, haute d'une quarantaine de cm, est vivace. Elle est pourvue d'une souche ramifiée et une rosette de longues feuilles un peu charnues, de couleur gris-vert, d'abord repliées en gouttière, puis planes. Le limbe est le plus souvent entier, parfois légèrement denté de loin en loin.
Les hampes plus longues que les feuilles portent des épis cylindriques de petites fleurs serrées à calice coriace et à corolle brune. L'ensemble peut mesurer 10 cm de long.
Les fruits sont des capsules ovoïdes à 2 graines.
La floraison a lieu de juillet en octobre.
Le Plantain maritime abonde sur les rives de la Baltique et de la mer du Nord, il est plus rare dans les sols doux ou salés de l'intérieur des terres, en Europe, en Asie, en Afrique du Sud et en Amérique.
C'est un végétal halophyte occasionnel et facultatif: il préfère les sols salés mais supporte des sols doux et peut même apparaître comme adventice des cultures.

ASTER TRICOLORE — *Aster tripolium L.*
Famille: Composacées

L'Aster tricolore est une plante herbacée bisannuelle qui peut atteindre 90 cm de hauteur. Une courte souche porte des tiges plus ou moins dressées, feuillées et ramifiées en corymbe dans leur partie supérieure. Les feuilles sont légèrement charnues et présentent à l'état un réseau de nervations transparentes. Elles ont une disposition alterne sur la tige, et une forme lancéolée, celles de la base étant plus allongées et portées par un large pétiole.
Les capitules sont souvent abondants. Ils atteignent de 2 à 3 cm de section et se composent de fleurons centraux jaunes et de ligules périphériques bleu clair ou mauves, rarement blanchâtres. L'involucre ressemble à une large cloche.
Les fruits sont des akènes soyeux.
La floraison a lieu de juin à septembre. L'Aster tricolore est particulièrement abondant sur les côtes où il est un des premiers habitants des sols mouillés, sableux ou vaseux. On peut aussi le trouver çà et là sur les sols salés et aux environs des sources salées de l'intérieur des terres.
C'est une plante répandue en Europe et sur les rivages de la Caspienne, mais aussi en Europe centrale, en Asie occidentale et en Sibérie.

SCIRPE MARITIME — *Bolboschoenus maritimus (L.) PALLA.*
Famille: Cypéracées

C'est une plante vivace, qui atteint 1,20 m de hauteur, à souche brun sombre, écailleuse et ramifiée, qui peut porter de petites bulbilles ovoïdes ou des bouquets de feuilles.
Les tiges sont dressées, nettement triangulaires, rugueuses et régulièrement feuillées jusqu'à l'inflorescence.
Les feuilles aux gaines brunes ont des limbes aigus à marge rugueuse et coupante.
Les épis floraux mesurent de 1 à 3 cm et sont disposés en une sorte de corymbe terminal. Parfois ils sont tous sessiles, parfois inégalement pédonculés à la périphérie. Sous le corymbe, et ordinairement plus longues que lui, on trouve plusieurs bractées. Les fruits sont des akènes bruns et brillants, subovoïdes et légèrement aplatis. La floraison a lieu de juin à septembre sur toutes les côtes, le long des estuaires, sur les sols salés, mais aussi dans le fond des étangs vidés, dans les marais et les fossés d'eau douce, en eau dormante ou à faible courant. On en trouve parfois des colonies denses et étendues. Cette espèce est répandue dans le monde entier à l'exception des régions arctiques. Elle est très variable et peut revêtir des formes multiples.

CAREX DES SABLES — *Carex arenaria L.*

Le Carex des sables est vivace et peut mesurer une cinquantaine de cm de hauteur. On le reconnaît à sa souche épaisse, longue de plusieurs mètres et ramifiée dans tous les sens, recouverte des restes de gaines brunes et fibreuses. Le rhizome ainsi que ses ramifications donnent naissance à de nouvelles souches, plus ou moins alignées et espacées.

Aster tricolore

Scirpe maritime

Carex des sab'es

Plantain maritime

Les tiges feuillées sont triangulaires et presque aussi hautes que les feuilles, surtout à l'époque de la floraison. Le limbe foliaire est étroit, rigide et créusé en gouttière.

L'inflorescence est un épi composé, formé de 6 à 16 épillets, le supérieur uniquement mâle, les médians portant des fleurs mâles au sommet et des fleurs femelles à la base, et les inférieurs uniquement femelles. Les utricules sont ovoïdes et portent des ailettes latérales.

La floraison se produit de mai à octobre.

Le Carex des sables est commun sur tous les littoraux européens, le long de la mer Noire, en Sibérie et en Amérique du Nord. Il colonise rapidement les dunes, les sables mouvants, les plages, les bruyères et les

forêts de pins à l'intérieur des terres grâce à la longueur de son rhizome et ses ramifications exceptionnelles. C'est pourquoi on le plante souvent comme fixateur.
La souche a été utilisée en médecine populaire, mais la tradition semble s'en être perdue.

ROSEAU DES SABLES — *Ammophila arenaria (L.) LINK.*
(Syn.: Psamma arenaria R. S.)
Famille: Graminacées

Le Roseau des sables est une graminée vivace, de couleur gris-vert clair, qui forme de fortes touffes à souche abbondamment ramifiée.
Les chaumes sont dressés et atteignent 1 m de hauteur. Ils sont nettement plus longs que les feuilles des touffes stériles.
La feuille est pourvue d'un limbe rugueux et enroulé, et de longues ligules frangées.
La panicule est cylindrique, très fournie, compacte et mesure une quinzaine de cm de longueur. Les épillets qui la composent sont jaune paille clair, les latéraux étant parfois courtement pédonculés.
La floraison se produit entre juin et juillet en colonies abondantes sur les dunes et les endroits sableux. L'espèce est commune sur toutes les côtes européennes, dans le bassin méditerranéen et en Amérique du Nord.
Le Roseau des sables est une herbe caractéristique des dunes littorales qu'il fixe solidement, et c'est pourquoi il est souvent planté pour ses propriétés.

CHIENDENT-JONC — *Elytrigia juncea NEWSKI*
(Syn.: Agropyrum junceum P. B.)

Ce Chiendent est une graminée vivace qui mesure environ 60 cm de hauteur et qui colonise les sols par son long rhizome traçant et ramifié.
Les tiges droites et rigides dépassent 50 cm de hauteur.
Le limbe, large de 8 mm, est d'abord plan, puis plus ou moins enroulé, mollement pubescent sur l'avers.
Les épillets sont espacés, opposés et composent un épi fermé. Chacun d'eux comporte de 5 à 8 fleurs. L'axe de l'épi est très fragile.
La floraison a lieu de juin à août.
Le Chiendent-jonc est une des espèces les plus répandues sur toutes les côtes en Europe, en Afrique du Nord et en Asie Mineure.
On le plante souvent sur les dunes et les sables mobiles que ses longs rejets contribuent à fixer en préparant le sol pour l'installation ultérieure d'autres espèces.

ORGE DES SABLES — *Elymus arenarius L.*

C'est encore une plante vivace qui dépasse 1 m de hauteur, de couleur glauque, à souche très rampante pourvue de longs et abondants rejets.
Les tiges sont dressées, rigides et solides.
Les feuilles coriaces sont larges de 1 cm environ, et toutes scabres. Elles commencent par être planes, puis elles s'enroulent, surtout en période de sécheresse. L'extrémité porte une arête piquante. Les ligules sont très courtes.
Les épillets, grands, mollement velus, portent chacun de 2 à 3 fleurs et forment un épi fermé, droit, épais et long d'une trentaine de cm. La floraison a lieu de mai à août.
L'espèce est originaire des dunes et des plages de la mer du Nord et de la Baltique, d'où elle a été disséminée par la culture. On a même tenté de l'acclimater à l'intérieur des terres, parfois avec succès.
On la trouve maintenant couramment sur les rivages de l'Europe septentrionale et centrale, jamais en Méditerranée. Elle existe aussi et Sibérie et en Amérique du Nord.
Elle colonise rapidement et fixe très bien les dunes et les sables mobiles, de sorte qu'on la plante souvent. En Islande, les grains de cette espèce servaient autrefois à faire du pain.

GLYCÉRIE MARITIME — *Puccinellia maritima HARTM.*
(Syn.: Atropis maritima GRISEB.)

C'est encore une herbe vivace d'une soixantaine de cm et de couleur glauque, formée de nombreux stolons feuillés mais stériles qui s'enracinent facilement.
Les feuilles sont lisses, charnues, aux bords un peu rugueux et aux ligules courtes et carrées.
Les épillets comportent de 5 à 9 fleurs lavées de violet et forment une panicule étroite et unilatérale dont les ramifications peuvent être dressées, étendues latéralement ou même inclinées vers le sol.
La Glycérie maritime fleurit de juin jusqu'en automne et abonde sur les sols salés: elle fait partie des espèces qui colonisent les bas-fonds et participent à leur stabilisation et à leur colmatage.
Elle est fréquente sur les côtes atlantiques, le long de la mer du Nord, de l'océan Arctique et de la Baltique.

Roseau des sables

Chiendent-jonc

Orge des sables

Glycérie maritime

Elle existe aussi au Groenland, mais manque complètement à l'intérieur des terres.
On peut l'utiliser comme fourrage grossier, et faute de mieux les bovins s'en accommodent.

Spartine

FLÉOLE DES SABLES — *Phleum arenarium L.*

C'est une graminée annuelle qui forme des touffes sans stolons feuillés et qui ne dépasse pas 30 cm de hauteur.
Les tiges sont droites ou ascendantes-coudées, souvent lavées de rouge au sommet.
Les feuilles supérieures sont courtes et scabres sur l'avers et possèdent de longues gaines renflées caractéristiques.
Les épillets ovoïdes sont assemblés en épi fermé, dense, ovale, fuselé, plus ou moins obtus au sommet, long de 4 cm environ.
La Fléole des sables fleurit de mai à juin et vient de manière sporadique sur les dunes côtières et sur les plages de sable.
Elle est répandue en Europe occidentale jusqu'au sud de la Suède et dans le bassin méditerranéen.
On ne lui connaît pas d'usage.

Fléole des sables

SPARTINE — *Spartina townsendii H. et J. GROVES*

C'est aussi une graminée vivace fixée dans le sol par des rhizomes traçants, très profonds et ramifiés.
Les tiges sont rigides, de 20 à 40 cm de hauteur, dressées, parfois ascendantes en arc. Elles présentent une surface lisse, un peu charnue, ridée par temps sec, souvent veinée de rouge.
Les feuilles de couleur vert clair ont un large limbe (jusqu'à 1 cm), rugueux sur l'avers, plus ou moins enroulé au sommet et aristé, mesurant une dizaine de cm de longueur. Les gaines sont lisses et glabres, verticalement côtelées par temps sec, celles des feuilles supérieures étant souvent lavées de pourpre.
L'inflorescence peut mesurer une vingtaine de cm: elle est caractérisée par un axe très solide qui porte de 2 à 4 épis plats, groupés, longs de 7 cm et formés d'épillets distiques.
La Spartine fleurit de juillet à août et vient exclusive ment sur des sols salés et les bas-fonds de la mer du Nord. Elle supporte très bien la submersion.
Elle fait partie de ces plantes qu'on plante et culti pour la fixation des dunes et des sols sableux.

ARGOUSIER — *Hippophae rhamnoides L.*
Famille: Eléagnacées

L'Argousier est un arbre caractéristique des dunes intérieures européennes. On le reconnaît facilement à ses longues racines, ses branches touffues garnies de nombreuses épines terminales et ses stolons souterrains qui lui assurent une diffusion rapide. Les jeunes rameaux sont écailleux et argentés.

Les feuilles sont alternes, linéaires-lancéolées et nettement argentées au revers, parfois recouvertes d'écailles rouge-brun.

C'est une espèce dioïque qui fleurit avant l'apparition des feuilles. Les fleurs mâles apparaissent par touffes axillaires et leur périanthe profondément divisé se compose de deux sépales. Les fleurs femelles, tubiformes, sont groupées en grappes.

Les fruits sont des baies abondantes, riches en vitamine C, d'un orangé brillant ponctué de brun.

La floraison a lieu d'avril à mai.

L'Argousier vient à l'état sauvage sur les dunes sableuses du littoral et sur les berges sableuses ou graveleuses de certaines rivières. C'est ainsi qu'il a brusquement colonisé les déblais accumulés de long du Rhin entre Kembs et Strasbourg depuis les travaux hydroélectriques dont le fleuve a été l'objet. Les rejets souterrains consolident très efficacement les sols instables où on le plante souvent, et il est souvent cultivé comme plante ornementale, surtout dans les jardins du bord de la mer, où très peu d'arbustes sont capables de résister aux embruns. On peut aussi récolter ses fruits, qui font de bonnes confitures, et peuvent être distillés avec profit.

Argousier

LES TOURBIÈRES

Les tourbières forment un biotope absolument original. Elles se forment ou se sont formées (car beaucoup d'entre elles sont d'une haute antiquité) toujours sur un terrain imperméable et acide ou décalcifié, le plus souvent dans des cuvettes propices à l'accumulation des eaux de sources ou de la pluie, c'est-à-dire dans des bassins de plaine ou des cuvettes peu profondes, souvent situées sur les flancs ou les crêtes des montagnes. C'est ainsi qu'en France les plus belles se trouvent dans les Vosges, mais surtout sur les plateaux du Jura et du Doubs. Il arrive aussi qu'une tourbière se forme autour d'une source, d'un ruisseau ou d'un étang, toujours sur un sous-sol acide, et dépourvu de calcaire.

Ces lieux humides et à demi-noyés sont propices à l'installation et au développement d'une espèce de mousse, la Sphaigne, qui forme des sortes de gros coussins branlants, semblables à d'énormes éponges imbibées d'eau. La base de cette plante curieuse meurt progressivement tandis que le sommet continue sa croissance. Les parties mortes s'accumulent en couches qui se tassent au cours des âges pour donner par fermentation froide des strates de plusieurs mètres d'épaisseur d'une matière plus ou moins noire, pâteuse ou fibreuse: la tourbe.

La taille des tourbières est très variable: il en est de minuscules, tandis que d'autres s'étendent sur des kilomètres. On pourrait définir une tourbières vivante (car les tourbières très vieilles meurent par colmatage) comme une énorme éponge gorgée d'eau qu'elle libère lentement dans l'atmosphère. De cette éponge suinte lentement, mais régulièrement, un flux d'eau plus ou moins noirâtre, couleur de café clair, fortement acide. Le tapis de Sphaignes fléchit sous le pied, s'enfonce et se rompt facilement: gare alors à l'imprudent visiteur qui peut trouver sous son pied des «gouilles» pleines d'eau glacée ou d'une pâte fluide et visqueuse, car il est difficile de s'en extraire et on peut payer de sa vie un moment d'inattention.

La tourbière est donc un biotope mouillé, acide et pauvre en substances nutritives. Elle est constituée en fait d'humus presque pur. Ces conditions exceptionnelles, jointes au fait que le climat de la tourbière, déterminé par l'énorme évaporation dont elle est le siège est beaucoup plus froid que celui des environs, permettent la vie d'un nombre limité de végétaux caractéristiques, introuvables dans d'autres conditions.

Ces espèces ligneuses ou herbacées se caractérisent par un port bas ou rampant, et sont adaptées au froid et à l'humidité. La tourbière peut aussi abriter des espèces carnivores. Comme la tourbe est très pauvre en éléments nitriques, les plantes ont trouvé le moyen de chercher ailleurs un «complément» à leur menu trop maigre. On y rencontre aussi une abondance de Carex, de Linaigrettes, de Joncs, etc. qui ont une structure de plantes xérophiles. En effet, le taux d'acidité de l'eau est tel que les plantes ne peuvent l'absorber. Le pH en est souvent de 4 ou 4,5. La tourbière saturée d'eau est en réalité pour elles un milieu sec. On les définit d'ailleurs comme «un milieu physiologiquement sec», de même que les marais salés du bord de la mer pour des raisons analogues.

Mais ce taux d'acidité permet en revanche une excellente conservation des restes animaux et végétaux, surtout des grains de pollen produits par les plantes du voisinage. Par l'analyse pollinique (c'est devenu une science qu'on appelle «palynologie») des grains ainsi recueillis dans les différentes couches, on peut déterminer les espèces qui les ont produits et connaître ainsi la végétation de ces lieux sur une période de plusieurs milliers d'années. De cette façon, on arrive à déterminer quelles ont été les variations climatiques de la région au cours des temps, et surtout depuis la fin de la dernière glaciation.

Dans les régions de montagne, les tourbières constituent des réservoirs d'eau très importants pour la régularisation de l'hydrographie régionale. Il serait donc important de les protéger car leur disparition par une exploitation abusive ou pour mettre en culture leur surface dénudée transforme le climat environnant en arrivant à le dessécher complètement.

La tourbe sèche peut servir de combustible de qualité très médiocre, car elle ne flambe pas et fume beaucoup. C'est elle toutefois qui est utilisée comme combustible pour la distillation des véritables whiskies et qui leur donne un parfum spécial. Elle est surtout utilisée comme amendement agricole dans les terrains trop calcaires qu'elle enrichit de son humus, et les Sphaignes à demi décomposées servent aux horticulteurs de substratum pour les Orchidées et autres plantes délicates. Enfin, certaines tourbes possèdent des vertus médicinales: elle provoquent l'installation de stations balnéaires, ou s'exportent pour la préparation de différents bains, d'enveloppements ou de cataplasmes locaux.

SPHAIGNES — *Sphagnum sp.*

Les Sphaignes sont un genre de mousse dont les parties mortes forment au cours des temps les couches de tourbe. Elles se présentent sous la forme de coussins d'un beau vert, parfois rougeâtres, et gorgés d'eau. Il en existe de nombreuses espèces difficiles à déterminer et dont on laisse d'habitude l'identification aux spécialistes.

Les tiges sont les plus souvent simples, rarement ramifiées, hautes de 10 à 40 cm. Chez les espèces ramifiées, les tiges se disposent en boules au sommet.

Les feuilles présentent plusieurs aspects selon qu'elles sont caulinaires ou portées par les ramifications. Le limbe se compose de deux types de cellules: les unes, longues, sont vertes et recourbées en S, les autres sont grandes et pleines d'eau. C'est à ces dernières que la plante doit son extraordinaire pouvoir de rétention: elle peut emmagasiner jusqu'à 29 fois son propre poids d'eau! La plante déshydratée devient nettement blanchâtre, mais elle peut se dessécher et reprendre vie à la moindre ondée.

La multiplication se fait au moyen de spores de couleur jaune, formées dans des capsules spéciales, mais elle est surtout végétative par la multiplication des tiges et des rameaux qui se bouturent naturellement, par la formation de bourgeons adventifs et de longues ramifications stoloniformes.

La Shpaigne exige pour vivre une grande quantité d'eau, un milieu acide rigoureusement dépourvu de calcium et beaucoup de lumière. C'est un des végétaux les plus nettement calcifuges.

La croissance est assez rapide: elle peut s'allonger d'environ 3 cm par an, mais dans le même temps la même longueur meurt à sa base.

Les Sphaignes les plus courantes sont *Sphagnum cymbifolium EHRH. et Sphagnum acutifolium EHRH.* L'illustration représente *Sphagnum palustre L.*

ROSSOLIS À FEUILLES RONDES — *Drosera rotundifolia L.*
Famille: Droséracées

Le Rossolis est une petite plante vivace qui ne dépasse pas 20 cm de hauteur. Elle se présente sous la forme d'une rosette de feuilles terrestres longuement pétiolées. Le limbe est rond et tout couvert de poils glanduleux dont les extrémités portent une gouttelette mucilagineuse et collante.

Rossolis à feuilles rondes

Sphagnum palustre

Les jeunes feuilles sont enroulées en spirale vers l'intérieur.

Le centre de la rosette émet une et rarement plusieurs hampes rougeâtres, souvent flexueuses, terminées par une cyme lâche de petites fleurs blanches.

Le fruit est une capsule uniloculée qui s'ouvre par trois valves.

La plante fleurit entre juin et août selon l'altitude dans les tourbières, parfois dans les prairies d'Europe centrale, d'Asie septentrionale, du Japon et des régions tempérées des Etats-Unis. On la trouve aussi au Groenland.

Le Rossolis est une plante carnivore: un petit insecte qui se pose sur une feuille produit une excitation qui amène les longs poils à se recourber et à se reformer sur lui jusqu'à l'emprisonner. Les glandes sécrètent alors un enzyme digestif qui décompose le corps de la victime, puis la feuille absorbe les éléments nutritifs ainsi libérés. Il ne reste pour finir qu'une enveloppe chitineuse emportée par le vent.

Charles Darwin et son fils Francis se sont livrés en 1877 à des expériences «d'alimentation» du Rossolis. Les specimens nourris atteignaient une taille plus

grande que les autres. Les plantes «aimaient» tout particulièrement la viande crue et rôtie, le fromage, la saucisse, le blanc d'œuf et le lait, mais refusaient le sucre, l'amidon et les graisses végétales.
Remarquons à ce propos que toutes les plantes carnivores, que ce soient les Rossolis, les Sarracenias, les Népenthés ou les Dionées sont toutes des plantes de marais acides, et toutes ont adopté la même solution pour se nourrir.
Le Rossolis est une plante médicinale connue de longue date, mais on en a souvent surestimé les vertus. Elle contient des quinones qui entravent la croissance et la prolifération bactériennes, divers acides, des tannins et l'enzyme déjà cité qui se rapproche de la pepsine.
Les extraits apaisent et détendent les crampes de la musculature lisse, abaissent la glycémie, soulagent les rhumes et ont un léger effet diurétique. En France le Rossolis entre surtout dans la composition de remèdes contre la coqueluche.
Les anciens peuples d'Italie mêlaient l'extrait de Rossolis à une eau-de-vie très appréciée. La boisson ainsi obtenue était appelée «rossoglio», d'après le nom originel latin de la plante que signifie rosée du soleil.

COMARET — *Comarum palustre L.*
Famille: Rosacées

Le Comaret est une plante vivace à longue souche ligneuse qui atteint une cinquantaine de cm de hauteur. Les tiges stériles sont simples, les florifères un peu ramifiées.
Le limbe imparipenné formé de deux à plusieurs couples de folioles adjacentes est porté par un long pétiole. Les folioles sont allongées-lancéolées, les latérales un peu dissymétriques, toutes dentées en scie avec des bords ciliés. L'avers est vert sombre, le revers vert-gris. Les stipules sont grandes et souvent soudées au pétiole.
Les fleurs sont de type 5 et se composent d'un calice vert à l'extérieur, pourpre sale à l'intérieur, plus développé que la corolle. Les étamines et les pétales sont rouge sombre.
Les fruits sont des akènes ovoïdes munis d'un crochet.
Le Comaret est une plante de tourbière mais aussi de marais acides et des bords des eaux peu profondes, de la plaine jusqu'au pied des montagnes. On le trouve en Europe centrale et septentrionale, en Islande, au Groenland et en Sibérie.
Il contient une forte proportion de tannin et était autrefois employé en corroierie. Il teint la laine en rouge et la médecine populaire s'en sert comme d'un bon antidiarrhéique.

GRASSETTE — *Pinguicula vulgaris L.*
Famille: Lentibulariacées

La Grassette est une petite plante de 5 à 15 cm, qui se compose d'une rosette de feuilles allongées-ovoïdes, nettement charnues, étalée sur les coussins de Sphaignes. Les feuilles d'un jaune-vert clair ont des bords retroussés et leur surface est couverte de petites glandes sessiles qui sécrètent des substances digestives et de glandes pédonculées qui sécrètent une matière gluante et mucilagineuse.
Les fleurs sont la plupart du temps solitaires, portées par de longs pédoncules glanduleux et duveteux. Elles sont d'un beau bleu-violet et offrent une corolle à deux lèvres ornées d'une tache blanche à l'intérieur de la gorge et terminée par un éperon recourbé.
La floraison dure de juin à juillet. C'est une plante des tourbes et marais montagnards commune dans presque toute l'Europe jusqu'en Islande.
La Grassette est aussi une plante carnivore qui attrape les insectes avec ses feuilles charnues et collantes. La feuille excitée s'enroule sur sa proie et les glandes verruqueuses sécrètent une substance digestive qui décompose le corps de l'insecte. Après l'absorption des sucs nutritifs la feuille se déroule à nouveau.
Les feuilles réduisent les crampes et augmentent les sécrétions des voies respiratoires supérieures. On les utilise pour soigner la toux, l'asthme, mais la plante est assez rare et elle est protégée par la loi dans de nombreux pays.

LINAIGRETTE À FEUILLES ÉTROITES — *Eriophorum angustifolium HONCK.*
Famille: Cypéracées

C'est un des hôtes les plus décoratifs des tourbières et des prairies acides. On le reconnaît à ses touffes claires, qui mesurent une cinquantaine de cm de haut et à sa souche rampante et ramifiée, d'un brun noirâtre.
Les feuilles sont linéaires, fines, carénées et scabres. Elles se terminent par une arête triangulaire qui sèche rapidement. Les tiges sont dressées, arrondies et feuillées et portent à l'aisselle des bractées de 3 à 6

épillets ovoïdes sur des pédoncules inégaux, qui retombent en fin de floraison.
Le périanthe est velu et après la pollinisation les soies s'allongent: les épillets prennent alors la forme caractéristique d'aigrettes longues d'environ 3 cm. Ce duvet blanc facilite la dissémination par le vent des akènes.
Cette Linaigrette forme de véritables colonies dans les terrains acides et frais de plaine ou de montagne, qu'on voit de très loin à cause des touffes de duvet d'une blancheur éclatante.
On a essayé mais sans succès d'utiliser ce duvet comme matière textile.
Cette Linaigrette se rencontre dans la plus grande partie de l'Europe, en Sibérie, en Afrique du Sud et en Amérique du Nord.
On peut citer deux espèces voisines:

LINAIGRETTE À FEUILLES LARGES — *Eriophorum latifolium HOPPE.*

Cette espèce a des feuilles plus larges, planes, et son inflorescence comporte de 5 à 12 épillets de fleurs duveteuses. A la différence de la précédente, les pédoncules des épillets sont rugueux et les soies sont coupées à la même longueur. On la trouve dans toute l'Europe, en Asie Mineure, dans le Caucase, en Sibérie et en Amérique du Nord.

LINAIGRETTE VAGINÉE — *Eriophorum vaginatum L.*

Elle forme dans les tourbières des touffes caractéristiques en monticules compacts et durs à tiges droites, glauques et au sommet triangulaire. Les feuilles carénées rappellent celles d'un jonc avec leurs larges gaines brun clair.
L'extrémité de la tige porte toujours un seul épillet qui reste dressé même après la floraison et s'orne de longues soies blanches. Cette Linaigrette est répandue dans toute la zone tempérée et elle est une des caractéristiques des tourbières. C'est elle en particulier qu'on voit partout dans les tourbières du Jura et des Voges.

VÉGÉTAUX LIGNEUX

PIN À CROCHETS — *Pinus mugho ssp. uncinata (ANT.) DOM.*
Famille: Abiétacées

Le Pin à crochets a des allures de végétal souvent nain,

Pin à crochets

mais qui peut aussi se présenter sous la forme d'un petit arbre dressé et pourtant rabougri. Il est souvent étalé avec des branches couchées, souples et ascendantes à leur extrémité. Quand il a la forme d'un conifère classique, comme on le voit dans le Jura, sa tête est ovoïde, peu fournie, et généralement couverte de Lichens.
Les fruits procurent un moyen facile de détermination: ce sont des «pommes» nettement asymétriques qui possèdent une base oblique, soit pendantes, soit horizontales sur les branches. Le bois est souple, solide et dense.
La floraison se fait de mai en juin et l'espèce est commune dans les tourbières de plateaux et de la montagne. Elle peut former des fourrés de dimensions variées, parfois très étendus, épais et en fait impénétrables. La forme arborescente vient en bois clairs, souvent en compagnie du Pin sylvestre et de Ledum palustre dans la strate inférieure. Il est presque toujours accompagné de Boletus leucophaeus, et de plusieurs Lactaires et Russules qui lui sont associés par symbiose mycorhizique.

BOULEAU NAIN — *Betula nana L.*
Famille: Bétulacées

Le Bouleau nain est un arbrisseau rabougri qui atteint tout au plus 70 à 80 cm, avec un port souvent prostré. Les jeunes rameaux sont brun-gris et tomenteux. Les feuilles sont petites, souvent plus larges que longues, arrondies, crénelées et courtement pétiolées.
Les chatons femelles sont dressées et les fruits sont des akènes à ailettes très étroites.
On le rencontre souvent en lisière des fourrés de Pins à crochets, mais il peut aussi former des couverts exclusifs. Il colonise avec prédilection les anciennes exploitations de tourbe.
Le Bouleau nain est une plante caractéristique des contrées froides: l'Europe nordique, l'Asie septentrionale, les régions arctiques américaines. Il est rare en Europe centrale. En France, il n'en existe qu'une ou deux stations dans les Ardennes et une autre à la source du Doubs, dans la tourbière de Mouthe.
Les racines très fines du Bouleau nain sont utilisées par les Lapons qui en tissent des couvertures.

LÉDON — *Ledum palustre L.*
Famille: Ericacées

C'est un bien curieux arbuste, tout roux et tout velu dans sa jeunessse, haut d'environ 1 m, mais capable de vivre une trentaine d'années.
Les feuilles persistantes sont alternes, linéaires à largement lancéolées, plus ou moins sessiles. Le limbe est vert sombre à l'avers, couvert de poils roux et de petites glandes jaunes qui dégagent un parfum fort et capiteux au revers. Les bords des feuilles sont roulés vers le sol.
Les fleurs blanches à étamines saillantes sont disposées en ombelles terminales fournies. L'arbuste fleurit de mai à juin et le fruit est une capsule penchée.
Le Lédon peut former une strate très dense sous le couvert des Pins à crochets, mais on peut aussi, quoique moins souvent, le trouver dans les anfractuosités des rochers de grès suintants et moussus. C'est une espèce relativement rare qui est protégée dans de nombreux pays.
On le trouve surtout en Europe centrale et septentrionale, en Asie du Nord et jusqu'au Japon, en Amérique du Nord et jusqu'en Alaska et au Groenland. Il semble qu'il n'ait jamais été signalé en France, à notre grand regret.
C'est une plante toxique: tous ses organes, mais surtout la feuille, contiennent jusqu'à 3% d'une substance siliceuse qui renferme un poison irritant, le lédol, des glucosides, l'arbutine et l'éricoline, des cires, des lipides, etc. Toute la plante dégage un parfum fort et enivrant qui est censé chasser et même détruire les

insectes indésirables. En revanche, les abeilles recherchent avidement ses fleurs.
La médecine populaire et officielle en faisait autrefois grand cas et grand usage; les tiges et les fleurs étaient béchiques, pectorales, fébrifuges et abortives. Les feuilles séchées servaient à préparer une poudre insecticide. Au Moyen Age on les ajoutait à la bière comme substance aromatique et conservante. A la fin du XVe siècle, on l'utilisait encore par endroits comme succédané du houblon.

ANDROMÈDE — *Andromeda polifolia L.*

L'Andromède est un sous-arbrisseau d'une quarantaine de cm tout au plus qui est pourvu d'une longue souche traçante et ligneuse et de rameaux peu ramifiés, à extrémités ascendantes et capables de prendre racine facilement.
Les feuillles portées par un court pétiole sont persistantes, alternes, étroites, lancéolées et légèrement roulées vers le bas. L'avers du limbe est vert sombre, le revers pruiné et blanchâtre.
Les fleurs rose pâle à corolle en clochotte sont inclinées et groupées en corymbes lâches. Les pédoncules floraux, rouges, peuvent atteindre 4 cm de longueur. Le fruit est une capsule bleu-vert foncé.
L'Andromède est une plante des plateaux et des montagnes où elle fleurit de mai à juin. Elle peuple les tourbières et la toundra d'Europe septentrionale, d'Asie et d'Amérique du Nord jusqu'aux Appalaches. En Europe centrale on la rencontre parfois à des altitudes élevées: de même que dans les tourbières du Jura où elle abonde, elle est alors une relique de l'ère glaciaire.
Elle contient un suc amer, l'andromédotoxine, et des tannins. En Orient elle était autrefois employée en corroierie et surtout comme colorant noir.
C'est en tout cas une plante extrêmement gracieuse vue de près.

ORCETTE — *Vaccinium uliginosum L.*
Famille: Vacciniacées

L'Orcette est un sous-arbrisseau dense d'une soixan-

Canneberge

taine de cm qui possède plusieurs axes rampants et qui s'enracinent facilement, plus des rameaux dressés. Les feuilles sont caduques, coriaces, de couleur glauque bleuâtre, à revers nettement bleuté et à nervation très apparente.
Les fleurs ont une corolle blanche en clochette. Elles peuvent être solitaires ou disposées en courtes grappes axillaires. Les lobes de la corolle sont raides et rebroussés, et il se trouve des sujets à fleurs rosées.
C'est une plante fréquente dans les tourbières de la plaine jusque dans les montagnes où elle forme souvent des groupes compacts qu'on distingue de loin à la couleur insolite de leur feuillage. On la trouve dans les régions septentrionales de l'Europe, de l'Asie et de l'Amérique. Elle peut monter jusqu'à une altitude de 3100 m dans les Alpes.
Les fruits se rapprochent de la Myrtille, ou Brimbelle. Ils ne sont pas toxiques, mais en grande quantité ils donnent une sensation d'ivresse, des nausées et des maux de tête. Dans le Haut-Doubs, on en fait des tartes renommées. La chair de ces fruits est blanche au lieu d'être violette comme chez les Myrtilles ordinaires.
Les Lapons, les Samoyèdes et les Ostiaks composeraient, dit-on, une boisson hallucinogène avec le suc des feuilles, de l'Amanite tue-mouches, et du lait.

CANNEBERGE — *Vaccinium oxycoccos L.*

C'est un tout petit sous-arbrisseau, très fin, étalé sur les coussins de Sphaignes. Les axes atteignent 80 cm de longueur, ils sont filiformes et seules les extrémités en sont ascendantes.
Les feuilles persistent pendant l'hiver. Courtement pétiolées, elles ont une forme ovoïde, terminée par un mucron, et légèrement roulées vers le bas. La face supérieure est d'un beau vert, l'inférieure un peu pruineuse.
Les fleurs roses sont inclinées et portées par de courts pédoncules qui donnent naissance en leur milieu à deux minuscules bractées. La corolle aux lobes profonds est rebroussée. Les étamines aux filets rouges et aux anthères jaunes rehaussent les couleurs de l'ensemble.
Les fruits sont des baies rouges à maturité, un peu plus grandes que les Myrtilles, vert pâle et marbrées au début de leur formation.
La floraison a lieu de mai à juillet en Europe moyenne et dans la toundra septentrionale. La plante existe aussi en Amérique du Nord.
Les baies peuvent contenir jusqu'à 8 % de sucre, elles sont en même temps riches en acides malique et citrique, en tannin et en un pigment rouge, l'idaeine. On les récolte souvent pour en faire des compotes ou des confitures. En Finlande et dans le nord de l'U.R.S.S. où la plante croît abondamment, on les fait fermenter pour obtenir une boisson rafraîchissante, légèrement alcoolique, appelée «kwass».
Elles ont été employées autrefois comme remède contre les inflammations et les feuilles servaient à la préparation d'une tisane.

LA ROCAILLE

Les rochers et les pierrailles, qu'on désigne sous le nom de «rocailles», et qui sembleraient être un milieu mortel, abritent cependant un certain nombre d'espèces qui ne sont pas découragées par les conditions rigoureuses qui leur sont imposées dans de telles stations. Car ici, c'est le sol qui fait défaut: on ne le trouve, et bien peu, que dans les anfractuosités, les fissures, ou sur les petites terrasses d'où il ne risque pas d'être balayé ou lessivé.

Le plus grave problème qui se pose est celui de l'eau. En effet, elle s'écoule rapidement sur les pierres lisses, elle s'évapore au moindre rayon de soleil, et les plantes doivent supporter des périodes de sécheresse où il leur faut se contenter de la rosée, de la fonte des neiges, et parfois seulement du brouillard et de l'humidité atmosphérique.

Deux autres facteurs très durs sont le soleil et le vent. Tous deux pompent le peu d'eau disponible et assèchent même la substance des végétaux. De plus, le soleil chauffe parfois d'une façon énorme les parois rocheuses. Mais à côté des roches arides, il existe aussi des rochers humides dans les ravins, autour des chutes d'eau, des sources, etc. On trouve là une végétation particulière de plantes sciaphiles et hygrophiles qui aiment la fraîcheur d'un air toujours plus ou moins saturé d'eau.

Quand la pente atteint une quarantaine de degrés, les seuls végétaux à se maintenir sont de microscopiques algues bleues, des Algues, des Lichens et quelques petites Mousses. Ces pionniers préparent le terrain pour d'autres aventuriers en attaquant chimiquement et mécaniquement le rocher. Ces tout premiers occupants des roches nues reçoivent le titre de «lithophytes».

Dans les fissures qui retiennent un peu d'humus, on trouve d'autres Mousses, de petites Fougères, et d'autres plantes très spécialisées. Ces végétaux des fentes s'appellent des «chasmophytes».

L'ensemble des végétaux adaptés aux milieux rocheux sont nommés »pétrophytes«.

Presque toujours ce sont des plantes vivaces pourvues de longues racines ramifiées qui pénètrent profondément dans les fissures à la recherche de l'eau qui a pu s'infiltrer et se conserver à l'abri de l'extérieur. Les formes basses, en forme de coussinets, abondent, surtout en montagne. La plupart des espèces sont cespiteuses ou forment des rosettes de feuilles souvent charnues ou coriaces, plaquées contre la roche. D'autres limitent les pertes d'eau, très importantes dans ces habitats arides, chauffées par le soleil et soufflés par le vent, par leurs feuilles tordues ou enroulées, souvent couvertes d'un épais velours.

La période de végétation est souvent très courte; la floraison et la fructification se suivent en très peu de temps. La multiplication végétative est fréquente, pour pallier les aléas de la grenaison.

La composition chimique de la roche est un facteur de croissance essentiel: certaines plantes ne supportent que des substrats siliceux, d'autres ont besoin de calcaire, d'autres enfin, qu'on appelle les «indifférentes», s'accommodent de tout.

Lentement mais sûrement, la végétation qui se fixe sur les rocailles influe sur son milieu vital et le modifie: les Algues et les Mousses attaquent le rocher et créent des trous et des fissures qui retiendront un peu d'eau et de sol, et favoriseront ainsi l'installation d'espèces plus développées. Les végétaux supérieurs pénètrent profondément dans les fissures où ils accroissent le taux d'humus. Leurs racines élargissent progressivement la fente et vont permettre l'installation d'un arbuste ou d'un arbre dont les racines plus puissantes continueront le travail.

Pour fixer les idées, signalons qu'une cathédrale comme celle de Chartres a, à son service, car elle est une immense «rocaille», deux désherbeurs professionnels qui l'épluchent sans arrêt, sans quoi il y a longtemps qu'elle aurait été rongée par les végétations adventices.

Et la rocaille est un milieu où il est facile de suivre la progression des végétaux, en partant des Algues, des Mousses et des Lichens, pour arriver aux plantes les plus évoluées.

ASPLÉNIUM NORDIQUE — *Asplenium septentrionale (L.) HOFFM.*
Famille: Polypodiacées

L'Asplénium nordique est une petite Fougère vivace, qui ne dépasse pas une trentaine de cm. Il possède une souche brun-rouge, écailleuse, et des feuilles coriaces qui persistent pendant l'hiver. Le pétiole, rougeâtre ou brunâtre à la base, est environ 3 fois plus long que le limbe, qui est irrégulièrement fourchu, 3 à 5 fois divisé. Les pinnules sont linéaires, avec des bords épaissis, un peu dentés au sommet.
Tout l'envers du limbe porte des sores linéaires.
Cette petite Fougère est exclusive des roches ensoleillées et siliceuses des montagnes de toute l'Europe, de l'Asie, du Caucase. Elle remonte jusqu'à l'Himalaya et aux monts Altaï. En Amérique on la trouve dans les montagnes Rocheuses.
Elle est un sûr indicateur des substrats acides.

Asplénium nordique

CAPILLAIRE — *Asplenium trichomanes L.*

La Capillaire est une petite Fougère vivace à souche épaisse, couverte d'écailles ciliées. Elle forme des touffes denses de feuilles persistantes, à pétioles brun-rouge, rigides et brillants, nettement plus courts que le limbe. La feuille est une fois pennatiséquée et elle est pourvue d'un rachis roux. Les pinnules sont arrondies, alternes, dentées et asymétriques, celles des extrémités plus petites que les médianes, caduques, coplanaires, de couleur vert foncé.
Les sores longs et linéaires se rejoignent à maturité.
C'est une Fougère xérophile des fissures ensoleillées, mais aussi et surtout des vieux murs de toute l'Europe, de l'Asie centrale, du continent américain, de l'Afrique et de l'Australie.
Les feuilles froissées dans les mains dégagent une odeur nauséabonde. On les a utilisées en médecine et en sorcellerie.

Capillaire

POLYTRIC VERT — *Asplenium viride HUDS.*

Son pétiole n'est brun qu'à la base et son rachis est vert. Les pinnules rondes et vertes sont toutes de la même taille et sont persistantes.
C'est une plante des rochers ombragés et des vieux murs humides qui vient dans la plaine jusqu'à 2700 m d'altitude. Elle préfère le calcaire, mais ne refuse pas la serpentine.
Elle est fréquente dans toutes les montagnes européennes, dans le Caucase, en Asie, en Sibérie, dans l'Himalaya et en Amérique du Nord.

RUE DES MURAILLES — *Asplenium ruta-muraria L.*

C'est une toute petite Fougère d'une quinzaine de cm qui est pourvue d'une souche écailleuse et ram-

pante. La plupart des feuilles persistent pendant l'hiver. Le pétiole est particulièrement long et porte un limbe 2 fois pennatiséqué de couleur glaucescente. La forme des pinnules est très variable: elles peuvent être ovoïdes ou triangulaires en passant par tous les intermédiaires possibles.
Les sores sont linéaires et confluents.
La Rue des murailes est une charmante Fougère qui peuple les fentes des rochers et toutes les fissures, surtout sur les substrats calcaires. On la trouve aussi abondamment sur les murs des vieux châteaux, sur les ruines, les contreforts, les remblais, etc.
Elle se trouve dans l'ensemble de l'Europe, de l'Asie, et jusqu'à l'Himalaya, aussi bien que dans le centre et l'est des Etats-Unis.
Dans les régions alpines les feuilles sont utilisées comme remède contre les troubles urinaires. Les bergers la croient également efficace contre certaines maladies des animaux.

POLYPODE — *Polypodium vulgare L.*

Le Polypode est caractérisé par sa souche toujours superficielle, couverte d'écailles brunes, brune au dehors, verdâtre à l'intérieur, et qui atteint 1 cm de diamètre. Les feuilles coriaces mesurent jusqu'à 40 cm, elles sont une fois pennées et les pinnules sont alternes et arrondies. Les jeunes frondes sont roulées en crosse et les anciennes persistent tout l'hiver. Par temps très sec tout le limbe s'enroule et limite ainsi la transpiration. Les sores sont grands, alignés sur deux rangs au revers du limbe, d'abord orangés puis bruns, dépourvus d'indusies.
Le Polypode est très commun sur les rochers humides, mais il s'installe aussi sur les vieilles souches plus ou moins pourries et sur les troncs des vieux arbres. On le trouve dans tout l'hémisphère Nord, du cercle polaire jusqu'en Afrique du Sud, et dans le Nouveau Monde jusqu'au Mexique.
Son rhizome a une saveur très sucrée et qui rappelle celle du bois de réglisse. Il est d'ailleurs riche en sucre et en mannitol. C'est souvent une friandise rustique pour les enfants. Il est également riche en tannin, contient un lipide et une substance amère encore peu connue. A l'état frais on y trouve surtout du mucilage, de la saponine et de la silice.
La médecine populaire l'utilisait autrefois pour soigner l'apoplexie, et la médecine officielle pour les maladies de foie, de la vésicule biliaire, et contre la goutte. On le récolte encore de nos jours car il entre dans la composition de nombreux médicaments.

FOUGÈRE VERROUQUESE — *Cystopteris fragilis (L.) BERNH.*

Cette Fougère tendre et fragile, pourvue d'un court rhizome, apparaît et disparaît selon les périodes de pluie ou de sécheresse. Les feuilles sont portées par de longs et fragiles pétioles bruns, le limbe a un contour allongé, ovoïde à largement lancéolé, 1 ou 2 fois pennatiséqué, avec des pinnules profondément lobées et dentées, chaque paire inférieure plus petite que la suivante et et un peu rebroussée.
Les sores sont sur deux rangs sur le revers des feuilles. Les sporanges sont lancéolés ou ovoïdes et longuement aigus.
C'est une fougère qui préfère les rochers humides, les moraines, mais qui peut aussi se trouver sur les vieux murs les plus secs dans les moindres fissures et dans les vieilles forêts des plaines et des montagnes.
Elle existe dans le monde entier, remonte au-delà du cercle polaire et jusqu'à 2400 m dans les Alpes.

SPERMATOPHYTES — SPERMATOPHYTA

CORBEILLE D'OR — *Alyssum saxatile L.*
Famille: Cruciféracées

La Corbeille d'or est une plante vivace qu'on reconnaît à sa souche demi-ligneuse, qui porte une rosette de feuilles étirées, longues d'une dizaine de cm et recouvertes de poils étoilés, veloutés et gris.
Les hampes florales dressées et ramifiées dans leur partie supérieure atteignent 30 cm de longueur. Les tiges elles-mêmes sont à peine feuillées ou pas du tout. Les fleurs d'un jaune éclatant, à 4 sépales caducs, sont disposées en corymbes lâches; le fruit est une silique.
C'est entre avril et mai qu'on peut voir ses riches touffes dorées éclater çà et là sur les rochers ensoleillés. elle est commune en Europe centrale jusqu'aux Balkans, en Asie Mineure, et jusqu'aux régions orientales de l'U.R.S.S. européenne. Elle est originaire des régions pontiques. En France on ne la rencontre que dans les montagnes.
Elle est protégée par la loi dans certains pays, et on la cultive souvent comme ornement dans les jardins de rocaille, surtout sa variété à fleurs pleines, qui est

Rue des murailles

encore plus éclatante. Malheureusement, cette plante en plaine craint les hivers froids qui la font geler, faute de neige protectrice.

Polypode

PASSERAGE DES MONTAGNES — *Alyssum montanum L.*

A la différence de l'espèce précédente, cette petite herbe vivace ne forme pas de rossette. La tige ne dépasse pas 10 à 30 cm de hauteur, elle peut être ligneuse à la base et porte des feuilles grisâtres, recouvertes de poils étoilés particulièrement abondants. Les feuilles inférieures sont en fer de lance à ovoïdes, les autres subovoïdes à allongées.
Les fleurs jaune d'or à corolle et calice caducs forment des grappes simples qui s'allongent et s'éclaircissent au moment de la fructification.
Le fruit est une silique arrondie.
Le Passerage des montagnes est une plante des coteaux secs et pierreux et des lisières de forêts, surtout de Pins. Elle est banale dans le bassin méditerranéen et les régions chaudes de l'Europe centrale, et s'est naturalisée en Hollande. On la trouve aussi dans les régions centrales et orientales de l'U.R.S.S.
Il en existe une espèce très voisine, *Alyssum alpestre L.* qui se cantonne aux grandes altitudes alpines, asiatiques ou africaines, où on peut la trouver jusqu'aux environs de 3100 m.

Fougère verruqueuse

ŒILLET DE GRENOBLE — *Dianthus gratianopolitanus VILL.*
Famile: Caryophyllacées

L'Œillet de Grenoble est une petite plante vivace de couleur glauque, en touffes épaisses, parfois même en coussinets. Elle est formée d'une souche courte et ramifiée qui donne naissance à une quantité de tiges stériles très feuillées. Les feuilles sont aiguës, raides et linéaires.
Mais la souche produit aussi des hampes d'une trentaine de cm de hauteur qui portent de 1 à 3 fleurs terminales aux corolles rouge sombre, formées de pétales frangés. Le calice cylindrique est d'habitude rougeâtre.

Corbeille d'or

Passerage des montagnes

Œillet de Grenoble

L'Œillet de Grenoble fleurit de mai à juillet dans les fissures des rochers, sur les éboulis et les pentes caillouteuses de la plaine jusqu'aux collines. Il affectionne le calcaire et la dolomie, mais peut apparaître aussi sur le basalte, la phonolithe, ou en terrain sablonneux. C'est une plante caractéristique de l'Europe occidentale, sporadique en Europe centrale.

Cet Œilet est protégé dans certains pays et on le cultive souvent dans les jardins de rocaille.

SILÈNE ACAULE — *Silene acaulis (L.) JACQ.*

Le Silène acaule est une petite plante vivace presque rase, de 2 à 5 cm, généralement en coussinets serrés, à tiges abondamment pourvues de feuilles aiguës, sessiles, écartées ou même rebroussées, de forme linéaire. Les fleurs sont solitaires et d'une rare beauté: portées par un court pédoncule ou tout à fait sessiles, elles ont un calice en cloche et des pétales bilobés de toutes les nuances du rose.

Le pédoncule s'épaissit après la floraison et porte un fruit en forme de capsule.

Le Silène acaule fleurit de juin à septembre sur les rochers, les pentes rocailleuses et les éboulis, au-dessus de la zone des forêts dans les Aples, les Pyrénées, les Karpates, le sud-ouest des Balkans, l'Oural et l'Amérique du Nord (montagnes Rocheuses). Il préfère les sols calcaires et suintants et peut monter de 1700 à 3600 m dans les Alpes.

Il est malheureusement très délicat et difficile à cultiver.

Silène acaule

ARTICHAUD DE MURAILLE, ou JOUBARBE — *Sempervivum tectorum L.*
Famile: Crassulacées

C'est aussi une plante vivace qui se caractérise par une rosette terrestre de feuilles très charnues, lancéolées, de teinte vert clair, lavées de rouge. Les bords des

Artichaut de muraille, ou Joubarbe

feuilles sont ciliés et la rosette peut mesurer 20 cm de diamètre.

Le moment venu, le cœur de cette rosette donne une hampe de 20 à 40 cm, laineuse et blanchâtre, couverte de feuilles lancéolées, pubescentes et parfois rougeâtres. Les fleurs d'un rose terne, glanduleuses, ciliées, parfois ponctuées de pourpre, comportent en général 13 pétales linéaires et aigus et le même nombre de sépales. Les filets des étamines sont roses, les anthères orange. Le fruit est un follicule. La plante est monocarpique et périt après avoir fructifié.

La Joubarbe est originaire des Alpes du sud et de leurs contreforts, mais on la trouve aussi dans les Pyrénées, le Jura, les Apennins et le nord des Balkans. Depuis le Moyen Age elle est souvent cultivée et s'est naturalisée dans beucoup d'autres régions.

Ses vertus médicinales et magiques sont connues depuis très longtemps. Théophraste et Dioscoride vantent sa propriété de soigner les brûlures et toutes sortes d'autres affections. Depuis le Moyen Age on la cultive comme une protection «assurée» contre le lessivage des toits de chaume ou de tuiles, contre la foudre, ce qui explique sa présence fréquente sur les toits encore de nos jours. Charlemagne aurait même ordonné sa culture par décret.

La médecine populaire en fait un remède universel: elle le recommande contre les maux de dents, les brûlures, les taches de rousseur et les cors. A l'intérieur, la Joubarbe soigne aussi bien les inflammations que la surdité. C'est aussi un vermifuge. Aujourd'hui son suc est réputé fébrifuge. En France, la tradition le considère à juste titre comme un excellent coricide. Une feuille de Joubarbe, pelée et appliquée sur un cor jour après jour le ramollit et permet son extraction.

Dans certaines régions les jeunes feuilles sont consommées en salade, et en Suisse on les écrase dans de l'eau pour obtenir une boisson rafraîchissante. Mélangée à d'autres ingrédients, elle donnait une substance miraculeuse, l'arcane, dont l'application sur les mains les rendait invulnérables et permettait de saisir sans douleur même un morceau de fer chauffé à blanc.

JOUBARBE À REJETS — *Sempervivum soboliferum SIMS.*

Cette Joubarbe à feuiles charnues, d'un vert pâle, disposées en petites rosettes circulaires, est aussi rustique et vivace que la précédente. Les feuilles sont arrondies à l'extrémité et portent une petite pointe rouge. L'inflorescence est portée au sommet d'une hampe pubescente, gladuleuse et fortement feuilée. Elle attient 7 cm de largeur. La corolle est d'un jaune verdâtre un peu terne et le calice est glanduleux-pubescent comme le reste de la plante.

La rosette mère donne naissance à l'aisselle de ses feuilles à de minuscules rosettes filles portées par des stolons capillaires, qui se brisent très vite, de sorte que les petites rosettes, presque sphériques, roulent au loin et vont s'enraciner ailleurs.

La floraison a lieu de juilet à août, sur les rochers ensoleillés, les coteaux caillouteux, avec une peréférence pour les altitudes moyennes. Elle est fréquente au pied des Alpes, en Europe centrale et septentrionale aussi bien qu'en Asie.

REPRISE — *Sedum telephium L.*

C'est une plante vivace d'aspect très variable, à racine épaisse et à tiges glauques, charnues, dépassant 50 cm de long. Les feuilles planes et charnues sont arrondies à lancéolées, avec un bord denté, sessiles et appliquées

Joubarbe à rejets

Reprise

contre la tige par une base élargie: leur diposition sur la tige est variable, car elles peuvent être alternes ou opposées, parfois même verticillées par trois. Les fleurs abondantes sont groupées en cymes fournies. La corolle est vert clair, rosée ou pourpre sale.
Le fruit est un follicule.
La floraison a lieu de juillet à septembre, sur les rochers, les coteaux pierreux, le long des chemins, dans les grandes fissures ou à la lisière des champs de la plaine jusqu'à la montagne, aussi bien en Europe qu'en Asie Mineure et en Sibérie.

TRIQUE-MADAME — *Sedum album L.*

La Trique-madame est une petite herbe vivace qui forme des touffes lâches ne dépassant guère 10 cm de hauteur. Elle a deux espèces de tiges: les unes sont stériles et bien feuillées, les autres florifères, plus longues, ascendantes, aux, feuilles moins serrées.
Les feuilles, convexes, allongées, sessiles, cylindriques, s'appliquent contre la tige par une base en éperon, puis s'en écartent latéralement. Elles sont parfois lavées de rouge.
Les fleurs sont blanches, parfois rosées, pédonculées, à anthères rouges. Elles sont groupées en cymes denses.
Le fruit est un follicule cylindrique.
La floraison a lieu de juin jusqu'a l'automne, sur les rochers et les terrasses pierreuses, les pâtures sèches, souvent sur les vieux murs. C'est une plante des régions chaudes, qui étend son aire de la plaine jusqu'à la l'Europe au sud de la Suède, en Angleterre, en Afrique du Nord, en Asie occidentale, et aussi en Amérique du Nord. On en voit dans les Alpes une forme luxuriante particulièrement décorative, apte à être cultuvée dans les jardins de rocaille.

POIVRE DE MURAILLE, ou ORPIN BRÛLANT — *Sedum acre L.*

C'est une petite herbe touffue de 5 à 10 cm de haut, de couleur vert terne. Son rhizome mince et puissamment ramifié donne naissance à des tiges stériles couvertes de feuilles et à des tiges florifères qui le sont moins. Les feuilles charnues, convexes, largement ovoïdes, à sommet obtus, ont une saveur caractéristique, fortement âcre et poivrée.
L'inflorescence en cyme scorpioïde se compose de petites fleurs d'un jaune éclatant, courtement pédonculées. Le fruit est un follicule qui ne s'ouvre que sous la pluie ou par temps très humide: les graines sont probablement disséminnées par l'eau et ne germeraient qu'à la lumière.
La floraison a lieu de juin à juillet. C'est une plante caractéristique des fissures de rochers ensoleillés, des terrasses rocheuses, des coteaux pierreux, des talus, des sables, des vieux murs, et qu'on trouve également sur les vieux toits. Elle est répandue dans toute l'Europe, monte jusqu'à 2300 m dans les Alpes, existe en Asie septentrionale jusqu'aux monts Altaï et en Afrique du Nord. Elle est cultivée comme plante de rocaille en Amérique du Nord où elle se naturalise souvent.
Toute le plante, mais surtout les feuilles, contient un alcaloïde, le sématine, et un glucoside, le rutine. Elle est également riche en sucre, en mucilage et renferme de nombreuses aiguilles de carbonate de calcium. Ces aiguilles se joignent à une substance encore inconnue pour provoquer une irritation des muqueuses et de l'épiderme.
L'Orpin brûlant est parfois utilisé en médecine populaire pour soigner les brûlures, les abcès, les plaies suppurantes, les mycoses et les cors. Séchés et reduites en poudre, les feuilles étaient administrées en cas de diarrhée et d'épilepsie. L'infusion combattait la sclérose et l'hypertension.
De nos jours on récolte encore la tige feuillée qui entre dans la composition de médicaments hypotenseurs. Prise en trop grande quantité, l'Orpin peut causer un léger état de stupeur, des maux de tête et des nausées, propriété qui a justifié son emploi comme émétique dans les cas d'empoisonnements.
Quant au nom de Trique-madame appliqué à l'espèce précédente, elle le doit au fait qu'on frottait les contusions diverses avec les feuilles écrasées, et comme on avait autrefois le droit de battre sa femme . . .

SAXIFRAGE PERPÉTUEL — *Saxifraga aizoon JACQ.*
Famille: Saxifragacées

Comme les Sempervivums, le Saxifrage perpétuel est formé de rosettes foliaires décoratives. C'est une plante vivace, cespiteuse, à feuilles vert terne, charnues et rigides, cunéiformes à subovoïdes, un peu rebroussées, à bords dentés et cartilagineux. L'extrémité des feuilles porte une dépression qui sécrète et accumule du carbonate de calcium qui se dépose sous forme d'écailles blanches.
La rosette donne naissance à une hampe d'une tren-

taine de cm, qui porte quelques très petites feuilles dentées. Cette hampe se termine par une inflorescence pauciflore de fleurs blanches, souvent ponctuées de rouge, portées par des pédoncules glanduleux. Le fruit est une capsule sphérique.

Le Saxifrage perpétuel fleurit de juin à juillet. La rosette initiale, qui périt après la floraison, donne auparavant naissance à de nombreux stolons aériens terminés par de jeunes rosettes qui s'enracinent facilement. Des colonies entières peuvent ainsi se former et recouvrir de leurs coussins les aplats, les éboulis et les talus, surtout en terrain calcaire. Les jeunes rosettes se détachent facilement du pied mère et roulent pour s'enraciner plus loin.

C'est une plante caractéristique des rocailles, répandue dans trois grandes zones: en Europe centrale de l'Espagne jusqu'aux Balkans, en Scandinavie entre 69 et 67 degrés de l'altitude, et dans l'est et l'ouest du Groenland, en Amérique arctique et dans le Labrador.

On la cultive souvent, ainsi que plusieurs espèces voisines, dans les jardins de rocaille.

GENTIANE ACAULE — *Gentiana acaulis WAHLB.*
Famille: Gentianacées.

C'est une petite herbe vivace de 2 à 10 cm de hauteur pourvue d'une courte souche simple et d'une rosette terrestre de feuilles vert clair, coriaces et lancéolées. La tige très courte porte une ou deux paires de feuilles beaucoup plus petites.

Cette tige se termine toujours par une fleur unique et solitaire, longue de 5 à 6 cm. Cette fleur est d'une rare beauté: la corolle, d'un bleu profond (on l'appelle dans les Aples «culotte de gendarme»), très rarement claire ou jaune, a la forme d'un entonnoir étroit aux lobes aigus. La trompe d'un brun violacé est ponctuée de taches sombres et la gorge est généralement plus claire. Le calice a également la forme d'une clochette.

La floraison a lieu d'avril à juillet selon l'altitude, sur les rochers, les éboulis et les pierrailles calcaires un peu humides, mais aussi dans les pelouses, dans les zones alpine et subalpine. Elle peut aussi descendre plus bas dans la plaine et apparaître dans les prairies simplement alpestres, comme dans le Jura par exemple où elle descend jusqu'à 600 m. Son habitat originel se trouve dans les Alpes et les Karpates.

C'est une espèce essentiellement montagnarde, abon-

Poivre de muraille, ou Orpin brûlant

Trique-madame

Saxifrage perpétuel

Gentiane printanière

Gentiane acaule

damment utilisée avec l'Edelweiss dans l'industrie des souvenirs, des insignes, etc. où elle symbolise la haute montagne.
On la cultive souvent dans les jardins de rocaille, où il est parfois difficile de la conserver.
Les prairies et les rochers alpins abritent aussi une espèce voisine:

GENTIANE PRINTANIÈRE — *Gentiana verna L.*

C'est une petite plante vivace de 2 à 10 cm de haut, qui forme de nombreuses rosettes terrestes de feuilles ovoïdes-lancéolées et mucronées. Les feuilles caulinaires plus petites sont groupées en deux ou trois paires. Les tiges courtes portent toujours une seule fleur isolée à calice en trompe et à corolle d'un superbe bleu sombre, à lobes ouverts et frangés. Cette magnifique Gentiane se trouve surtout dans les Alpes, les Karpates, le Caucase, les monts Altaï et le nord de la Perse. Elle fleurit très tôt au mois de mars.
On peut la trouver dans les herbages de faible altitude, et on la cultive dans les jardins de rocaille où elle se montre plus rustique que le précédente.

EDELWEISS — *Leontopodium alpinum CASS.*
Famille: Composacées

Voici une espèce typiquement montagnarde, vivace, fortement cotonneuse, mesurant une trentaine de cm de hauteur. Une courte souche émet une rosette terrestre de feuilles sublancéolées, entières, blanches et densément velues. Le limbe s'amincit progressivement en pétiole. Les feuilles caulinaires sont allongées-lancéolées. Les tiges sont droites, simples et peu feuillées.
Au sommet de la tige se trouvent plusieurs petits capitules hémisphériques, groupés en têtes compactes soutenues par des bractées très velues, inégales, disposées latéralement en étoiles. Tout l'ensemble ressemble à une étoile blanche et compose ce qu'on peut biologiquement appeler la fleur. Mais les vraies fleurs sont petites, blanc jaunâtre, les centrales étant tubuliformes, hermaphrodites, mais stériles, les périphériques tubuliformes et femelles. Le fruit est un akène à aigrette.
L'Edelweiss fleurit de juin à l'automne sur les rochers calcaires des Alpes, des Pyrénées, des Karpates, des montagnes balkaniques, du Pamir, de l'Himalaya, du Tibet, de la Chine et du Japon. Il vient en plaine en Sibérie et monte jusqu'à 3400 m dans les Alpes.
Cette plante a de tout temps été considérée comme le symbole des alpinistes et de la montagne, et par extension de toutes sortes de touristes et de sociétés. La fleur stylisée orne les boutonnières, les chapeaux, les uniformes et sert de modèle à de nombreuses décorations. Elle est séchée et pressée et vendue anisi, bien que de nombreux pays la protègent. Les exemplaires à grande étoile sont les plus prisés. En 1891, les habitants de Sacratal (Tyrol du Sud) auraient offert au duc Charles-Louis un spécimen de 12 cm de diamètre qui comportait 29 bractées!
Autrefois la plante servait de remède contre la rage, la dysenterie, et sa fumée chassait les mauvais sorts du bétail.
De nos jour, on la cultive souvent dans les jardins de rocaille où malheureusement elle est constamment dévorée par les limaces qui en sont friandes.
Le nom du genre en latin vient de deux mots grecs: *leon,* lion, et *podion,* trace, car la forme générale de l'inflorescence ressemble si l'on veut à la patte ou l'empreinte d'une patte de lion.

ASTER DES ALPES — *Aster alpinus L.*

L'Aster des Alpes est une plante vivace qui mesure une vingtaine de cm. Les feuilles de la base en fer de lance s'amincissent progressivement pour donner le pétiole, les caulinaires sont longuement lancéolées et sessiles, les deux formes, tout comme la tige, sont très velues. Le sommet de la tige porte de superbes capitules qui peuvent atteindre 4 cm de diamètre. Les fleurons centraux en tube sont jaunes, les fleurs périphériques sont ligulées et bleu-violet, rarement roses ou blanches. Les akènes sont hérissés de soies.
L'Aster des Alpes fleurit de juin à juillet dans les fissures, sur les terrasses et les pentes herbeuses ou pierreuses des plateaux jusqu'à la montagne. Il peut monter jusqu'à 3100 m dans les Alpes.
C'est une plante commune dans les Alpes, les Pyrénées, le Jura, dans les montagnes du centre de la Bohême, les Karpates, les Balkans, le Caucase, la Perse et la Sibérie. Une forme voisine a été décrite des montagnes Rocheuses et de l'Amérique arctique.
On en connaît plusieurs formes horticoles abondamment cultivées dans les rocailles. Elles sont malheureusement peu durables.

SESLÉRIE BLEUE — *Sesleria coerulea (L.) ARD.*
Famille: Graminacées

La Seslérie bleue est une graminée à port cespiteux, qui atteint 50 cm de hauteur. Les tiges sont droites, minces et un peu feuillées seulement à la base. Sur les rejets stériles le limbe des feuilles présente une marge blanche et cartilagineuse caractéristique; il est court, scabre et plan par temps sec. La ligule est très courte et velue.
Sous l'inflorescence on trouve deux bractées écailleuses.
L'épi lâche, ovoïde et fermé se compose d'épillets à 2 fleurs de couleur bleu acier ou violette. Les glumes sont brièvement aristées, les glumelles inférieures dentées, à dent médiane prolongée en arête, les supérieures bidentées.
La floraison a lieu de mars à mai dans les fissures des rochers, sur les pentes, etc. surtout en terrain calcaire. Elle est répandue dans l'ensemble de l'Europe, jusqu'en Islande et en Scandinavie. Elle monte jusqu'à 3000 m d'altitude et peut former soit de vraies colonies fort étendues, soit manquer complètement.
Son nom rappelle le naturaliste et médecin vénitien Leonhard Sesler qui vécut au XVIIIe siècle.

VÉGÉTAUX LIGNEUX

COTONEASTER À FEUILLES ENTIÈRES, ou VULGAIRE — *Cotoneaster integerrima MEDIK. ou vulgaris L.*
Famille: Rosacées

Le Cotoneaster à feuilles entières est un arbuste de petite taille à branches couchées peu étalées, tomenteuses dans leur jeunesse, nues et rougeâtres par la suite.
Les feuilles arrondies-elliptiques sont entières, courtement pétiolées, d'un vert glaucescent et tomenteuses sur le revers.
Les petites fleurs à calice brun rougeâtre et à corolle rouge ou blanche sont disposées en corymbes pendants et lâches.
Les fruits sont petits et d'un rouge violacé.
C'est une plante qui s'insère dans les fissures, sur les pentes rocheuses, sur les rocailles de la plaine mais surtout de la montagne. Elle fleurit d'avril en juin. Ce Cotoneaster est fréquent en Europe moyenne, orientale et méridionale. Il se rencontre jusqu'en Angleterre, au sud de la Scandinavie et en Finlande au nord, en Espagne, Italie, Crimée, Sibérie, dans les

Edelweiss

Aster des Alpes

Seslérie bleue

Cotoneaster à feuilles entières, ou Vulgaire

Alouchier

Balkans et le Caucase au sud et à l'est. C'est une espèce héliophile et thermophile qui préfère les sols calcaires. On connaît une espèce voisine:

COTONEASTER À FRUITS NOIRS — *Cotoneaster melanocarpa LODD.*

Cette espèce a des fleurs blanches qui rosissent par la suite et des fruits d'abord rouges, puis bleu-noir et pruinés. Elle abonde sur les rocailles européennes jusque dans le Caucase et la Mandchourie, et elle est nettement calciphile tout comme le cotoneaster tomenteux, *C. tomentosa (AIT.) LINDL.*

ALOUCHIER — *Sorbus aria (L.) CR.*

L'Alouchier est un arbuste, parfois un arbre de taille moyenne à branches d'un rouge brillant, nettement tomenteuses dans leur jeunesse. Les feuilles à pétiole court sont rigides, ovoïdes, irrégulièrement dentées, très velues et blanches au revers.
Les fleurs à corolle blanche, à calice et rachis tomenteux forment une panicule corymbiforme.
Les fruits sont ovoïdes, orange à rouges extérieurement, à chair jaune et farineuse.
Cet arbuste des rochers, des pentes rocheuses de la plaine jusqu'à la zone subalpine fleurit de mai à juin, surtout dans les stations chaudes et ensoleillées. Il est fréquent en Europe moyenne et du Sud, à l'est jusqu'à l'Altaï et à l'Himalaya, au nord jusqu'en Suède.
Les fruits contiennent une dose infime d'amygdaline toxique qui peut servir à obtenir par extraction de l'acide cyanhydrique. Les oiseaux, et surtout les merles, sont friands de ces baies.

CHÊNETTE — *Dryas octopetala L.*

La Chênette est un sous-arbrisseau minuscule à tronc couché et très ramifié qui forme des touffes plates et des coussinets gazonnants qui peuvent s'étendre sur plusieurs mètres carrés. Certains spécimens atteignent un âge de 70 à 100 ans.
Les feuilles persistantes sont pétiolées, ovoïdes-allongées et irrégulièrement dentées, coriaces, vert sombre et brillantes sur l'avers, blanches et tomenteuses au revers.
Les fleurs blanches atteignent un diamètre de 5 cm. Elles sont solitaires et portées par un pédoncule velu et glanduleux tout comme le calice. La corolle com-

Chênette

Rosage, ou Rose des Alpes

porte le plus souvent 8, mais parfois 10 pétales. Les fruits sont des akènes pourvus de longues aigrettes soyeuses.

La floraison a lieu de juin à août sur les rochers, les éboulis et les friches, presque uniquement sur le calcaire, de la zone montagneuse jusqu'à la zone alpine des régions nordiques de l'Europe, de l'Asie et de l'Amérique du Nord. On peut aussi la renconter en altitude dans les montagnes du centre de l'Europe et du sud, où elle est une relique de l'ère glaciaire.

C'est une plante alpine très intéressante et qui n'a été découverte qu'au XVIe siècle au cours des premières ascensions. Dans ces régions, les feuilles servent à faire des infusions, et elles entrent encore dans la composition du fameux «thé suisse».

On la cultive couramment dans les rocailles.

ROSAGE, ou ROSE DES ALPES — *Rhodendron ferrugineum L.*
Famille: Ericacées.

Le Rosage est un modeste arbuste à feuilles entières, vert sombre à l'avers et brillantes, toutes couvertes de glandes écailleuses de couleur rousse sur le revers.

Avant la floraison les fleurs sont protégées par des bourgeons spéciaux, couverts de grandes bractées imbriquées. Elles sont de couleur rouge sombre et forment une sorte d'ombelle. Les graines sont parmi les plus légères. Elles ne pèseraient que 0,000025 g!

Le Rosage, souvent appelé aussi Rose des Alpes, vient dans les anfractuosités des roches acides et humides, des moraines alpines, pyrénéennes et apennines, ainsi que dans les montagnes du sud de la Croatie. Il peut remonter jusqu'à la limite des neiges éternelles et former la strate arbustive des bois clairs de résineux, surtout de Mélèzes.

C'est une plante toxique: les feuilles contiennent des glucosides, l'andromédotoxine, l'éricoline et l'arbutine, etc. et ont été souvent la cause d'empoisonnements de chevaux, de moutons et de bétail.

COTEAUX
ET
TALUS
ENSOLEILLÉS

Un ensoleillement généreux, beaucoup de chaleur, un sol assez épais même s'il est souvent caillouteux, voilà les caractères principaux du milieu que constituent les pentes, les talus et les pâturages bien exposés, les remblais des routes, et ce qu'on appelle dans les montagnes des «adrets».

Ce genre de stations convient à toute une série de xérophytes et de thermophytes: ce sont surtout des espèces au moins bisannuelles, souvent pluriannuelles ou vivaces. On y rencontre surtout une abondance de graminées et de plantes velues. Là aussi, en effet, l'eau est un bien rare dont il faut absolument limiter les pertes. Ces pierrailles et ces endroits rocheux abritent souvent des espèces de la rocaille. En revanche, là où la couche de terre est plus épaisse, on voit s'installer des buissons thermophiles souvent épineux dont l'ombre abritera des espèces prairiales et même forestières.

Les versants sud, les plus chauds, installés sur un substrat ordinairement de marne calcaire ou de basalte à réchauffement rapide, voient surtout dominer une florule de graminées xérophiles ou steppiques. Ce n'est guère qu'au printemps que pourront y fleurir et fructifier quelques plantes à fleurs particulières: Adonis, Pulsatilles, etc. L'influence des activités humaines est ici peu importante: au pis, certains endroits seront-ils brûlés au printemps. C'est là un usage néfaste et dangereux qui aboutit à la destruction des espèces de meilleure qualité mais plus fragiles, et à favoriser l'extension d'espèces plus robustes mais plus grossières, et surtout de parasites des cultures. Le brûlis des vieilles herbes des talus provoque aussi la mort d'une quantité d'animaux utiles.

PULSATILLE DES PRÉS — *Pulsatilla pratensis (L.) MILL.*
Famille: Renonculacées

La Pulsatille des prés est une plante vivace de 7 à 30 cm de hauteur, pourvue d'une grosse souche noire qui émet d'abord au printemps des hampes florales très velues. Immédiatement sous la fleur on trouve une collerette de bractées découpées en fines lanières. Les tiges portent des fleurs isolées, penchées, de couleur violet sombre. Les pétales sont tomenteux à pointes retroussées et abritent une abondance d'étamines à anthères jaunes.
Après la floraison on remarque une forte élongation des tiges, et en même temps la fleur qui était penchée se redresse. Les akènes groupés en une tête sphérique terminale portent de longs appendices soyeux qui peuvent mesurer 6 cm de longueur.
Ce n'est qu'après la floraison qu'apparaît au-dessus de la surface la touffe des feuilles tripennées et de contour général ovoïde. Comme le reste de la plante, les feuilles aussi sont très velues, surtout les jeunes: cette fourrure limite l'excès des pertes d'eau.
La Pulsatille est rare par endroits et souvent protégée. Elle marque une nette préférence pour les versants ensoleillés, pierreux ou rocailleux, sablonneux aussi, de nature calcaire, pour les bois clairs, surtout pour les pinèdes et pour les zones chaudes d'Europe centrale, septentrionale et du Sud, mais peut se trouver jusqu'en Sibérie. En France, elle est commune çà et là, et çà et là introuvable. Il en existe de belles stations en Normandie.
Elle est très variable et présente toute une série de formes et d'hybrides avec d'autres espèces du genre.
La tige fraîche contient une substance toxique, la protoanémonine, qui peut causer chez des sujets sensibles des inflammations de l'épiderme, des nausées et des diarrhées, mais ces propriétés disparaissent au séchage. Les feuilles séchées étaient autrefois employées par la médecine officielle pour soigner les crampes et par la médecine populaire pour soigner la coqueluche. A l'extérieur, on l'utilisait contre les éruptions de boutons. Aujourd'hui, sous forme d'alcoolature, la pharmacopée française l'utilise dans les spasmes douloureux et les douleurs utérines. Mais elle ne peut être prescrite que sur ordonnance médicale, vu sa toxicité.
Comme elle est aussi décorative par ses graines plumeuses que par ses fleurs, on la cultive couramment dans les rocailles.

ADONIS DE PRINTEMPS — *Adonis vernalis L.*

L'Adonis de printemps est une plante vivace qui peut mesurer 40 cm de haut, à souche épaisse, toute couverte de longues fibres.
Les tiges sont droites, souvent simples, écailleuses à la base et toutes couvertes de feuilles pennées de 2 à 4 fois divisées. Il n'y a pas de feuilles basiliaires.
Les tiges portent des fleurs terminales, jaune d'or brillant, de 3 à 7 cm de diamètre. Elles se composent d'un calice velu de type 5, et de 10 à 30 pétales qui abritent un grand nombre d'étamines. Elles s'ouvrent au soleil et se referment par mauvais temps.
Groupés en têtes ovoïdes, les fruits sont des akènes monospermes ridés et terminés par un court crochet.
La floraison a lieu d'avril à mai sur les pentes ensoleillées, sur les versants steppiques, les lisières des bois chauds, les pâturages secs, etc. surtout en terrain calcaire. Cette espèce, courante en Europe centrale et du Sud-Est, est très rare en France, où on ne la signale

Adonis de printemps

Pulsatille des prés

que dans deux stations d'Alsace et çà et là dans les Causses. Toute la plante est imprégnée de glucosides toxiques: l'adonidoside, l'adonivernoside, l'adoninine, l'adonitoxine, etc. Elle contient aussi des substances bactéricides. Toutes ces matières toxiques sont de puissants stimulants cardiaques et son utilisées dans certains médicaments. Mais ils ne doivent être prescrits que sur ordonnance, et leur usage par le profane serait extrêmement dangereux.
Le nom générique vient du nom latin d'une plante à fleurs rouges, l'Adonium, en quoi Vénus métamorphosa son amant, éventré par un sanglier. Mais ledit Adonis était une divinité asiatique dont le culte avait été importé tardivement à Rome.

HÉLIANTHÈME NUMMULAIRE — *Helianthemum nummularium (L.) MILL.*
Famille: Cistacées

C'est un sous-arbrisseau vivace, haut de 5 à 50 cm au plus, aux rameaux couchés on ascendants, ligneux à la base et couverts de touffes de soies.
Les feuilles alternes ont une forme ovoïde-allongée, elles sont tomenteuses au revers et sont pourvues de stipules linéaires.
Les fleurs d'un beau jaune d'or, rarement blanches ou au contraire orangées, sont généralement groupées par deux, mais elles peuvent aussi former une grappe terminale qui groupe parfois jusqu'à 15 fleurs.
La floraison a lieu de juin jusqu'en automne sur les talus chauds, les coteaux, les lisières des bois, etc. de la plaine jusqu'à la montagne. C'est une plante commune en Europe du centre et du Sud qui peut remonter au nord jusqu'au centre de la Suède et de la Finlande. On la trouve aussi en Asie et son record d'altitude est 2820 m.
C'est une espèce très changeante qu'on rencontre sous de multiples formes, dont l'une à grandes fleurs est très décorative.

CÉRAISTE DES CHAMPS — *Cerastium arvense L.*
Famille: Caryophyllacées

Le Céraiste des champs est une herbe vivace qui forme des touffes claires, d'un gris vert, mesurant une quarantaine de cm longueur. Les racines sont fines et ramifiées, et les tiges à demi rampantes portent de nombreux rejets stériles et des bouquets de feuilles axillaires.
Les feuilles sont allongées ou linéaires lancéolées, velues, et la dernière paire se trouve loin des autres. Les fleurs blanches à calice velu forment des cymes de 5 à 15 et le fruit est une capsule.
La floraison a lieu d'avril à juillet sur les talus arides, les pentes herbues, les pâtures et d'autres stations similaires, de la plaine jusqu'à la zone des collines. C'est une plante commune dans l'ensemble de l'Europe à l'exception des régions les plus nordiques, dans la zone tempérée de l'Asie et en Afrique du Nord. Elle existe aussi sur le continent américain où elle longe les montagnes de l'ouest jusqu'à l'Amérique du Sud.

ŒILLET DES CHARTREUX — *Dianthus carthusianorum L.*

L'Œillet des Chartreux est une plante vivace qui forme des touffes denses qui peuvent dépasser 50 cm de hauteur, avec de courts rejets stériles et de longs rameaux florifères.
Les feuilles rigides et aiguës sont linéaires et soudées à la base au moyen de leurs gaines.
Les fleurs presque sessiles sont rouges et groupées en bouquets denses par 2 ou 6. Les bractées sont coriaces, rougeâtres ou brunes et terminées par une longue arête aiguë, mais plus courtes que le calice, cylindrique et lavé de rouge. Les pétales sont rouges et dentés. Le fruit est une capsule allongée qui contient un grand nombre de graines.
La floraison a lieu de juin jusqu'en septembre, sur les pentes pierreuses et ensoleillées. L'Œillet des Chartreux est commun en Europe centrale et du Sud. En France il ne manque sur les prés d'aucune colline. Il remonte jusqu'au Danemark et en Hollande, et se trouve aussi en Asie Mineure.
C'est une espèce changeante et variable, dont l'adjectif spécifique rappelle deux frères naturalistes de XVIIIe siècle: Johann et Friedrich Karthauser.

ŒILLET À DELTA — *Dianthus deltoides L.*

L'Œillet à delta est une plante vivace qui se présente en touffes claires à souche ramifiée, qui porte de courts rejets stériles et de longs rejets florifères, fourchus et ramifiés.
Les feuilles de la rosette basiliaire sont linéaires et souvent persistantes en hiver; les feuilles caulinaires, également linéaires, ont les bords finement dentés.
Les fleurs longuement pédonculées se composent d'un calice cylindrique rougeâtre et d'une corolle carminée,

Hélianthème nummulaire

Céraiste des champs

qui porte à sa gorge de petites taches ponctuelles est des stries verticales blanches.
La floraison a lieu de juin en septembre dans toutes les zones de la plaine et jusqu'en montagne. C'est une plante de l'Europe tempérée qui remonte jusqu'en Norvège, en Ecosse, en Finlande et dans le nord de l'U.R.S.S. Elle existe en Asie tempérée et a été introduite en Amérique du Nord.
La tradition populaire voit dans cet œillet les marques des larmes de la Vierge pleurant son fils crucifié.
Quant au nom générique *Dianthus,* il vient du grec «Dios anthos», fleur de Zeus, c'est-à-dire fleur divine, et l'adjectif spécifique *deltoides* fait allusion à la forme triangulaire, en delta, des pétales.

SILÈNE ENFLÉ — *Silene cucubalus WIBEL.*

Le Silène enflé est une plante vivace qui atteint 50 cm et davantage de hauteur, de teinte glauque, à souche croissant dans plusieurs directions et qui donne des rosettes basiliaires d'où sortent des tiges dressées et ramifiées seulement dans leur partie supérieure.
Les feuilles sont ovoïdes-lancéolées, les inférieures presque, les supérieures complètement sessiles.
Les fleurs se reconnaissent facilement à leur gros calice renflé, jaunâtre ou lavé de violet et orné d'un réseau de nervations. La corolle est blanche à pétales profondément lobés et les fleurs pédonculées sont disposées en cymes bipares bien fournies.
Le fruit est une capsule sphérique à ovoïde.
Le Silène enflé fleurit de juin à septembre, surtout en terrain sec, de la plaine jusqu'à la montagne. Il est commun dans la plus grande partie de l'Europe et remonte au nord jusqu'en Norvège, en Laponie et en Islande. Il existe aussi en Asie tempérée, en Inde orientale et en Afrique du Nord.
Il peut peupler les prairies et les pâturages où il est très recherché par le bétail, car c'est une bonne plante fourragère qui passe pour stimuler la sécrétion lactée. Il attire aussi les abeilles. Il a servi autrefois de plante médicinale, et on peut manger les jeunes feuilles en salade.

Silène enflé

Œillet à delta

Œillet des Chartreux

SILÈNE PENCHÉ — *Silene nutans L.*

Le Silène penché est une espèce vivace qui peut dépasser 1 m de hauteur et possède une rosette feuillée peu fournie qui donne naissance à des tiges simples et droites.

Les feuilles sont lancéolées, duveteuses, les inférieures longuement, les supérieures brièvement pétiolées.

Les fleurs blanches, verdâtres ou rosées sont fines, longuement pédonculées et inclinées vers le sol une fois épanouies. Les pétales sont profondément bilobés et leur gorge porte une minuscule collerette. Les fleurs forment généralement une panicule unilatérale, glanduleuse et duveteuse. Elles ont un parfum de jacinthe et s'épanouissent la nuit pour être pollinisées par les insectes nocturnes. Les fleurs peuvent être à sexes séparés. Les mâles sont alors plus petites que les femelles ou les hermaphrodites: au cours de la première nuit de floraison s'épanouissent les fleurs périphériques, au cours de la deuxième les fleurs internes et les ovaires ne se développent qu'au cours de la troisième nuit. Pendant la journée les fleurs enroulent leurs pétales et sont inodores.

Les fruits sont des capsules cylindriques.

Le Silène penché fleurit de mai jusqu'en août sur les coteaux ensoleillés, les talus, ou même les rocailles et les lisières des forêts de toute l'Europe, du Caucase, de la Sibérie, du Japon, de l'Afrique du Nord et des Canaries. Il est partout très commun en France.

CASSE-PIERRE — *Saxifraga granulata L.*
Famille: Saxifragacées

Le Casse-pierre est une plante vivace qui atteint une quarantaine de cm de hauteur. Il forme des touffes peu fournies à rosette basiliaire feuillée. Les feuilles sont longuement pétiolées, arrondies-réniformes, profondément denticulées et velues-glanduleuses. A l'aisselle de ces feuilles terrestres se forment un grand nombre de bulbilles de multiplication, souvent de couleur rosée.

Les tiges sont la plupart du temps simples, rarement ramifiées et toutes visqueuses et glanduleuses. Elles portent quelques feuilles presque sessiles, subovoïdes, à pointe profondément bilobée.

Les fleurs sont petites, glanduleuses, à sépales soudés à la base, à corolle blanche, trois fois plus longue que le calice.

Le fruit est une large capsule.

La floraison a lieu de mai à juin sur les pelouses sèches, les pentes et les talus, aussi bien qu'à la lisière des forêts un peu partout à basse altitude. On le trouve aussi parfois sur les vieux murs.

Le Casse-pierre est commun dans toute l'Europe, du Maroc et de la péninsule Ibérique au sud, jusqu'à l'ouest de la partie européenne de l'U.R.S.S. Au nord il remonte jusqu'en Scandinavie, au sud on le trouve en Sicile. En France, on peut le trouver un peu partout mais il peut aussi manquer complètement dans certains secteurs.

Toute la plante a une saveur acide et le bétail l'évite. La médecine populaire l'utilisait autrefois pour dissoudre les calculs rénaux, ce qui lui a valu son nom vulgaire.

AIGREMOINE EUPATOIRE — *Agrimonia eupatoria L.*
Famille: Rosacées

Toute glanduleuse et hérissée de poils, l'Aigremoine eupatoire est une plante vivace à forte souche ligneuse. Elle peut atteindre 1 m de hauteur.

Les tiges sont peu ramifiées et ne portent de feuilles qu'à la base.

Les feuilles sont imparipennées, avec des pinnules allongées à lancéolées, aux bords denticulés, et qui diminuent rapidement de taille vers le sommet.

Les fleurs à petite corolle jaune et caduque sont disposées en grappe simple qui mesure une vingtaine de cm de long. Elles sont courtement pédonculées. La base de la fleur se soude pour donner une silique ligneuse et cannelée, qui porte une couronne de soies crochues et dures qui facilitent la dispersion du fruit. Chaque silique contient de 1 à 3 akènes.

La floraison a lieu de juin à août. On la trouve surtout sur les talus, en lisière des prés ensoleillés, le long des taillis et des chemins de la plaine jusque dans la région des collines.

Très répandue dans l'hemisphère Nord, elle s'étend jusqu'en Asie centrale et en Afrique du Nord. Suivant son habitat, elle produit toute une série de sous-espèces et de formes.

C'est une plante riche en tannins, en résines et acides divers, en substances amères et surtout en acide silicique. Sa légère odeur de térébenthine éloigne la plupart des animaux, sauf les moutons et les chèvres. Elle est depuis toujours utilisée contre toutes sortes d'affections rénales, hépatiques et intestinales. Dans la tradition française, elle est considérée comme toni-

que et dépurative. Ajoutée à l'eau du bain, elle contribue à guérir les maladies épidermiques. De nos jours, elle est récoltée et parfois même cultivée pour servir de matière première dans la fabrication de plusieurs médicaments.
L'adjectif «eupatoria» vient de l'ancien terme «eupator», qui signifie noble, bien né, épithète donné au roi du Pont, Mithridate Eupator (123—63 av. J.-C.), qui fut un homme d'une grande culture scientifique et qui fut le premier à reconnaître les vertus de la plante.

POTENTILLE PRINTANIÈRE — *Potentilla verna L.*

C'est une petite plante vivace, pourvue d'une souche qui s'étend dans plusieurs directions et de nombreuses tiges aux extrémités ascendantes qui peuvent atteindre 25 cm de longueur et qui portent de petites rosettes feuillées qui s'enracinent facilement.
Les feuilles les plus basses sont longuement pétiolées et découpées en 5 lobes palmés couverts de soies dressées. Les lobes sont cunéiformes à ovoïdes-allongés, denticulés jusqu'à la moitié du limbe. Les feuilles caulinaires sont seulement trilobées, les supérieures entières et sessiles.
Les fleurs brièvement pédonculées sont d'une belle couleur jaune et s'ouvrent au soleil printanier, de mars à juin, sur les talus, les lisières et les endroits sableux.
C'est une plante commune dans toute l'Europe que l'on trouve aussi en Mandchourie, en Chine du Nord et en Sibérie.
Elle a été utilisée autrefois en tisane apéritive, vu sa légère amertume.

ESPARCETTE, ou plutôt SAINFOIN — *Onobrychis viciaefolia SCOP.*
Famille: Papilionacées

Le Sainfoin est une grande plante vivace qui peut atteindre près d'un mètre de haut, à souche ligneuse et ramifiée, couverte de poils en touffes. Les tiges sont droites, rigides, cannelées, souvent plus feuillées au sommet.
Les feuilles imparipennées à folioles elliptiques à linéaires atteignent 15 cm de longueur.

Casse-pierre

Silène penché

Potentille printanière

Aigremoine eupatoire

Esparcette, ou plutôt Sainfoin

Les fleurs sont papilionacées de couleur carmin pâle, avec un étendard strié d'écarlate; elle forment de longues grappes ovoïdes à cylindriques.
Le fruit est une gousse plate, longue, terminée par une courte épine. Sa surface est soute côtelée ou même cannelée en réseau et il ne contient qu'une seule graine.
La floraison a lieu de mai à juin sur les pentes herbeuses, mai aussi sur les remblais des routes ou des chemins de fer de la plaine aux collines, presque uniquement en terrain calcaire. C'est une espèce très variable.
On trouve le Sainfoin dans l'ensemble de l'Europe, en Sibérie, en Perse et en Asie Mineure. Il est cultivé non seulement en Sicile et en Sardaigne, mais communément en France, où il donne un fourrage abondant, riche et régulier. On peut aussi s'en servir comme engrais vert.

CORONILLE PANACHÉE — *Coronilla varia L.*

La Coronille panachée est une plante vivace robuste, à grosse souche ramifiée et à tiges capables de dépasser 1 m de longueur, couchées ascendantes, souvent grimpantes.
Les feuilles pétiolées, imparipennées, possèdent de nombreuses folioles à court pétiolule, ovoïdes-allongées à linéaires. La nuit, comme beaucoup d'autres Légumineuses, les feuilles exécutent des mouvements de sommeil: les folioles se rassemblent et se replient jusqu'au jour.
Les longues hampes florales portent des ombelles de 10 à 20 fleurs blanches ou rosées. L'étendard est rose sombre, ou violet, la pointe de la carène est violet sombre. Les fleurs sont d'abord inclinées, puis se redressent lors de la floraison et de la fructification.
Le fruit est une gousse tordue vers la pointe, légèrement étranglée et contenant des graines brunes et plates.
La floraison se fait de mai à juillet, sur les talus, les pelouses sèches, les coteaux et les lisières de forêts. Cette plante se dissémine souvent avec les graines des plantes fourragères, graminées ou légumineuses. Elle devient facilement gênante comme parasite des cultures, ou sur les remblais de routes ou de chemins de fer. Elle préfère le calcaire.
Toute la plante contient un glucoside, la coroniline, (catharine) qui a des effets laxatifs. Elle est considérée comme toxique: la décoction de la tige peut provoquer la mort. Les animaux n'y touchent jamais, sauf les moutons qui broutent parfois les jeunes poussses, faute de mieux.
Les feuilles entraient autrefois dans la composition d'une remède cardiaque où elles remplaçaient la digitaline. De nos jours, on en utilise encore à l'occasion l'extrait.

ASTRAGALE VELUE — *Oxytropis pilosa (L.) DC.*

C'est une plante vivace de 15 à 30 cm de haut, toute couverte de poils blancs qui lui donnent l'aspect d'une fourrure laineuse. Elle choisit pour vivre les endroits les plus chauds et les plus secs. Sa fourrure la protège contre un excès d'évaporation.
Les tiges sont fortes, dressées, et portent des feuilles alternes imparipennées, à folioles étroites et lancéolées.
Les fleurs jaune clair ont un calice velu en cloche et sont groupées en riches grappes axillaires.
Le fruit est une gousse linéaire, couverte de poils hérissés.
Cette espèce fleurit de juin à juillet dans les zones les plus chaudes: sur les coteaux ensoleillés et les pentes steppiques, de préférence en sol calcaire. Elle est fréquente en Europe centrale, orientale et du Sud, de l'est à l'Altaï, jusqu'à l'Oural et aux contreforts du Caucase. En France, elle n'existe guère que dans les Alpes du Dauphiné et de la Provence.

ANTHYLLIS VULNÉRAIRE — *Anthyllis vulneraria L.*

C'est une plante vivace d'une quarantaine de cm de hauteur, pourve d'une souche qui s'étend dans plusieurs directions et de tiges velues, hautes, souvent dressées, qui partent d'une rosette de feuilles basiliaires. Le reste de la plante est également velu.
Les feuilles de la rosette sont polymorphes et peu nombreuses, de forme souvent imparipennée à folioles ovoïdes et allongées-lancéolées, la terminale nettement plus grande que les autres.
Les fleurs papilionacées de couleur jaune pâle, souvent rougeâtres, forment de petits capitules ronds, tantôt isolés, tantôt groupés à plusieurs à l'aisselle des bractées à 3 — 7 lobes. Le fruit est une gousse obliquement ovoïde.
L'Anthyllis vulnéraire fleurit sur les pentes et les coteaux ensoleillés, les pelouses sèches, et dans les bois clairs de mai jusqu'en août.
Il est commun dans toute l'Europe, au nord jusqu'en

Scandinavie, à l'est jusqu'au Caucase et en Asie du Sud. Il a été introduit en Afrique du Nord, au Sahara et en Ethiopie. On le sème souvent sous le nom de «Trèfle doré»: c'est un fourrage nutritif qui valorise les sols pauvres (sous-espèce Kerneri (SAG.) DOM.). Jadis, cette plante comptait parmi les herbes miraculeuses qui gardaient les bêtes et les gens du mauvais œil. Il fallait alors la cueillir en même temps que la Petite Centaurée la nuit de la Saint-Jean.
La médecine populaire l'utilise encore et de tout temps comme topique vulnéraire sur les blessures; son infusion stimule l'appétit et chasse les nausées et la constipation. De nos jours on recueille dans de nombreux pays la tige feuillée qui est riche en saponine, en tannin, en mucilage, etc. Il est juste de dire que toutes ces substances sont antiseptiques et astringentes.

GÉRANIUM SANGUIN — *Geranium sanguineum L.*
Famille: Géraniacées

Le Géranium sanguin est une plante vivace à grosse souche rampante à cœur rouge, qui émet des tiges ramifiées, couchées ascendantes, couvertes de soies dressées.
Les feuilles de la base ont la vie brève. Celles de la tige à pétiole velu et au limbe profondément palmé en 7 segments à nouveau divisés en 3 ou 5, sont opposées. Les fleurs carminées de type 5 sont portées par de longs pédoncules à deux bractées, qui naissent à l'aisselle des feuilles. Le fruit se termine par un long bec: l'ensemble, couvert de soies, atteint 5 cm de longueur. A la maturité il se divise en partant de la base en 5 sections monospermes.
La floraison a lieu de mai à septembre sur les pentes ensoleillées, les versants couverts de buissons, les pierrailles et les taillis clairs de la plaine jusqu'aux collines. C'est une plante thermophile et calciphile.
Elle existe dans toute l'Europe, jusqu'au Caucase et en Crimée à l'est, en Grèce, en Italie, en Sicile et au Portugal au sud.
La souche, avec son cœur rouge, contient jusqu'à 29 % de tannin et peut être utilisée pour l'apprêt des cuirs.

Coronille panachée

Anthyllis vulnéraire

Astragale velue

Fraxinelle

Géranium sanguin

FRAXINELLE — *Dictamnus albus L.*
Famille: Rutacées

C'est une plante vivace qui se distingue par sa taille qui atteint plus d'un mètre de hauteur, et par sa forte odeur de citron. Elle est pourvue d'une souche souterraine blanchâtre et rameuse qui donne naissance à des tiges droites, la plupart du temps simples, soyeuses et couvertes de petites glandes noires au sommet.
Les feuilles imparipennées comportent de 3 à 4 couples de folioles ovoïdes ou lancéolées, finement dentées, de couleur vert sombre ponctuées de taches transparentes. Le rachis porte des ailette étroites.
Les fleurs régulières ont un calice glanduleux et une grande corolle décorative de couleur rose, rarement blanche, veinée d'une nervation foncée. L'extérieur des pétales est glanduleux. Les fleurs laissent apparaître 10 longues étamines arquées et rebroussées. Elles composent une riche grappe terminale.
Le fruit est une capsule, elle aussi velue-glanduleuse, qui contient des graines noires, brillantes et lisses, qu'une contraction du tissu interne projette au loin à maturité.
La floraison a lieu de mai à juin sur les versants chauds et ensoleillés, les lisières des taillis clairs et des zones buissonnantes dans les stations chaudes de la plaine jusqu aux collines.
C'est une plante d'Europe moyenne et du Sud, mais elle peut remonter jusqu'en Sibérie, en Chine du Nord et vers l'Himalaya. En France elle est assez rare et on ne la trouve guère que dans l'est, de l'Alsace aux Alpes du Sud par stations disjointes.
Toute la plante est imprégnée d'essences volatiles: par les journées de soleil chaud, toute l'atmosphère environnante est saturée de leur parfum. On peut parfois faire une curieuse expérience: on choisit une soirée chaude où l'atmosphère soit absolument calme. Au moment où on juge que le parfum s'exhale avec le plus de force, on approche une allumette enflammée de la plante, et toutes les essences qui sont en train de s'évaporer donnent une brève flamme bleue, qui laisse la plante intacte.
Chez certaines personnes sensibles, les glandes à essence responsables de ce parfum peuvent provoquer une irritation épidermique par allergie, des inflammations et des éruptions de boutons.
La Fraxinelle a été de tous temps une plante médicinale: l'abbesse sainte Hildegarde en connaissait l'emploi dès le XIIe siècle. On récoltait autrefois sa racine blanche pour la vendre sous le nom de «diptan» ou «diptam», contre les empoisonnements et les abcès. Sa force était si grande qu'elle pouvait tirer une flèche de la plaie . . .
On récolte encore de nos jours la souche qui contient un alcaloïde, la dictamnine, des essences volatiles et des substances amères. Sa décoction chasse les parasites intestinaux et dissipe les troubles digestifs.

EUPHORBE PETIT-CYPRÈS — *Euphorbia cyparissias L.*
Famille: Euphorbiacées

C'est encore une plante vivace qui atteint environ 30 cm de haut, tout imprégnée d'un latex blanc, poisseux et amer. La souche ligneuse, rougeâtre et ramifiée donne naissance à de nombreuses pousses. Les tiges en touffe sont toutes droites, rougeâtres, vite défeuillées à la base, souvent ramifiées au sommet. Les rameaux portent un feuillage dense.
Etroites et linéaires, les feuilles sont moins denses sur les hampes florales. Les bractées situées au-dessous de l'inflorescence sont flavescentes et rougissent rapidement à la fin de la floraison.
Les fleurs elles-mêmes sont réduites et de peu d'apparence: elles comportent soit un pistil, soit une étamine unique. Elles sont groupées en une inflorescence compliqueée: il s'agit en fait d'une ombelle terminale fermée et complexe, située au-dessus d'un involucre de bractées. Chaque rayon de l'ombelle est ramifié en fourche et porte à l'aisselle de deux bractées protectrices, l'inflorescence proprement dite: le cyathium. Quelle en est la constitution? Il est hermaphrodite: l'ovaire est central et longuement pédonculé, et 5 bractées portent à leurs aisselles des cymes d'étamines nues et articulées. Entre les bractées se trouvent des glandes en croissant.
Le fruit est une capsule triloculée, verruqueuse et chagrinée qui comporte 3 graines. La multiplication par rejets souterrains est très intense: en peu de temps, on peut avoir à faire à l'invasion d'une mauvaise herbe très gênante.
C'est une plante toxique dont le suc blanc et laiteux contient une grande quantité d'acide euphorbique, un alcaloïde, l'euphorbine, de la gomme, du caoutchouc, des lipides, des essences volatiles, des protéines, etc. Le bétail n'y touche jamais et sa présence en trop grande quantité dans le fourrage peut causer des troubles graves. Seules les chenilles du Sphinx de l'Euphorbe peuvent vivre sur la plante et s'en nourrir.

Ce latex vénéneux peut provoquer des irritations de l'épiderme, des abcès et des cloques. Introduit dans l'œil, il peut causer une cataracte de la cornée et diverses inflammations. La médecine populaire en fait usage contre les verrues, les cors et les taches de rousseur. La plante est souvent ataquée par le stade œcidien de la Rouille du Pois. Ce champignon transforme toute la plante en un bouquet de longs rameaux simples qui portent de petites feuilles enflées et orangées à l'endroit attaqué, et qui dégage un parfum de miel. Ces sujets difformes sont stérilisés et ne fleurissent pas.

Euphorbe petit- cyprès

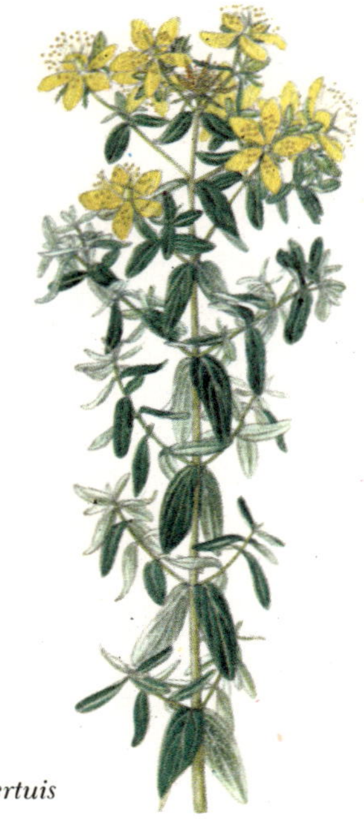

Millepertuis

MILLEPERTUIS — *Hypericum perforatum L.*
Famille: Hypéricacées

C'est une robuste plante vivace, qui dépasse 50 cm de hauteur et peu atteindre 1 m. Sa souche est ramifiée, ses tiges sont droites et portent deux lignes saillantes et de nombreuses ramifications stériles mais richement feuillées. Les feuilles elliptiques-ovoïdes sont ponctuées de points nettement translucides et couvertes de quelques petites glandes de couleur noire.
Les fleurs jaune d'or mouchetées de minuscules points noirs, même sur le calice, renferment environ 80 étamines réparties en 3 bouquets. Elles forment de généreuses inflorescences terminales de type corymbiforme. Les pédoncules floraux sont eux aussi ponctués de noir: ces points sont des glandes internes remplies d'une teinture huileuse, de couleur brun-rouge, et parfumée, l'hypéricine. Ecrasée entre les doigts, la fleur les colore en rouge sombre. Les fruits sont des capsules glanduleuses également ponctuées.
La floraison a lieu de juin à août dans l'ensemble de l'Europe, en Asie occidentale jusqu'à l'Altaï, en Chine, en Afrique du Nord, aux Canaries et en Asie orientale. Elle a été introduite et s'est totalement naturalisée sur le continent américain et en Australie.
Le Millepertuis est très anciennement connu comme plante médicinale et magique. Cueilli dans la nuit de la Saint-Jean, conditions indispensable à son efficacité, il soignait les maladies les plus diverses, prédisait l'avenir par l'aspect de son suc, et protégeait contre la foudre. Les maladies de son ressort étaient les affections rénales, stomacales, la sciatique, les fièvres et les brûlures, mais aussi le somnambulisme. Cette herbe magique avait une grande valeur surtout au Moyen Age, et pouvait même influencer la volonté humaine... Son suc, appelé «sang de Saint-Jean», était un ingrédient nécessaire à la composition des potions magiques et autres préparations du même genre. Sa présence en grande quantité dans le fourrage peut colorer le lait des vaches et des chèvres en rouge, ce qui signifiait autrefois qu'elles avaient le mauvais œil!
De nos jours, la tige feuillée entre dans la composition de nombreux médicaments. Elle contient un glucoside, l'hypéroside, des hypéricines, un tannin et des colorants. L'infusion de Millepertuis stimule la circulation sanguine, la sécrétion biliaire et les échanges; elle facilite un sommeil détendu, et a un effet cicatrisant et anti-inflammatoire. Conservée dans l'huile d'olive et placée 14 jours au soleil, elle donne un baume contre les brûlures et les plaies à cicatrisation difficile, ainsi que contre les hémorroïdes. Le suc rouge sert aussi comme colorant et la tige séchée peut remplacer le thé. In entre dans la composition du Baume Tranquille. C'est une plante photodynamique dont le jus sensibilise nettement l'épiderme au rayonnement solaire, et parfois de manière pathologique.

CHARDON ROLAND, ou ROULANT — *Eryngium campestre L.*
Famille: Ombelliféracées

Le Chardon Roland est une plante vivace ou bisannuelle, robuste, de couleur glauque, dont les ramifications étalées finissent par lui donner une forme sphérique. Les racines peuvent descendre à 2 m de profondeur.
Chez les jeunes sujets, les feuilles basiliaires sont simples, dentées et piquantes. A l'époque de la floraison elles sont longuement pétiolées, ovoïdes et 1—2 fois pennatiséquées. Les pinnules sont linéaires mais assez larges; elles sont profondément dentées, acérées et concrescentes sur les rachis. Les feuilles supérieures sont plus simples, plus petites et se transforment graduellement en bractées.
Les fleurs minuscules de couleur gris-vert ou blanche, sont disposées en capitules sphériques. Les bractées externes sont aiguës, les internes souvent triséquées. Les capitules sont réunis en une sorte de cyme. Les bords du calice floral sont eux aussi dentés. Le fruit est arrondi et plat.
C'est une plante des talus secs, des pentes et des pâtures de la plaine jusqu'au pied des montagnes. Ses régions d'origine sont les zones méditerranéennes, du Maroc et du Portugal à l'ouest, jusqu'en Perse et en Afghanistan. Il a pénétré en Europe centrale en suivant les grandes rivières et les voies de chemin de fer. Il est naturalisé en Amérique du Nord.
Ses épines lui assurent une bonne protection contre les herbivores, et il peut devenir une mauvaise herbe difficile à exterminer.
Au printemps de l'automne ou de l'année suivant la floraison, la tige aérienne meurt et pourrit au collet: la touffe sphérique se détache et roule, poussée par le vent et dissémine ses graines en chemin. On peut donc le classer parmi les «grands voyageurs steppiques».
La longue racine a été utilisée autrefois en médecine populaire.
Ajoutons que dans les régions méditerranéennes et atlantiques, un champignon délicieux pousse en automne sur les souches mortes: c'est le *Pleurotus Eryngii*, ou Oreille de Chardon, qui ne se montre jamais à l'intérieur du continent.

FALCAIRE COMMUNE — *Falcaria vulgaris BERNH.*

C'est une plante d'habitude annuelle, parfois vivace. Elle est toute glauque, avec des tiges droites de 30 à 90 cm de hauteur, à section arrondie et finement cannelée, ramifiées en largeur.
Les feuilles inférieures sont simples et tripartites, les médianes, 1—2 fois tripartites à pinnules 2—3-fides, à lobes aigus, dentés, généralement recourbés en faucille. Les feuilles supérieures sont plus petites, sessiles et engainantes.
Les fleurs sont petites, blanches et disposées en ombelles peu fournies. Les fruits de couleur ocre atteignent 4 cm de longueur.
La floraison a lieu de juillet à octobre sur les talus, les pentes sèches, le long des prairies et des chemins, de la plaine jusqu'aux collines, sous les climats plutôt chauds. C'est une plante fréquente dans toute l'Europe centrale et du Sud, en Asie du Sud-Ouest et de l'Ouest. Elle est introduite et naturalisée en Amérique du Nord.
La tige feuillée a servi autrefois à préparer une tisane diurétique.

CAROTTE SAUVAGE — *Daucus carota L.*

La Carotte sauvage est un espèce annuelle, surtout bisannuelle, parfois vivace, dépassant 1 m de hauteur et facilement reconnaissable à son odeur caractéristique. Sous terre, elle possède une longue et fine racine pivotante. Les tiges sont dréssées, couvertes de soies en touffes et ramifiées dans leur partie supérieure.
Les feuilles à contour ovoïde ou triangulaire sont 2—4 fois pennées, les inférieures pétiolées, les supérieures engainantes.
Les petites fleurs blanches, rosées ou jaunâtres à corolle rayonnante forment des ombelles planes et denses. La fleur centrale est souvent violet sombre. L'involucre se compose de grandes bractées pennées. Plans et étalés pendant la floraison, ombelle et involucre se replient en entonnoir, ou même en boule au moment de la fructification. L'inflorescence, puis les fruits, sont tout couverts de soies touffues. Les fruits sont des akènes munis d'un crochet.
La Carotte sauvage fleurit durant tout l'été, jusqu'en automne sur les talus, les pentes sèches, les zones herbeuses, et les rochers, mais aussi dans les prairies fraîches, les bois de bouleaux et même les tourbières. Elle est très abondante en Europe, au point d'être considérée comme une mauvaise herbe, parce que ses feuilles tombent en poussière à la dessication. Mais fraîches, les bestiaux et en particulier les lapins en sont friands. On la trouve aussi en Asie du Sud-Ouest

et en Afrique du Nord. Elle monte jusqu'à 2500 m dans les Alpes. Elle est acclimatée en Afrique du Sud, en Asie orientale, en Australie, en Amérique du Nord et à la Jamaïque.
La racine, ancêtre de notre carotte potagère, est connue depuis l'Antiquité comme légume, surtout pour son parfum aromatique. Les Grecs, les Latins, les Slaves et les Germains la connaissaient et l'appréciaient déjà. Mais ils n'en connaissaient que la forme blanche, réservée aujourd'hui au bétail, et c'est seulement à partir du XVIIe siècle que par sélection ou par hasard on en a obtenu les formes jaunes et rouges qui paraissent sur nos tables. La souche en est D. ssp sativus.
La racine fraîche de la Carotte sauvage est riche en vitamines A, B et C. Elle contient des essences volatiles, efficaces en cas d'infection par les nématodes, des pectines stimulantes pour la digestion et des substances bactéricides.
L'infusion des graines soulage les affections des voies urinaires et stimule la digestion; la décoction de racines est tout indiquée pour les hépatites, elle atténue les effets de la jaunisse, et traite les infections intestinales. C'est un bon stimulant pour les gens fatigués, les sous-alimentés et les convalescents, surtout à l'état cru, qui conserve toutes les vitamines.

BOUCAGE SAXIFRAGE — *Pimpinella saxifraga L.*

Le Boucage saxifrage est une plante vivace atteignant 60 cm de haut, à souche épaisse et fuselée et à forte odeur de bouc. Les tiges sont pleines, arrondies et finement cannelées.
Les feuilles de la base sont longuement pétiolées, imparipennées, à folioles profondément dentées, la terminale généralement trilobée. Les feuilles médianes sont sessiles-engainantes, le limbe des plus hautes est souvent atrophié.
Les petites fleurs blanches, jaunâtres ou rosées, forment des ombelles composées. Le fruit est un akène côtelé.
La floraison a lieu de juillet à septembre. C'est une plante commune sur les talus, dans les prairies, sur les pelouses sèches, les versants, les lisières de bois de la plaine jusqu'en montagne. Elle existe dans l'ensemble de l'Europe, du nord de l'Espagne jusqu'en Asie Mineure et en Sibérie occidentale. Introduit en Amérique du Nord, il s'y est complètement naturalisé.
C'est une plante aux propriétés médicinales connues

Chardon Roland, ou roulant

Falcaire commune

Carotte sauvage

Boucage saxifrage

depuis longtemps. Au Moyen Age, on l'utilisait contre la peste et le choléra. On l'ajoutait à la bière pour en corser le goût. Cuit dans du vin blanc sec, la boucage fournissait un «vin herbé» fort apprécié.
De nos jours on récolte la racine qui contient un suc amer, la pimpinelline, des huiles essentielles et des tannins. Ces substances stimulent la sécrétion des muqueuses et ont un léger effet constipant. L'infusion est efficace contre la toux, facilite l'expectoration lors des catarrhes des voies respiratoires. On peut aussi l'ajouter au bain et à l'eau de lavage des plaies paresseuses, ou encore l'appliquer en compresses.
Mais c'est surtout une excellente herbe fourragère que le bétail recherche avidement.

VIPÉRINE COMMUNE — *Echium vulgare L.*
Famille: Borraginacées

C'est une bisannuelle robuste, atteignant parfois 1,20 m de haut et toute couverte de soies caractéristiques, implantées sur des excroissances verruqueuses.
Les tiges simples et droites portent des feuilles alternes allongées-lancéolées, sessiles et fortement couvertes de soies rudes et hérissées.
Les fleurs sont grandes, à calice velu et à corolle en tube oblique, presque bilabié. Elles sont groupées en cymes à l'aiselle des feuilles supérieures, ce qui donne finalement de longues inflorescences cylindriques. Au cours de la floraison, les fleurs passent du rose au bleu, phénomène fréquent dans la famille. Elles sont rarement blanches. Le fruit est un tétrakène verruqueux. La floraison a lieu de mai à octobre sur les coteaux, les collines, souvent aussi le long des voies de chemin de fer, dans les carrières, au bord des routes et dans les décombres. On trouve la Vipérine dans presque toute l'Europe et l'Asie Mineure. Elle est naturalisée en Amérique du Nord.
On l'utilisait autrefois contre les morsures de serpents, l'épilepsie, et comme dépuratif. Les feuilles de la base, à l'état jeune, ont été consommées à la façon des épinards, et elles entrent encore dans la composition de cette salade composée qu'on appelle dans le Midi «mesclun».

BUGLOSSE — *Anchusa officinalis L.*

Le Buglosse est une plante bisannuelle, parfois vivace, de 80 cm de hauteur, toute couverte de poils dressés et rugueux. Les tiges sont droites, à base cordiforme appliquée contre la tige. Les feuilles basiliaires, qui meurent avant la floraison, s'amincissent progressivement en pétioles.
Les fleurs sont d'abord rouges, puis bleu-violet, rarement blanches et elles forment des cymes scorpioïdes bipares et axillaires, serrées, mais qui s'allongent pendant la fructification.
Le fruit est un tétrakène ponctué.
La floraison a lieu de mai à septembre. Le Buglosse affectionne tout particulièrement les talus, les versants secs, les pâtures, les bords des chemins et les décombres de la plaine jusqu'au pied des montagnes, surtout dans les régions chaudes, mais il peut monter jusqu'à 2300 m dans les Alpes.
C'est surtout grâce à l'intervention humaine qu'il s'est répandu à partir de l'Asie orientale jusque dans toute l'Europe. Il a été assez souvent cultivé comme plante ornementale.
Les poils peuvent causer des irritations cutanées et des éruptions de boutons.

NONNÉE — *Nonnea pulla (L.) DC.*

La Nonnée est une plante vivace d'une quarantaine de cm de hauteur, d'aspect blanc ou grisâtre dû à une abondance de poils épais, glanduleux et implantés en touffes.
Les tiges sont droites et rigides, ramifiées seulement au sommet. Les feuilles de la base sont allongées-lancéolées, et s'amincissent progressivement vers le haut pour donner le pétiole. Elles forment une rosette basiliaire peu fournie. Les feuilles caulinaires sont largement lancéolées et sessiles, engainant la tige par leur base. Toutes sont hérisées de poils glanduleux.
Les fleurs courtement pédonculées ont un calice en clochette et une corolle en entonnoir tubuleux. Elles sont d'une couleur brun-violet remarquable, mais peuvent aussi plus rarement être blanchâtres ou jaunâtres. Elles forment de courtes cymes à l'aisselle des feuilles supérieures.
Les fruits sont des polyakènes striés ovoïdes.
La floraison a lieu de mai à août sur les talus, les coteaux ensoleillés, le long des chemins des champs, de la plaine jusqu'aux collines des régions plutôt chaudes.
La Nonnée est originaire de l'Europe du Sud-Est (steppe à Alfa) d'où elle s'est répandue sur les bords de la mer Noire jusqu'en Europe centrale. Il semble qu'elle n'a jamais été signalée en France.

BUGLE RAMPANTE — *Ajuga reptans L.*
Famille: Labiacées

La Bugle rampante est une herbe vivace qui atteint 30 cm de haut, pourvue d'une courte souche et de longs rejets feuillés et traçants.
Les tiges sont droites, simples, quadrangulaires, souvent lavées de pourpre ou de violet. La plante a aussi une rosette de feuilles basiliaires dont le limbe s'amincit progressivement en pétiole. Les feuilles caulinaires sont entières ou crénelées et diminuent de taille vers le sommet de la pousse pour donner des bractées.
Les fleurs à calice en clochette présentent une corolle découpée jusqu'au milieu, d'une belle couleur bleu-violet, rarement rose, parfois blanche, à lèvre inférieure profondément divisée. Elles sont portées par de courts pédoncules axillaires et forment des épis pauciflores fermés. Le fruit est un tétrakène.
La floraison a lieu de mai à août sur les talus, les pentes herbeuses, à la lisière des bois ensoleillés, de la plaine jusqu'à la montagne. C'est une plante commune dans toute l'Europe, l'Asie, la Perse et la Tunisie. On l'a autrefois considérée comme médicinale: sa légère amertume la faisait utiliser comme dépurative et rafraîchissante.

SERPOLET — *Thymus serpyllum L.*

Le Serpolet est une plante herbacée semi-ligneuse à port en coussinets, aux rameaux légèrement lignifiés à la base, couchés ou ascendants. Les tiges souvent anguleuses sont velues, soit entièrement, soit sur plusieurs lignes. Les feuilles sont linéaires à ovoïdes ou arrondies et diversement velues, mais toujours brièvement.
Les fleurs à calice en clochette tubulaire et à corolle plus ou moins pourpre allant jusqu'au violet sombre sont groupées en épis fermés, sphériques ou légèrement étirés, souvent interrompus dans leur partie inférieure. Les fruits sont des polyakènes ovoïdes.
C'est un habitant caractéristique des pentes sèches, des versants pierreux, de vieux murs et d'autres lieux analogues. Il peut vivre dans la plus grande partie de la zone tempérée d'Europe et d'Asie. Il remonte jusqu'au Kamtchatka au nord, on le trouve aussi en Sibérie septentrionale, en Islande et au Groenland. Il s'étend jusqu'en Inde et peut survivre dans l'Himalaya à une altitude de 4500 m.
Il contient des huiles parfumées à base de thymol qui

Buglosse

Vipérine commune

Nonnée

Bugle rampante

Serpolet précoce

est 25 fois plus actif que le phénol. Il a l'avantage de n'être pas toxique et de ne pas attaquer les tissus, de causer à peine une irritation locale, et de supprimer les mauvaises odeurs. On trouve aussi dans la plante des substances bactéricides, des tannins, etc.
C'est un simple connu depuis longtemps: la tisane de Serpolet calme la toux et facilite l'élimination des glaires. Elle a aussi des vertus digestives. A l'extérieur, le Serpolet sert à faire des compresses sur les plaies suppurantes qu'il déterge et on peut l'ajouter au bain des enfants. Autrefois, le miel de Serpolet servait à embaumer les corps des défunts de marque.
Il sert aussi plus prosaïquement, d'assaisonnement dans les sauces de la cuisine méridionale.
Il en existe de nombreuses «petites espèces» qu'on rassemble d'habitude sous le nom de *Thymus serpyllum L.*
La planche représente le Serpolet précoce *(Thymus praecox OPIZ.)*

BRUNELLE COMMUNE — *Brunella vulgaris L.*

Vivace, mais parfois seulement bisannuelle, la Brunelle commune présente des tiges de 40 cm de haut à peine ramifiées, couvertes de soies espacées, ascendantes, souvent brunâtres ou violacées.
Les feuilles de la rosette basiliaire sont longuement pétiolées et disposées en 2 à 6 paires. Les feuilles supérieures sont sessiles et la paire extrême se situe juste sous l'inflorescence.
Les fleurs à corolle d'un bleu-violet, petites, rarement blanches, se caractérisent par une lèvre supérieure haute et arquée. Elles sont disposées en épi fermé relativement court et prennent naissance à l'aisselle de bractées ovoïdes-cordiformes et longuement aiguës. Les fruits sont des polyakènes arrondis.
La floraison a lieu de mai à septembre. La Brunelle commune fleurit abondamment le long des champs, dans les pâtures sèches, les coteaux et le long des chemins.
On la trouve dans presque toute l'Europe, en Asie tempérée, et en Afrique du Nord. En Asie orientale, en Amérique de Nord, au Mexique, au Chili et en Australie, elle a sans doute été introduite.
Les jeunes feuilles sont parfois consommées en salade et la médecine populaire utilisait autrefois le jus frais comme topique sur les plaies et les abcès.
Elle donne une bonne odeur au foin. Quand plusieurs espèces de Brunelles croissent ensemble, elles ont tendance à s'hybrider, et il devient alors très difficile de les déterminer.

SAUGE DES PRÉS — *Salvia pratensis L.*

C'est une herbe vivace qui dépasse 50 cm de haut et qu'on reconnaît à son parfum faible mais agréable. Les tiges sont le plus souvent droites, parfois un peu arquées, à la base, rugueuses et glanduleuses au sommet.
Elles prennent naissance au sein d'une rosette de feuilles basiliaires, largement et longuement lancéolées, qui portent une nervation en réseau caractéristique et aux marges légèrement crénelées ou lobées. Les tiges portent parfois de petites feuilles sessiles disposées en 1 à 3 paires.
Les grandes fleurs bleues, rarement roses ou blanchâtres, présentent une courte lèvre inférieure, tandis que la supérieure décrit une voûte arquée. Elles sont disposées en verticilles pauvres à l'aisselle de petites bractées. L'ensemble forme un épi fermé. Les étamines sont munies d'un dispositif de levier: lorsqu'un insecte en quête de nectar pénètre dans la fleur, il actionne une pédale qui lui plaque sur le dos l'autre bras de l'étamine qui porte l'anthère. Le pollen se déverse alors sur le dos de l'insecte. On peut vérifier facilement le bon fonctionnement de cet ingénieux mécanisme en introduisant dans la gorge de la fleur un brin d'herbe: l'étamine et son anthère sont immédiatement repoussés au-dehors. Le fruit est un tétrakène.
La floraison a lieu de mai jusqu'en août sur les pelouses sèches, les prairies, les talus et les coteaux des régions chaudes, de la plaine jusqu'à la montagne.
Sur les coteaux secs du bassin méditerranéen, on trouve une Sauge aromatique et médicinale:

SAUGE OFFICINALE, ou TOUTE-BONNE — *Salvia officinalis L.*

C'est un arbrisseau qui ne dépasse guère 60 cm de haut, et qui forme des touffes épaisses et presque sphériques. Les rameaux sont tomenteux et contiennent une forte quantité d'essence aromatique. Ils servent à la préparation de bains de bouche ou d'infusions excitantes, et peuvent être utilisés en compresses. Cette Sauge ne manque dans aucun jardin méditerranéen, car elle est utilisée en cuisine pour parfumer les sauces et les ragoûts, et aussi pour envelopper les viandes qui doivent être rôties à la flamme.

SAUGE VERTICILLÉE — *Salvia verticillata L.*

C'est encore une Sauge vivace de grande taille puisqu'elle dépasse 50 cm, toute densément velue, à tiges fortes, feuillées et rameuses.
Au moment de la floraison seules persistent les feuilles caulinaires, cordiformes ou hastées, parfois ovoïdes, irrégulièrement crénelées, les inférieures pétiolées, les supérieures presque sessiles.
Les fleurs à corolle d'un violet vif prennent naissance à l'aisselle de courtes bractées et forment un épi dense qui peut comporter jusqu'à une trentaine de fleurs. Après la floraison, l'inflorescence s'incline vers le sol.
La Sauge verticillée fleurit de juin à septembre, surtout sur les talus, les coteaux ensoleillés, le long des chemins et sur les remblais des routes et des voies de chemin-de fer, surtout dans les endroits chauds de la plaine. En France, elle est plus commune au sud de la Loire.
Cette plante est sans doute originaire de l'Asie Mineure, de la Perse et de la Syrie, d'où elle s'est étendue vers l'Europe en avançant vers l'ouest.
Son odeur désagréable lui enlève toute espèce d'usage.

ORIGAN (MARJOLAINE) — *Origanum vulgare L.*

L'Origan, plus connu sous le joli nom de Marjolaine, est aussi une Labiacée vivace qui peut dépasser 50 cm de hauteur, à souche ligneuse et ramifiée et à tiges droites, feuillées, généralement de couleur rougeâtre, ramifiées dans leur partie supérieure. Les rameaux sont axillaires, souvent courts et toute la plante est velue et agréablement parfumée.
Courtement pétiolées, les feuilles sont allongées à ovoïdes, peu dentées ou même entières. Les bractées présentent le même aspect et sont souvent lavées de violet.
Les fleurs sont petites, incarnat foncé, rarement blanches. Elles sont groupées par 1—3 verticilles rassemblés en un capitule compact. L'ensemble des capitules présente la disposition d'une panicule cymoïde qui prend naissance à l'aisselle des bractées. Le fruit est un polyakène brun.
La floraison a lieu de juillet à septembre, surtout sur les talus, les coteaux chauds, les bords des sentiers, les lisières des forêts ou des taillis et dans les pâtures. C'est une excellente plante mellifère, et dans le Midi de la France elle entre dans diverses préparations culinaires.

Brunelle commune

Sauge des prés

Sauge verticillée

Origan (Marjolaine)

Bouillon blanc (Bonhomme)

Molène à mèches

Molène pourpre, ou de Phénicie

Molène à grandes fleurs

BOUILLON BLANC (BONHOMME) — *Verbascum thapsus L.*
Famille: Scrofulariacées

C'est une plante bisannuelle presque géante qui peut atteindre et dépasser 2 m de hauteur, d'une couleur blanchâtre due à une toison de poils groupés en touffes aplaties. La première année on ne voit se former que la rosette terrestre formée de grandes feuilles allongées-ovoïdes finement dentées qui s'amincissent en pétiole à la base. Au cours de la deuxième année la rosette donne naissance à une tige longue et puissante couverte de feuilles lancéolées dont le pétiole se prolonge sur la tige jusqu'à la feuille immédiatement inférieure.

Les fleurs atteignent 2 cm de diamètre. La corolle jaune d'or a la forme d'un entonnoir et les filets des deux étamines inférieures sont environ 4 fois plus longs que les anthères, et glabres, ceux des étamines supérieures, sont blancs et veloutés. Les fleurs sont groupées par bouquets de 2 à 7 à l'aisselle de bractées ovoïdes et forment un long épi simple, mais la plante peut aussi être ramifiée en candélabre. Ces fleurs ne durent qu'un jour, mais sont constamment remplacées par des fleurs nouvelles.

Les fruits sont des capsules pleines de nombreuses petites graines noires.

On voit le Bouillon blanc fleurir de juillet à septembre sur les coteaux ensoleillés, les talus, plus rarement dans les pâtures. Sa station favorite semble être constituée par les remblais frais, les dépotoirs et les terrains vagues.

Il est commun en Europe centrale et du Sud, mais remonte jusqu'au nord de l'Angleterre et en Scandinavie. A l'est on le trouve jusqu'en Asie occidentale. C'est une espèce très variable et on rencontre une abondance de formes et d'hybrides avec les autres espèces du genre.

On récolte à des fins médicinales les corolles et les étamines, en attendant que le soleil ait fait évaporer la rosée. D'une saveur miellée, le remède contient du mucilage, des sucres, et des saponines. L'infusion des fleurs calme les toux irritantes, la coqueluche, les bronchites, facilite l'expectoration, dénoue les crampes et a des effets anti-inflammatoires. A l'extérieur elle agit contre les abcès des jambes et les hémorroïdes. Les feuilles s'utilisent également en cataplasmes émollients. Il arrive qu'on cultive le Bouillon blanc, mais il faut prendre garde aux graines qui sont toxiques.

Une espèce semblable mais de plus grande taille est la

MOLÈNE À GRANDES FLEURS — *Verbascum phlomoides L.*

Cette espèce est encore plus haute que la précédente. Elle est aussi velue et ses fleurs sont plus grandes. D'autre part les feuilles se prolongent sur la tige jusqu'à la feuille inférieure. Elle se trouve dans les mêmes endroits, et jouit des mêmes propriétés.

MOLÈNE À MÈCHES — *Verbascum lychnitis L.*

C'est encore une bisannuelle, comme toutes les plantes de ce genre. Les tiges ramifiées sont abondamment feuillées. Les feuilles basiliaires sont subovoïdes et s'amincissent en un court pétiole, les caulinaires sont subovoïdes ou lancéolées, presque sessiles.
Les fleurs jaunes à corolle ronde sont disposées en bouquets et forment une panicule pyramidale. Les filets des étamines sont blancs et laineux.
Le fruit est une capsule.
La floraison a lieu de juin à septembre sur les talus, les coteaux secs et les lisières des bois, de la plaine jusqu'au pied de toutes les montagnes de toute l'Europe, jusqu'au Caucase et en Asie Mineure.

MOLÈNE POURPRE, ou DE PHÉNICIE — *Verbascum phoeniceum L.*

Bisannuelle ou vivace, cette Molène dépasse aisément 1 m de hauteur. Elle est velue dans sa partie inférieure, glanduleuse au sommet et est pourvue d'une grosse racine tuberculeuse.
Les feuilles de la rosette sont allongées-ovoïdes ou cordiformes, toujours longuement pétiolées, les supérieures sessiles, les dernières se transformant progressivement en bractées.
Les fleurs atteignent 3 cm de diamètre. Elles présentent une corolle ronde de couleur violet sombre, parfois rouge, ou brunâtre, parfois blanche. Elles sont longuement pédonculées et forment une grappe terminale simple. Les étamines sont couvertes de poils violets. Le fruit est une capsule terminée par un bec.
La Molène pourpre fleurit de mai à juin sur les coteaux chauds ou même steppiques, les pelouses sèches, les talus et les pâtures. Elle peut aussi bien vivre sur les pierrailles et les pentes sableuses, de la plaine jusqu'aux collines, mais en pays chauds.

Fréquente en Europe centrale où elle s'étend jusqu'au centre de l'Italie et à la péninsule Balkanique, présente également en Asie occidentale, elle est absente en France, où cependant elle a été cultivée autrefois. Les catalogues de fleuristes d'avant la guerre de 1914—1918 en offraient des graines.

LINAIRE CUMMUNE — *Linaria vulgaris MILL.*

C'est une autre herbe vivace qui atteint 50 cm de hauteur à souche traçante et à tiges généralement simples, densément couvertes de feuilles alternes, linéaires, un peu glauques, lancéolées et sessiles.
Les fleurs naissent à l'aisselle de bractées et forment une grappe d'abord conique, puis allongée. La corolle est jaune de soufre et porte une tache orangée sur la voûte arquée de la lèvre inférieure. Elle se termine par un éperon courbe.
Le fruit est une capsule biloculée qui contient une grande quantité de petites graines.
La floraison a lieu de juin à octobre sur les talus, les friches, les pentes sèches et le long des chemins et des voies ferrées de la plaine jusqu'en montagne.
C'est une plante répandue dans toute l'Europe et en Asie occidentale, à l'exception du Grand Nord. L'abondance de ses graines et surtout son caractère traçant en font une mauvaise herbe parasite des cultures, et surtout gênante pour celle du Lin.
La Linaire commune est médicinale. Elle est récoltée pour entrer dans la composition de médicaments anti-inflammatoires, laxatifs, ou renforçant la solidité des artères.

Linaire commune

Véronique petit-chêne

VÉRONIQUE PETIT-CHÊNE — *Veronica chamaedrys L.*

C'est une plante vivace d'un trentaine de cm de hauteur, à tiges ascendantes et qui portent deux rangées de poils, parfois un peu ramifiées.
Les feuilles sont opposées, ovoïdes-elliptiques, dentées. Les fleurs d'un bleu d'azur, rarement blanches ou rosées ont un calice de type 5 et une corolle ronde qui tombe d'une seule pièce sitôt la floraison achevée. Elles sont groupées en courtes grappes à l'aisselle des feuilles supérieures.
Le fruit est une capsule subcordiforme, velue.
C'est une jolie plante des talus, des pelouses sèches, des prairies, des lisières et des haies. Elle fleurit de mai jusqu'en juin de la plaine jusqu'en haute montagne.
La Véronique petit-chêne est commune dans l'ensemble de l'Europe à l'exception des régions les plus nordiques et les plus méridionales. On la trouve aussi en Asie occidentale et septentrionale. Elle s'étend jusqu'aux Canaries et monte jusqu'à 2000 m dans les Alpes.
Amère et stimulante, elle est couramment utilisée en France en infusions, et elle entre dans la composition du «thé suisse».

VÉRONIQUE EN ÉPI — *Veronica spicata L.*

C'est une plante vivace qui peut mesurer jusqu'à 70 cm, à tiges droites, parfois un peu ramifiées au sommet. Généralement opposées, les feuilles sont parfois alternes au sommet de la tige; elles sont sublancéolées et s'appliquent sur la tige par leur base cunéiforme, parfois brièvement pétiolées, et elles présentent des marges dentées.
Les fleurs d'un bleu clair ou violacées, parfois blanches, sont portées par des pédoncules plus courts que les bractées et sont groupées en grappes fournies et très longues (jusqu'à 30 cm).
Le fruit est une capsule subcordiforme et glanduleuse.
La floraison a lieu de juin jusqu'en septembre sur les pentes ensoleillées, les clairières, etc. de la plaine jusqu'au pied des montagnes, surtout dans les régions à climat chaud.
Cette Véronique est commune dans toute l'Europe moyenne et remonte jusqu'au sud de la Suède et de la Norvège. On la trouve aussi au sud de l'U.R.S.S. et dans les Balkans.
On la cultive souvent pour la beauté de ses longs épis de fleurs dans les plates-bandes de plantes vivaces.

GAILLET JAUNE — *Galium verum L.*
Famille: Rubiacées

Le Gaillet jaune est une plante vivace pui atteint 1 m de haut. Il possède des racines traçantes qui donnent naissance à de nombreux rejets courts. Les tiges ramifiées sont dressées ou ascendantes et munies de 4 longues lignes saillantes.
Les feuilles linéaires sont disposées en verticilles par 8—12, tomenteuses sur le revers et elles présentent une nervure centrale très apparente.
Les fleurs sont d'un jaune intense, très petites et disposées en riches panicules terminales. La corolle est quadripartite.
Les fruits nus peuvent être lisses ou verruquex.
Le Gaillet jaune fleurit de mai jusqu'en septembre mais aussi souvent jusqu'en automne. Il est fréquent sur les pentes, les talus, les pâtures et les lieux sableux de toute l'Europe, de l'Asie Mineure et Perse.
Outre la propriété qu'ont les feuilles de faire cailler le lait, elles sont utilisées dans la tradition française comme infusion diurétique contre la goutte.

MOLLUGINE — *Galium mollugo L.*

La Mollugine est un Gaillet vivace qui dépasse 1 m de haut, à forte souche ramifiée et rampante. Les tiges rameuses sont couchées-ascendantes et peuvent grimper en s'appuyant sur la végétation environnante.
Les feuilles linéaires d'un vert profond sur le revers sont disposées en verticilles nombreux par 4—6.
Les petites fleurs blanches sont disposées en riches panicules aux extrémités des tiges et des rameaux. Les lobes de la corolle portent des prolongements aristés caractéristiques. Le fruit est un peu verruqueux.
La floraison a lieu pendant tout l'été et se prolonge en automne. C'est une plante abondante sur les talus, les coteaux, les pâtures et les pelouses sèches de la plaine jusqu'à la montagne. La Mollugine est banale dans toute l'Europe, le Caucase, les régions septentrionales de l'Asie Mineure et en Inde orientale, jusqu'à Ceylan et en Birmanie. Elle ne manque en Europe qu'en Scandinavie arctique, au sud des îles italiennes et en Grèce.

CAMPANULE AGGLOMÉRÉE — *Campanula glomerata L.*
Famille: Campanulacées

C'est une plante vivace qui peut atteindre 60 cm de

haut et toute couverte de soies raides. Les tiges sont simples à angles obtus.

Les feuilles inférieures sont ovoïdes-lancéolées ou allongées, pétiolées et finement crénelées, les autres plus petites et sessiles, appliquées contre la tige par leur base arrondie.

Les fleurs en clochette sont violettes, rarement blanches et le calice est couvert de soies. Elles sont groupées en têtes terminales, mais peuvent aussi prendre naissance à l'aisselle de feuilles supérieures.

Le fruit est une capsule qui porte à la base 3 fentes de déhiscence.

La floraison a lieu de juin à septembre sur les coteaux pierreux, les pentes herbeuses et les pâtures de la plaine jusqu'en montagne. La Campanule agglomérée est répandue dans l'ensemble de l'Europe, au nord jusqu'aux confins de la Suède, dans le Caucase et en Arménie.

C'est une espèce très variable qui se présente sous une quantité d'aspects. Les plus belles variétés sont souvent cultivées dans les jardins de plantes vivaces où elles croissent sans aucun soin particulier.

Gaillet jaune

Mollugine

Véronique en épi

CARLINE ACAULE — *Carlina acaulis L.*
Famille: Composacées

On reconnaît facilement la Carline acaule à sa tige nulle ou très courte, et dans ce cas toujours simple et densément feuillée.

Les feuilles sont disposées en une rosette basiliaire très décorative: c'est un soleil plaqué contre le sol. Les feuilles ont un contour allongé et sont 1 à 2 fois pennatiséquées, raides, irrégulièrement dentées et piquantes.

Le centre de la rosette donne naissance à un seul grand capitule qui peut atteindre 15 cm de diamètre. Les bractées externes de l'involucre sont foliacées, les médianes sont brunes et dentées épineuses. Les bractées internes, linéaires, blanches et brillantes sur l'avers, jaunes au revers, simulent les ligules externes de l'inflorescence. Celle-ci se compose de fleurons tubulaires blancs ou rosés. Par mauvais temps les bractées blanches se replient et protègent de la pluie les fleurs intérieures. Elles s'ouvrent en étoile au soleil.

La floraison a lieu de juillet à septembre sur les talus, les coteaux secs et chauds, les pâtures et les pentes pierreuses de la plaine jusqu'à la montagne. En France cette plante se trouve surtout sur les montagnes moyennes, au-dessus de 600 m.

Carline acaule

Campanule agglomérée

Elle est répandue en Europe centrale et méridionale et dans les régions centrales de l'U.R.S.S.

La racine est amère et fortement aromatique. Elle est connue depuis longtemps pour ses propriétés médicinales. Les herboristes la vendaient sous le nom de «racine de jonc», «racine d'artichaut sauvage», etc. On la trouvait aussi souvent dans les jardins des monastères où elle était cultivée comme une herbe miraculeuse. On la trouve encore cultivée dans certains pays méridionaux où sa racine moelleuse est très appréciée en salade. En France elle semble être sortie complètement de l'usage, sinon que les montagnards la piquent sur un volet de leur maison, où elle annonce non pas le temps qu'il fera, mais celui qu'il fait, car elle se referme quand il pleut.

La racine contient une grande quantité d'essences parfumées, du carlinoxyde, de la carline, des tannins et de la résine. Toutes ces substances sont diurétiques et sudorifiques, elles sont apéritives et antibactériennes. C'est pourquoi on la récolte encore comme matière première de certains médicaments et pour la confection de tisanes, etc. La poudre de racine augmente l'appétit du bétail.

Depuis quelques années, la mode étant revenue des bouquets secs, les fleuristes spécialisés en font une grande consommation.

Le nom du genre est censé rappeler la mémoire de Charlemange : alors que son armée était menacée d'une épidémie de peste, un ange lui apparut et lui conseilla de donner cette plante aux soldats comme remède . . . Plus vraisemblablement, le nom vient tout simplement de l'italien carlina.

CHARDON DORÉ — *Carlina vulgaris L.*

D'habitude bisannuel, le Chardon doré peut parfois être vivace. C'est une plante herbacée d'une cinquantaine de cm de haut tout au plus, à tige rigide, droite et anguleuse, parfois ramifiée au sommet.

Les feuilles de la rosette sont allongées-lancéolées, raides, et elles présentent un revers couvert de poils arachnéens. Les feuilles caulinaires sont ovoïdes-allongées, embrassantes par leur base cordiforme, les supérieures se transformant en bractées épineuses et ciliées groupées sous le capitule.

L'inflorescence est solitaire et termine les tiges et les rameaux. Ici aussi, les bractées externes de l'involucre sont foliacées, les médianes épineuses à la façon d'un peigne, les internes linéaires et jaunâtres, simulant des fleurs ligulées qui se déploient au soleil. Les fleurs tubulaires sont jaunes, rougeâtres au sommet.

Le fruit est un akène aux soies brillantes et rousses qui portent une aigrette soyeuse.

La floraison a lieu de juillet à septembre sur les pâtures sèches, les coteaux et les talus de la plaine jusqu'en montagne.

Le Chardon doré est commun dans toute l'Europe, au nord jusqu'en Norvège, en Sibérie, dans le Caucase et en Transcaucasie.

PILOSELLE, ou ÉPERVIÈRE — *Hieracium pilosella L.*

La Piloselle est une plante vivace d'une trentaine de cm de haut, aux longs rejets fins, blancs, tomenteux et peu feuillés. La rosette est formée de feuilles ovoïdes-lancéolées à revers tomenteux. Les pousses portent des feuilles plus petites, dont la taille diminue vers l'extrémité.

Les tiges sont nues et portent toujours un seul capitule terminal de fleurs ligulées jaunes. L'envers des fleurs externes est rayé de roux. Les bractées de l'involucre sont linéaires, de couleur gris-vert, à marge velue.

Les fruits sont de nombreux akènes soyeux.

La Piloselle fleurit de mai jusqu'en automne sur les talus, le long des chemins et dans les situations les plus arides de la plaine jusqu'en montagne. On la trouve dans la plus grande partie de l'Eurasie tempérée.

Les Epervières présentent une infine variété de types et d'hybrides qui font le désespoir des botanistes qui veulent les déterminer, et les laissent presque toujours aux spécialistes de ce genre difficile entre tous.

JACÉE — *Centaurea jacea L.*

La Jacée est une plante vivace qui peut atteindre 1,50 m de haut, à souche ramifiée croissant dans plusieurs directions, et à tiges droites, anguleuses et plusieurs fois ramifiées.

Les feuilles de la rosette sont ovoïdes à lancéolées, et s'amincissent progressivement en pétioles. Elles peuvent être lobées à pennatiséquées et ont un bord denté.

Les feuilles caulinaires sont lancéolées, sessiles, et se transforment progressivement en bractées vers le sommet.

Les fleurs d'un rose pourpé forment des capitules solitaires au sommet des rameaux. Les fleurs externes sont plus grandes et rayonnantes. Comme chez la plupart des Centaurées, les anthères sont excitables et rétractiles.

Les fruits sont des akènes nus.

La floraison a lieu de juin à septembre sur les talus, les pâtures sèches, les coteaux et le long des chemins de la plaine jusqu'en montagne. Elle est répandue dans toute l'Europe, en Asie septentrionale, dans le

Caucase et en Arménie. On l'a décrite aussi du sud-ouest de l'Afrique.
C'est une espèce variable et polymorphe: ses formes, parfois considérées comme véritables espèces sont peut-être tout simplement fonction des habitats qu'elle occupe.
C'est dans les mêmes endroits qu'on trouve la

CENTAURÉE SCABIEUSE — *Centaurea scabiosa L.*
et la
CENTAUREA STOEBE *(L.) SCH. THELL.*

ACHILLÉE MILLE-FEUILLES (HERBE AUX CHARPENTIERS) — *Achillea millefolium L.*

Vivace, mesurant de 50 à 70 cm de haut, l'Achillée mille-feuilles présente une souche ramifiée et traçante, et des tiges rigides, velues et feuillées, abondamment ramifiées à la hauteur de l'inflorescence. Toute la plante dégage une odeur d'abord aromatique et agréable, mais qui évoque fâcheusement celle d'un chien mouillé quand elle est enfermée dans un local clos, où elle est insupportable.
Les feuilles sont alternes, 2 fois pennées, à pinnules linéaires-lancéolées.
L'extrémité des tiges porte de petits capitules disposés en panicules corymbiformes: les fleurs centrales sont d'un blanc sale; les périphériques, ligulées, au nombre de 5 au plus sont blanches ou roses et plus courtes que l'involucre.
L'Achillée mille-feuilles abonde sur les talus, les coteaux, les friches, les décombres, le long des chemins de la plaine jusqu'à la montagne. Elle fleurit de juin à octobre.
On la trouve dans toute l'Europe, en Sibérie, et jusqu'à l'Himalaya. Au nord elle monte jusqu'en Islande. Elle s'est naturalisée en Amérique du Nord, en Australie du Sud et en Nouvelle-Zélande.
C'est une plante médicinale connue de tout temps. Les capitules contiennent une essence volatile qui comporte de l'azulène, des alcaloïdes et des tannins, un glucoside, l'achilléine, de l'inuline, les acides acétique et propionique et toute une série d'autres substances, notamment des éléments fluorescents et photosensibles.
Elle sert à préparer une infusion digestive qui combat l'inappétence et la toux. On a constaté aussi son influence sur la tension artérielle, et ses effets anti-inflammatoires, coagulants et cicatrisants. Elle peut

Jacée

Chardon doré

Piloselle, ou Épervière

Achillée mile-feuilles (Herbe aux charpentiers)

Luzule des champs

également être utilisée en gargarismes, être ajoutée au bain, ou servir pour déterger les plaies. Dans la tradition française, c'est surtout son suc qui est utilisé pour arrêter les hémorragies externes, et de là vient son nom d' «Herbe aux charpentiers», corps de métier où on se coupe souvent.

Cependant, son utilisation prolongée peut causer des vertiges, des céphalées, et même un état de stupeur.

Plumet

LUZULE DES CHAMPS — *Luzula campestris LAM. et DC.*
Famille: Joncacées

La Luzule des champs est pourvue d'une souche traçante qui émet des touffes lâches de 10 à 50 cm de haut. Les tiges sont dressées et dépassent les feuilles étroites, linéaires et couvertes de soies denses.

La tige porte une ombelle terminale d'épillets composés de petites fleurs. Les pièces florales mesurent environ 3 mm de longueur; elles sont de couleur brune et bordées d'une large marge scarieuse.

Les fruits sont des capsules qui contiennent plusieurs graines munies de longs appendices.

La Luzule des champs est une des premières messagères du printemps: elle fleurit de mars à mai sur les talus, les coteaux arides et herbeux, les prairies, les pâtures et les lisières des bois.

On la trouve en fait dans le monde entier, mais dans les régions tropicales, elle n'existe que dans les montagnes.

Stipe chevelue

STIPE CHEVELUE — *Stipa capillata L.*
Famille: Graminacées

La Stipe chevelue est une grande herbe vivace qui peut mesurer 1 m de hauteur, et qui forme des touffes denses de couleur glauque. Les tiges sont nettement genouillées, mais les nœuds sont recouverts par les longues gaines foliaires.

Les feuilles velues sont repliées en gouttière et rugueuses sur les bords; la ligule atteint 8 mm.

Le sommet de la tige porte une panicule lâche, uniquement formée d'épillets de 1—5 fleurs supportés par des rameaux filiformes. Les glumes sont vertes, brièvement aristées, les glumelles inférieures se terminent par une longue arête qui peut atteindre une quinzaine de cm, dépourvue de longs poils, contrairement aux autres espèces du genre.

Le fruit est un caryopse.

La floraison a lieu de juin à août sur les pentes sèches

et chaudes et les coteaux steppiques des basses altitudes.
C'est une espèce commune surtout dans la zone méditerranéenne et les régions les plus chaudes de l'Europe centrale. A l'est elle s'étend jusqu'en Sibérie et au Turkestan, la Perse septentrionale et les régions caucasiennes. Elle peut former de grandes colonies très étendues en Europe du Sud et du Sud-Est.
On rencontre une espèce voisine:

PLUMET — *Stipa pennata L.*

Les arêtes sont beaucoup plus longues que chez l'espèce précédente et très plumeuses. A maturité elles flottent longuement dans le vent et leurs taches blanches sont visibles de très loin. On teint cette herbe de diverses couleurs, et elle se vend pour faire des bouquets secs sous le nom de «Barbe de saint Jean».

VÉGÉTAUX LIGNEUX

ÉPINE VINETTE — *Berberis vulgaris L.*
Famille: Berbéridacées

C'est un arbuste qui peut atteindre de 2 à 3 m, à l'écorce lisse et aux feuilles alternes qui se transforment sur les rameaux en épines palmées 2—7-partites. A leurs aisselles prennent naissance de courts rameaux qui portent des touffes de feuilles à peine pétiolées, ovoïdes-allongées et fortement dentées. Ces feuilles se teignent en automme d'un rouge vraiment superbe. Les fleurs dégagent une odeur forte, caractéristique et peu agréable. Elles sont portées en grappes retombantes, d'une belle couleur jaune. Les étamines sont excitables, et permettent de ce fait une facile fécondation par les insectes.
Les fruits sont de petites baies allongées, d'un beau rouge clair translucide et brillant, de saveur acidulée. La floraison a lieu d'avril à juin sur les coteaux ensoleillés, les pentes buissonneuses, les talus et les lisières des bois de l'Europe moyenne, du Sud et de l'Est, jusqu'à l'Himalaya. Elle est naturalisée en Amérique du Nord et peut monter jusqu'à 2310 m dans les Alpes. C'est par ailleurs une espèce très variable.
Toute la plante contient un alcaloïde, la berbérine, surtout abondante dans l'écorce amère des racines. On la récolte comme matière première de la fabrication de certains médicaments. On a utilisé aussi les fruits pour leurs propriétés plus ou moins réelles. L'écorce peut fournir un colorant autrefois utilisé pour teindre en jaune la laine et les cuirs. Le bois est d'une belle couleur jaune. On l'utilise en marqueterie, en tournage, et pour la fabrication de cure-dents.
Les baies rouges contiennent beaucoup d'acide malique auquel elles doivent leur goût aigrelet. Elles sont également riches en vitamine C. On en fait de très agréables confitures, des sirops, des gelées, et on s'en sert pour colorer certaines pâtisseries.
Les feuilles portent souvent des verrucosités en forme de boutons: il s'agit du stade œcidien de la Rouille du blé *(Puccinia graminis PERS.)*. Les spores attaquent ensuite les céréales cultivées et peuvent provoquer de grosses pertes en rendement. C'est pourquoi cet arbuste s'est raréfié, car dans beaucoup de régions de France son arrachage avait été obligatoire au siècle passé pour éviter l'invasion de ce Champignon parasite.

ÉGLANTIER — *Rosa canina L.*
Famille: Rosacées

C'est un arbuste souvent touffu et robuste, aux rameaux pendants, épineux, qui meurent au bout de 3 ou 4 ans et sont constamment remplacés par de nouveaux rejets. Les épines ont une assise large, elles sont recourbées en serpe et très acérées.

Épine vinette

Églantier

Merisier

Prunellier (Épine noire)

Les feuilles comportent 5—7 folioles ovoïdes et pointues à bords dentés.
Les jolies fleurs rose pâle ou blanches sont groupées par 2 à 4 aux extrémités des rameaux. Les sépales sont concrescents et forment un réceptacle en forme de coupe fermée qui contient de nombreux ovaires. Ce réceptacle devient charnu et se colore en rouge à la maturité pour donner un fruit, le cynorrhodon, vulgairement «gratte-cul». Ces fruits de forme ovoïde-allongée sont pleins d'une quantité d'akènes très durs recouverts de courst poils raides qui se plantent facilement dans la peau ou les gencives.
C'est l'espèce de Rose sauvage la plus commune et la mieux connue de toute l'Europe. On trouve l'Eglantier sur les pentes ensoleillées et broussailleuses, sur les talus des routes et les lisières des bois, etc. de la plaine à la montagne.
Il est commun partout sauf dans l'extrême nord, en Asie et en Afrique du Nord. Il s'est naturalisé en Amérique du Nord.
On appelle les fruits, en Europe centrale, «oranges du nord», et c'est à juste titre, car ils contiennent une grande quantité de vitamine C. On les récolte souvent pour les faire sécher et en tirer une infusion qui joint l'agrément de sa saveur à ses vertus médicinales. Préparée correctement, cette infusion conserve 60 % des vitamines initiales. On en cultive certaines variétés à gros fruits pour cet usage. On peut en faire une espèce de vin, et surtout une délicieuse confiture, si on prend soin de récolter les fruits après les premières gelées.
La fleur fournit souvent un motif décoratif utilisé dans les arts populaires et en héraldique.
Les branches de l'Eglantier portent souvent des excroissances sphériques de longs poils roux. Ce sont des galles provoquées par la piqûre d'un hyménoptère, *Rhodites rosea L.* et qui portent le nom de «bédégar». Ajoutons que la tige bien venue d'un églantier est le porte-greffe idéal des roses cultivées.

MERISIER — *Prunus avium L.*

Le Merisier vrai peut être un grand arbre, mais aussi un simple arbuste, ou même un arbrisseau étalé à branches lisses et blanchâtres.
Les feuilles pétiolées présentent un limbe mince, de couleur claire, légèrement duveteux sur le revers. Elles sont subovoïdes à allongées et grossièrement bidentées. La base est cunéiforme et porte deux petites

glandes sphériques. Le fruit est une drupe brillante, ronde, plus ou moins amère, de couleur rouge noirâtre, parfois rose.

La floraison a lieu d'avril à mai sur les coteaux buissonneux, les remblais, les hauts talus et dans les bois clairs de la plaine jusqu'au pied des montagnes.

Les fleurs pédonculées à corolle blanche sont disposées en bouquets.

Son extension rapide est surtout due à l'action des oiseaux qui disséminent et transportent les noyaux non digérés. En Europe, la variété *sylvestris (KIRSCHL.) DIERB.* existe depuis la fin de l'âge de la pierre, comme le montrent les noyaux retrouvés dans les cités lacustres.

On a depuis longtemps sélectionné le Merisier et on en a obtenu un grand nombre de variétés, les Bigarreaux à chair ferme, et les Guignes à chair molle d'autre part. Mais ces variétés ne peuvent se maintenir que par la greffe, car le semis retourne à l'état sauvage et ne donne que des fruits petits et amers. Mais c'est justement avec ces frutis amers qu'on fabrique par distillation les meilleurs kirschs.

PRUNELLIER (ÉPINE NOIRE) — *Prunus spinosa L.*

C'est un arbuste dense et fourni, à souche traçante, et qui présente une abondance d'épines terminales issues de la transformation de rameaux latéraux. Il forme un grand nombre de rejets qui s'enracinent facilement et contribuent ainsi à sa multiplication envahissante. L'arbuste vit de 20 à 40 ans, à moins de se trouver sous le couvert de plus grands arbres dont l'ombre le fait mourir.

Les feuilles elliptiques et dentées apparaissent après la floraison. Elles éclosent très tôt au printemps mars-avril) sur les branches nues.

Les fruits sont des drupes sphériques, bleues et pruineuses au moment de leur maturité, à chair verte: elles ont une saveur très âpre et râpent la langue.

L'Epine noire est commune sur les talus, les friches, les lisières ensoleillées et elle est presque toujours le premier occupant des terrains abandonnés. On la trouve au nord jusqu'en Scandinavie, à l'est jusqu'en Iran et en Transcaucasie, au sud jusqu'en Chine et dans l'Atlas. Elle s'est naturalisée en Amérique du Nord.

Les fruits, très âpres, sont riches en vitamine C. On peut les récolter après les premières gelées pour en faire une espèce de vin, mais surtout pour les distiller après fermentation. Ils donnent une eau-de-vie supérieure. C'est leur seul emploi en France, où l'abondance des autres fruits les fait négliger.

Les fleurs entrent dans la composition de certains médicaments: elles contiennent un glucoside diurétique, la camphérine, de l'acide cyanhydrique, ainsi que de l'amygdaline dans les noyaux.

Le bois, très dur, dense et bien coloré, sert à faire de belles cannes après tournage, et les fourrés d'Epine noire sont un abri idéal pour les nids des oiseaux chanteurs.

AUBÉPINE — *Crataegus oxyacantha L.*

C'est un grand arbuste, qui peut devenir un arbre vé-

Aubépine

Aubépine monogyne

ritable avec l'âge quand il est isolé. Ses branches sont reougeâtres.
Les feuilles sont pétiolées, profondément lobées, à lobes obtus et dentés.
Les fleurs blanches ou rosées ont 2 styles et forment des cymes fournies. Elles répandent une odeur fétide. Les fruits sont des drupes arrondies à ovoïdes et contiennent 2 noyaux.
L'Aubépine fleurit de mai à juin sur les pentes ensoleillées, les talus, les lisières, les haies et les berges. Elle s'aventure aussi sur les versants rocheux et pierreux. Elle est banale dans toute l'Europe, au nord jusqu'en Angleterre et en Suède, et même en Finlande. On la trouve aussi au Proche-Orient et jusqu'à l'Himalaya et en Afrique du Nord.
C'est une plante médicinale importante qui fournit de nombreuses matières premières, et on en récolte aussi bien les feuilles et les fleurs que les fruits. Tous ces organes contiennent entre autres de l'acide triterpénique qui élargit les coronaires et fortifie le cœur. L'infusion ou la teinture d'Aubépine soignent les affections cardiaques d'origine nerveuse, l'hypertension et combattent les insomnies.
Il y en a une espèce presque semblable qui vit dans les mêmes stations:

L'AUBÉPINE MONOGYNE — *(Crataegus monogyna L.)*

aux feuilles profondément découpées en 5 à 7 segments. La fleur qui est d'odeur agréable ne possède qu'un style et le fruit qu'un noyau.

GENÊT À BALAIS — *Sarothamnus scoparius (L.) WIMM. et KOCH.*
Famille: Papilionacées

C'est un arbrisseau aux rameaux caractéristiques, portés par une forte souche souvent pourvue de bulbilles lobées qui abritent des bactéries fixatrices de l'azote atmosphérique qu'ils restituent au sol après leur mort. Les rameaux anguleux de couleur verte sont capables d'assimilation. Les rameaux morts noircissent.
Les feuilles sont alternes, brièvement pétiolées, et le plus souvent trifoliées: les folioles lancéolées ont un revers doux et soyeux. Les feuilles de l'extrémité des tiges n'apparaissent souvent qu'après la floraison.
Les grandes fleurs papilionacées de couleur jaune sont solitaires ou groupées par bouquets de deux sur des rameaux nains appelés brachyblastes. Les styles enroulés en spirale sortent de la fleur.
Les fruits sont des gousses noires et velues, déhiscentes à maturité: elles s'enroulent alors avec un craquement et projettent au loin leurs graines brunes ou noires. Celles-ci ne germent que l'année suivante, mais elles peuvent garder leur pouvoir germinatif plus de 25 ans.
Le Genêt à balais fleurit de mai à juin sur les pentes sèches ou sableuses, les pâtures et les lisières des bois à basse altitude. Il est absolument calcifuge et ne vient que sur les terrains gréseux ou granitiques.
On le rencontre dans la péninsule Ibérique, en Belgique, en Irlande, abondamment en France, en Europe centrale et du Sud, en Pologne du Sud et dans les régions baltiques. Il descend jusqu'en Corse et en Italie du Sud, en Dalmatie, en Bosnie et en Bulgarie, mais manque en Sicile où il est remplacé par d'autres espèces voisines et très belles.
Il existe dans de nombreux habitats où il a été introduit secondairement: c'est le cas de l'Inde et du Japon.
Cette plante contient de nombreux alcaloïdes toxiques, comme la spartéine. Les graines contiennent de la cytisine et différents glucosides. On récolte surtout les rameaux feuillés dont on extrait la spartéine, qui a une action irritante sur les voies respiratoires, mais qui apaise et régularise la respiration si elle est prise en grande quantité.
C'est un bon fourrage d'hiver pour les animaux des

forêts, lièvres ou cerfs, mais aussi pour les chèvres et les moutons. Dans certaines régions on va jusqu'à le semer à cet effet. Il consolide efficacement les sols sableux, les dunes et des remblais, il enrichit le sol en azote et améliore ses propriétés. Mais c'est également un envahisseur dont il faut constamment se défendre. On peut faire des paniers grossiers avec ses rameaux, et surtout des balais. Les tiges, par rouissage, donnent une excellente fibre textile, analogue à celle du chanvre dont on fait de très belles toiles. On l'a exploité pendant la dernière guerre, mais malgré la qualité du produit, la main d'œuvre qu'il exige en fait un textile non rentable et plutôt une curiosité qu'un article d'usage courant.

ONONIS ÉPINEUX (ARRÊTE-BŒUF) — *Ononis spinosa L.*

L'Arrête-bœuf est un sous-arbrisseau de 50 cm de hauteur au plus, à longue racine pivotante, aux branches ascendantes-couchées, lignifiées à la base, épineuses et qui portent une à deux rangées de soies. Toute la plante dégage une fétide odeur de bouc.
Les feuilles sont trifoliées, la foliole centrale pétiolée, les stipules grandes, ovoïdes et dentées.
Les rameaux nains, dit brachyblastes, fleurissent de juin à septembre; les grandes fleurs papilionacées à calice bilabié et velu ont une corolle rose, rarement blanchâtre, parfois aussi d'un beau rouge franc.
Les fruits sont des gousses monospermes finement velues.
L'Arrête-bœuf vient sur les coteaux secs, les pentes et les talus de toute l'Europe, en Asie occidentale et en Afrique du Nord. Il devient souvent une adventice gênante dans les pâtures négligées, car le bétail se blesse à ses épines et la solidité de ses racines rend ensuite les labours très difficiles, d'où ce nom vulgaire d'«Arrête-bœuf».
Il est connu depuis toujours comme plante médicinale. En médecine populaire (mais très peu en France), les racines, les fleurs et les tiges feuillées sont parfois utilisées pour la confection d'une tisane diurétique efficace contre les calculs biliaires. L'écorce douceâtre des racines contient les glucosides suivants : l'ononine, l'ononidine, l'onone, et des tannins, des résines, de la gomme, etc. Toutes ces substances favorisent l'expectoration. De nos jours, c'est surtout cette racine qui entre encore dans la composition de certains médicaments.

Genêt à balais

Ononis épineux (Arrête-bœuf)

C'est aussi une plante tinctoriale anciennement connue. En effet, les jeunes rameaux, selon les traitements qu'ils ont subis, teignent la laine en roux, en jaune et en vert.

CORNOUILLER MÂLE — *Cornus mas L.*
Famille: Cornacées

C'est le plus souvent un arbuste, mais qui peut atteindre dans de bonnes conditions la taille d'un arbre. Ses rameaux sont anguleux, verts quand ils sont jeunes, et couverts de soies aplaties.
Les feuilles brièvement pétiolées sont ovoïdes-elliptiques à base cunéiforme, parfois arrondies, aiguës, couvertes de poils couchés et plus pâles sur le revers.
Les fleurs jaunes en petits corymbes fleurissent dès le mois de mars et d'avril, avant l'apparition des feuilles.
Les fruits sont des drupes charnues et allongées, rouges ou blanches, à noyau dur et bisperme.
Le Cornouiller mâle vient dans les lieux chauds et ensoleillés, parfois rocheux et pierreux, dans les bois clairs. On le cultive souvent dans les parcs et les jardins. Il affectionne particulièrement les stations chaudes à basse altitude. En Europe, on le trouve jusqu'à

Cornouiller mâle

la région parisienne (il est plus fréquent dans les forêts de la Haute-Marne, où on l'exploite méthodiquement pour faire de son bois d'incomparables manches d'outils), en Belgique, au sud jusqu'en Italie aussi bien qu'en Asie Mineure, en Arménie et dans le Caucase. A sa limite nord, il recherche un substrat calcaire qui se réchauffe plus facilement.

Les fruits, ou cornouilles, sont connus et appréciés depuis l'Antiquité, surtout dans le Bassin méditerranéen. La pulpe à la fois sucrée et acidulée contient un mélange de glucose et de lévulose, de l'acide malique et d'autres substances. On peut en faire d'excellentes gelées, des marmelades, des sirops. On a confit les fruits encore verts dans la saumure à la façon des olives. Sainte Hildegarde, au Moyen Age, signale déjà ses propriétés médicinales, et les moines, surtout les Bénédictins, le cultivaient souvent dans leurs jardins.

En Ukraine et dans le Caucase, on en tire une eau-de-vie renommée, appelée dernovka, et en Turquie on en fait un sirop et des sorbets.

Le bois du Cornouiller mâle est fin, dur et compact. Outre son rôle dans la fabrication des manches d'outils, il sert à celle des pièces de machines délicates qui doivent résister aux frottements, et pour les instruments de mathématiques.

Enfin, c'est une plante mellifère importante, car le Cornouiller fournit au printemps leur première nourriture aux abeilles, en même temps que le Saule Marsault.

LA PRAIRIE

Il n'y a pas à proprement parler de prairies «naturelles», car dans un pays comme la France, par exemple, la prairie fait suite à un déboisement systématique, et elle est constamment entretenue par des apports d'engrais, des drainages, des irrigations, des coupes régulières, ou par l'établissement de pâtures à rotations successives. Elle représente un capital énorme, car elle est la source principale de l'alimentation du bétail et c'est d'elle que dépend en grande partie notre approvisionnement en viande de boucherie et en produits laitiers.

Le sol de la prairie, fertilisé sans arrêt, est un substrat d'une grande richesse. Les plantes y sont adaptées à un régime hydrique particulier selon les situations, et les drainages aussi bien qu'une irrigation intelligente en augmentent le rendement. D'autre part, l'exposition au soleil y est idéale, car aucun arbre ne vient en arrêter les rayons.

L'herbe de la prairie subit ordinairement une ou deux coupes par an, parfois trois et même quatre. Les associations végétales s'y composent donc forcément d'espèces qui trouvent là des conditions de nutrition et d'éclairement favorables, mais aussi d'espèces que ces coupes répétées ne gênent pas, ou même qu'elles stimulent. Nous y rencontrerons donc des espèces vivaces ou pluriannuelles, souvent cespiteuses ou traçantes, qui se multiplient facilement par voie végétative, et en particulier des Graminées que les coupes répétées fortifient. Les espèces à multiplication sexuelle obligatoire ne s'y maintiennent que si leurs graines ont le temps de parvenir à maturité et à être disséminées avant la première coupe.

Ces formations de prairies sont surtout répandues dans les plaines à basse altitude ou au pied des montagnes de la zone tempérée. Au contraire, dans les régions tropicales elles n'existent qu'à de grandes altitudes.

Une prairie qu'on n'entretient pas évolue très rapidement: si le sous-sol est trop humide, les espèces de valeur sont chassées par des formations acidiphiles à prédominance de Carex et de

Joncs, et on voit se former peu à peu un véritable marais, ou même une tourbière. Dans les régions montagneuses ou sur les plateaux, les broussailles de toute espèce, puis les arbres reconstituent la forêt originelle.

Selon les conditions particulières, les associations prairiales peuvent évoluer en associations de mouillères, de marais ou de tourbières, ou au contraire dans les stations plus déclives où la couche de sol est plus faible et où les disponibilités en eau sont moindres, en associations de talus et coteaux.

En montagne, à la limite supérieure de la forêt, la prairie est remplacée par l'alpage, ou «pelouse alpine», qui est en fait une «micro-sylve», car son aspect de prairie cache en réalité un tapis de saules nains qui sont des arbres-miniatures, mais de vrais arbres parfois centenaires. C'est là qu'on trouve un grand nombre de très belles espèces montagnardes qui s'accommodent des substrats les plus pierreux.

Dans les larges vallées des grands fleuves, où les inondations répétées et les accumulations de neige ne permettent pas l'installation d'une végétation arbustive, on voit apparaître des formations sauvages analogues à la prairie, comme par exemple dans certains endroits de la vallée du Rhône ou du Rhin. De même, certaines conditions édaphiques ou climatiques particulières qui s'opposent à l'installation des arbres (à moins que les hommes les aient préalablement détruits) conduisent à des résultats analogues: *savanes* africaines, indiennes ou américaines, savanes de l'intérieur de l'Australie. Dans les régions subtropicales, on trouve des associations steppiques, herbacées et xérophytiques: *steppes* asiatiques du cours moyen de la Volga, et de la Caspienne jusqu'au désert de Gobi, steppes européennes telles que la *puszta* hongroise. Ces formes se retrouvent sur le continent américain: *pampa* argentine, *prairie* nord-américaine qui s'étend des montagnes Rocheuses jusqu'aux forêts amazoniennes.

RENONCULE ÂCRE — *Ranunculus acer L.*
Famille: Renonculacées

Ce «Bouton d'or» (car toutes les Renoncules à fleur jaune portent ce nom vulgaire) est une plante vivace à souche courte et à tiges creuses, ramifiées au sommet et hautes de 30 à 100 cm.
Les feuilles basiliaires sont longuement pétiolées, 5 — 7 fois pennatiséquées, à segments trilobés, à marges dentées, ou même découpées en lanières lancélolées. Les feuilles caulinaires ont la même forme mais un pétiole plus court, et celles du haut, découpées en segments linéaires, sont complètement sessiles.
Les grandes fleurs d'un jaune brillant atteignent 2,5 cm de large. Elle sont de type 5 et possèdent des pistils et étamines multiples. Le calice est velu comme le pédoncule.
La floraison a lieu de mai jusqu'à la fin de l'été, le plus souvent en colonies étendues dans les prairies humides à sous-sol décalcifié et dans les endroits herbus de la plaine jusqu'en montagne.
C'est une plante répandue dans l'ensemble de l'Europe, au nord jusqu'au Groenland; elle existe aussi en Asie orientale, en Afrique du Nord et de l'Est, en Ethiopie et en Amérique du Nord.
Comme toutes les espèces de Renoncules, celle-ci contient un suc vénéneux, la protoanémonine. Chez les sujets sensibles, le suc de la plante peut provoquer des rubéfactions, ou même faire apparaître des cloques. On observe par ailleurs des douleurs stomacales et des inflammations des reins quand par hasard on a ingéré des fragments de cette plante.
Dans la prairie sa présence excessive déprécie le fourrage, bien que sa nocivité soit très diminuée par le séchage. Les expériences ont montré que cette protoanémonine a également des effets nocifs sur les poissons et les têtards.

TROLLE — *Trollius europaeus L.*

C'est aussi une Renonculacée vivace, à tiges dressées qui peuvent mesurer une soixantaine de cm.
Les feuilles alternes sont profondément palmées à segments tripartites et à nouveau profondément dentés. Les feuilles inférieures ont un pétiole plus long que celles du haut, et les extrêmes sont sessiles.
Les fleurs ont une forme caractéristique: ce sont des sphères jaune d'or qui atteignent 3 cm de diamètre, à sépales étalement jaunes, parfois légèrement verdâtres. Ainsi refermées, les pièces florales protègent de la pluie les pistils et les étamines, qui sont nombreux.
Les fruits sont des follicules allongés, terminés par un bec court, qui contiennent une quantité de petites graines noires.
Le Trolle orne les endroits humides des prairies sous-montagneuses où il peut former de grandes colonies. Il abonde dans les Alpes et le Jura, où il fleurit de mai à juin.
C'est une plante courante des collines jusqu'aux régions montagneuses de toute l'Europe, où on le vend fréquemment pour sa fleur décorative, si bien qu'il faut parfois le protéger pour en éviter la disparition. On trouve des espèces voisines en Chine et en Amérique du Nord.
Comme les Renoncules, il contient de la protoanémonine et peut empoisonner le bétail s'il lui est présenté vert. Mais dans une pâture les animaux n'y touchent jamais. De plus, sa nocivité disparaît à peu près complètement au séchage.

CARDAMINE DES PRÉS (CRESSON DES PRÉS) — *Cardamine pratensis L.*
Famille: Cruciféracées

C'est une herbe vivace haute de 20 à 40 cm, à courte

Cardamine des prés (Cresson des prés)

Trolle

Renoncule âcre

souche rampante et à tiges dressées, simples et creuses. Au ras du sol on trouve une rosette de feuilles peu fournie. Pennées, longuement pétiolées, ces feuilles se composent de 3 à 8 paires de folioles dentées et arrondies, la terminale plus grande et trilobée. Les feuilles, caulinaires sont pennatipartites, brièvement pétiolées, formées de segments linéaires.
Les fleurs sont disposées par 2 à 20 en une grappe fermée. Les pétales sont roses, au nombre de 4, parfois blancs, venés de mauve. Les sépales jaune-vert, violacés au sommet, tournent au jaune-orangé après la floraison. Le fruit est un silique portée par un long pédoncule.
La floraison a lieu d'avril (d'où son autre nom vulgaire de «Saint-Georges») à juin dans les prairies fraîches de toute la zone tempérée de l'hémisphère Nord.
On peut consommer les jeunes feuilles en salade au printemps, car elles ont la même saveur fraîche et amère que le Cresson de fontaine. Les moutons en sont friands, et les fleurs séchées servent de remède contre des crampes.

FLEUR DE COUCOU — *Lychnis flos-cuculi L.*
Famille: Caryophyllacées-Silénoïdeés

C'est une plante vivace: la souche donne naissance à plusieurs rosettes basiliaires peu fournies, formées de feuilles longuement lacéolées qui s'aminicissent progressivement et pétiole. Les tiges ont de 30 à 50 cm de haut, elles sont souvent rougeâtres et visqueuses sous les nocuds. Les feuilles caulinaires sont rares, de forme linéaire-lancéolée.
Les fleurs atteignent jusqu'à 4 cm de diamètre et forment des cymes peu fournies. Les pétales sont roses ou rouges, parfois blancs et de forme caractéristique, découpés qu'ils sont en 4 lobes allongés et minces. La plante possède une deuxième collerette de segments linéaires. Le calice cylindrique s'évase en clochette et les fruits sont des capsules arrondies-ovoïdes.
La Fleur de coucou fleurit de mai à juin dans les prairies fraîches, les herbages, parfois aussi dans les marais, de la plaine jusqu'à la montagne. A basse altitude, elle peut former de véritables colonies.
C'est une plante commune dans toute l'Europe, au nord jusqu'en Norvège et en Islande, mais on la trouve aussi dans le Caucase. Elle est acclimatée en Amérique du Nord.
C'est un hôte typique des prairies, mais elle fournit un fourrage insignifiant.

COMPAGNON BLANC — *Melandrium album (MILL.) GARCKE*

C'est une plante annuelle, rarement vivace, qui mesure jusqu'à 1 m de hauteur, toute couverte d'un duvet mou, glanduleuse à la hauteur de l'inflorescence. Les tiges sont dressées et souvent ramifiées.
Les feuilles inférieures sont subovoïdes, s'amincissant en pétiole, et celles du haut, ovoïdes-lancéolées sont sessiles.
Les fleurs de type 5 sont inclinées vers le sol et forment une cyme bipare peu fournie. Le calice est enflé et présente une forme en cloche caractéristique. Les fleurs dégagent un léger parfum, surtout sensible le soir, et ne s'ouvrent que dans l'après-midi. La pollinisation est laissée aux soins des insectes vespéraux et nocturnes. Le fruit est une capsule ovoïde entourée par les restes du calice.
La floraison a lieu de juin en septembre dans les prairies et les herbages secs de la plaine jusqu'au pied des montagnes. On le trouve souvent aussi dans les tréflières ou comme adventice des cultures.
Il existe dans toute l'Europe et jusqu'en Scandinavie, aussi bien qu'en Asie Mineure et en Sibérie, à l'est jusqu'au Baïkal. On le trouve aussi en Afrique du Nord.

OSEILLE — *Rumex acetosa L.*
Famille: Polygonacées

L'Oseille est une plante vivace, qui atteint une cinquantine de cm de hauteur. A la base de la tige on trouve des feuilles ovoïdes, sagittées, dont les lobes aigus sont dirigés vers le sol. Les stipules concrescents forment une gaine dentée ou frangée.
L'inflorescence est compacte et composée de petites fleurs à périanthe vert formé de 6 pièces. Les 4 externes sont arrondies-ovoïdes et portent de minuscules excroissances dures, rondes ou tétragonales. Les sépales internes se rebroussent au moment de la fructification.
La floraison de l'Oseille est surtout abondante de mai à juillet dans les prairies humides, sur les talus, dans les fossés et autres lieux similaires, de la plaine à la montagne. La présence de l'Oseille est presque toujours le signe d'une décalcification excessive du sol.
Elle existe dans presque toute l'Europe, en Asie tempérée et en Amérique du Nord. Elle monte en altitude en Europe orientale.

Toute la plante a une saveur fortement acide, due à la présence d'une grande quantité d'oxalate de calcium. Consommée en trop grande quantité dans le fourrage frais, elle peut, surtout si le reste de l'alimentation est carencé en calcium, provoquer des troubles chez les chevaux et des moutons.
La cuisine française fait une grande consommation d'oseille.

RENOUÉE BISTORTE — *Polygonum bistorta L.*

Voici une plante vivace bien reconnaissable à son gros rhizome brun-rouge, une ou deux fois tordu en S. C'est cette particularité qui lui vaut son nom spécifique: «bis torta» signifie en effet deux fois tordue.
Les tiges dressées atteignent 1,30 m de haut et sont généralement simples. Les feuilles de la base sont allongées-ovoïdes, aiguës, finement crénelées et pourvues d'une marge ciliée. Les feuilles caulinaires, légèrement cordées, présentent un pétiole à ailettes, celles du haut sont minces et sessiles. Toutes les feuilles ont le revers glauque. Les stipules soudés forment une guêtre brune à l'insertion du pétiole sur la tige.
Les petites fleurs d'un rose profond forment un faux épi terminal qui peut mesurer 9 cm de longueur. Elles éclosent de la base vers le sommet.
Les fruits sont des akènes brillants, pyramidaux, de couleur brun sombre.
La Renouée bistorte forme parfois de grandes colonies dans les prairies un peu humides, surtout en montagne ou à leur pied, dans toute l'Europe jusqu'au Caucase, en Sibérie et au Kamtchatka. Elle vient aussi dans l'Himalaya, dans les régions fraîches de l'Amérique du Nord et s'accommode du milieu de la tourbière.
Toute la plante (mais surtout la souche) contient une grande quantité de tannins et d'amidon. La tige contient de l'acide silicique en solution. Autrefois, la souche qui fournit aussi une teinture jaune, servait contre la dysenterie et des diarrhées, et comme antidote contre les morsures de serpents, voire contre la peste. De nos jours la pharmacopée officielle s'y est de nouveau intéressée et en tire diverses substances utiles. C'est par surcroît une excellente plante mellifère.

ALCHEMILLE COMMUNE (PIED DE LION)
Alchemilla vurgaris L.
Famille: Rosacées

Le Pied de lion est une herbe vivace d'aspect très

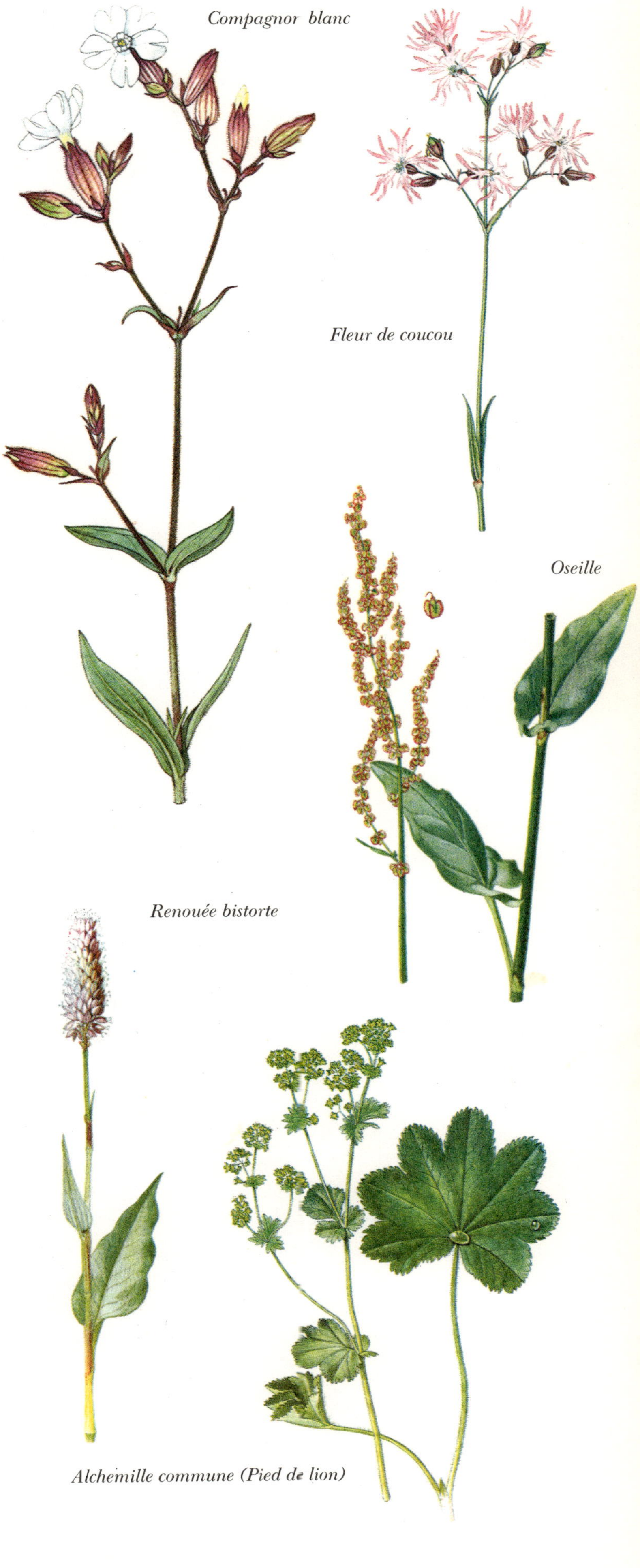

variable, haute de 10 à 20 cm, de couleur vert clair. Sa longue souche reste couverte des cicatrices des feuilles mortes et donne naissance à une rosette terrestre. Les feuilles pétiolées ont un contour arrondi-lobé et des marges dentées. Dans leur jeunesse surtout elles sont pliées en éventail selon les nervures principales. La tige ascendante ou même dressée porte des feuilles de même forme. Les stipules sont dentées.
Les petites fleurs d'un vert jaunâtre sont groupées en cymes et apparaissent au sommet des rameaux caulinaires. Les fruits sont des akènes.
La floraison a lieu de mai à septembre, surtout dans les prairies, les herbages, les lisières des bois, ainsi que le long des ruisseaux et des chemins de la plaine jusqu'à la montagne.
La forme des feuilles surtout est très variable: on a pu ainsi décrire de nombreuses formes parfois considérées comme de bonnes espèces. Le Pied de lion vient un peu partout en Europe, en Asie septentrionale, dans le Caucase, l'Himalaya et la Sibérie. Il remonte jusqu'au Groenland au nord et existe aussi dans les régions orientales de l'Amérique du Nord.
C'est une plante riche en tannins et en substances amères. La médecine populaire l'utilise depuis toujours contre les diarrhées, les saignements, les calculs rénaux, en compresses contre les piqûres d'insectes, ou comme détergent des plaies et des abcès. La tige feuillée est encore récoltée de nos jours et s'utilise soit en infusion, soit pour la préparation de divers médicaments.
Pour les alchimistes du Moyen Age, le Pied de lion était une plante extrêmement importante: les gouttes de rosée qui brillent le matin sur la frange des feuilles étaient la fameuse «Eau céleste», indispensable pour la fabrication de la pierre philosophale, d'où son nom générique en latin.

PIMPRENELLE OFFICINALE — *Sanguisorba officinalis.*

C'est aussi une plante vivace qui dépasse 1 m de hauteur, à grosse souche rameuse et à tiges dressées, cannelées et ramifiées au sommet.
Les feuilles inférieures forment une rosette. Elles sont de type imparipenné, à folioles ovoïdes allongées, dentées au bord.
Les petites fleurs pourpres, à corolle inexistante sont groupées en capitules subphériques aux extrémités des rameaux caulinaires. Le fruit est un akène emprisonné dans les restes du calice.
La floraison a lieu de juin en septembre dans les prairies, les lieux herbeux, etc. de la plaine à la montagne. C'est une plante commune dans toute l'Europe tempérée et en Asie. Au nord elle remonte jusqu'en Islande, en Ecosse et au sud de la Scandinavie, à l'est jusqu'au fleuve Amour, au Japon et à la Chine. Elle existe également en Amérique du Nord.
La souche est riche en tannin et contient aussi une saponine, la sanguisorbine, et d'autres substances. Elle est récoltée comme matière première pour la fabrication de certains médicaments. L'infusion est sudorifique et soulage les débâcles intestinales. En gargarismes, la Pimprenelle se montre efficace contre les saignements et les inflammations de dents et des gencives. Le rhizome réduit en poudre peut être prisé pour arrêter les saignements de nez, et les tiges écrasées s'emploient dans la médecine populaire comme topiques sur les plaies et les abcès. Les jeunes feuilles encore tendres, ont une légère odeur de concombre et s'ajoutent souvent comme fourniture dans la salade ou dans les potages.

TRÈFLE RAMPANT — *Trifolium repens L.*
Famille: Papilionacées

C'est une plante vivace à souche ramifiée et à fortes racines fasciculées. Les tiges, toujours couchées ou rampantes à extrémités ascendantes s'enracinent sur tout leur parcours et ne dépassent pas 30 cm de hauteur à leur extrémité.
Les feuilles trifoliées sont longuement pétiolées; les folioles sont subvoïdes, cunéiformes à largement elliptiques, finement denticulées et légèrement échancrées au sommet. Elles portent une tache transversale plus claire qui les fait reconnaître facilement. Les stipules sont grandes, membraneuses et dentées.
Les petites fleurs papilionacées de couleur blanche, verdâtre ou rosée sont groupées par 40—80 au sommet de hampes dressées, plus hautes que les feuilles. Après la floraison, elles deviennent brunes.
La floraison a lieu tout l'été dans les prairies, les herbages et les fossés de la plaine jusqu'à la zone alpine. Le Trèfle rampant est répandu dans l'ensemble de l'Europe, en Asie septentrionale et occidentale, en Afrique du Nord, à Madère et aux Açores. Il existe en Amérique du Nord, mais a été aussi introduit en Amérique du Sud, en Asie orientale et en Afrique du Sud. Il peut remonter jusqu'au cercle polaire.
En association avec des graminées, il fournit un ex-

cellent fourrage et il est souvent semé à cet effet, d'autant qu'il s'étend avec rapidité: en un an, un seul pied peut recouvrir plusieurs mètres carrés.
La médicine populaire utilise parfois les fleurs. En Irlande, pendant les périodes de disette (guerre, mauvaises récoltes), les capitules secs servaient à allonger la farine. Les jeunes feuilles peuvent être accommodées comme les épinards.

GESSE DES PRÉS — *Lathyrus pratensis L.*

La Gesse des près est une plante vivace à longue souche traçante et à tiges ascendantes ou grimpantes, anguleuses, atteignant 60 cm de longueur.
Les feuilles comportent une seule paire de folioles lancéolées et se terminent par une vrille simple.
Les fleurs à corolle papilionacée de couleur jaune forment généralement une grappe unilatérale portée par une longue hampe et composée de 3 à 12 fleurs.
Le fruit est une gousse allongée lancéolée.
La Gesse des près fleurit de mai à juin dans les prairies, les pâtures, et à la lisière des bois clairs, de taillis, des fourrés des bords de l'eau, de la plaine jusqu'en montagne.
Elle existe dans presque toute l'Europe, en Asie du Sud-Est et jusqu'en Sibérie et à l'Himalaya. Elle peut aussi pousser en Afrique du Nord où elle s'aventure même dans les régions steppiques jusqu'en Abyssinie.
C'est une espèce acclimatée en Amérique du Nord.

JAROSSE — *Vicia cracca L.*

La Jarosse est une plante vivace à forte souche rampante et aux longues tiges anguleuses mollement velues, qui dépassent souvent 1 m de longueur. Les feuilles sont pennées et comportent plusieurs paires de folioles ovoïdes à lancéolées, souvent velues sur le revers. Elles se terminent par une vrille ramifiée.
Les fleurs à corolle d'un violet purpurin, parfois aussi blanchâtres, forment par 20 ou 30 de riches grappes unilatérales. Ces inflorescences d'abord roulées en crosse atteignent ensuite la longueur des feuilles.
Le fruit est une gousse nue très brièvement pédonculée.
La floraison a lieu de juin en août dans les prairies, sur les pentes et les talus ensoleillés, à la lisière des bois ou dans les rocailles, mais parfois aussi dans les prés humides et les tourbières.
C'est une plante très anciennement cultivée dont on a retrouvé les traces dans des sites néolithiques ou da-

Pimprenelle officinale

Trèfle rampant

Gesse des prés

Jarosse

tant de l'âge du bronze. Il est difficile actuellement de lui assigner une aire d'extension naturelle, tant elle a été disséminée par l'activité humaine. On la trouve dans toute l'Europe et jusqu'en Suède et en Norvège, et les navigateurs norvégiens l'auraient importée en Islande et au Groenland. Elle existe aussi en Asie septentrionale et occidentale jusqu'au Japon et à l'île Sakhaline.
Certaines variétés de Jarosse sont couramment cultivées comme fourrage.

VESCE DES HAIES — *Vicia sepium L.*

C'est une plante vivace à souche ramifiée qui donne naissance à de nombreux rejets. Les tiges anguleuses, dressées ou grimpantes atteignent une cinquantaine de cm de longueur.
Les feuilles d'une dizaine de cm sont pennées et se terminent par une vrille ramifiée. Les folioles ovoïdes sont légèrement échancrées au sommet, ciliées et mucronées.
Les fleurs à corolle blanchâtre ou d'un violet sale sont inclinées et naissent à l'aisselle des feuilles par bouquets de 3 à 6. Le fruit est une gousse noire.
La Vesce des haies fleurit de mai à août et pousse à toutes les altitudes. On la trouve surtout dans les prairies, sur les talus et les pentes herbeuses, à la lisière des bois ou des fourrés.
Elle est commune dans l'ensemble de l'Europe, au nord jusqu'en Islande et en Scandinavie, aussi bien qu'en Arménie, dans le Caucase, en Sibérie jusqu'au lac Baïkal et dans le Cachemire. Mais elle peut manquer complètement dans certaines régions comme la Grèce, la Corse, la Sardaigne, etc.
On la cultive parfois comme plante fourragère.

LOTIER CORNICULÉ — *Lotus corniculatus L.*

C'est encore une plante vivace qui se distingue par sa souche qui croît dans plusieurs directions, et par ses tiges couchées, à sommets ascendants, nettement quadrangulaires et qui mesurent une trentaine de cm.
Les feuilles imparipennées comportent 5 folioles sublancéolées à revers gris-cendré.
Les fleurs d'un jaune profond parfois lavé de rouge forment des ombelles pauciflores subsphériques et axillaires.
La floraison a lieu de mai jusqu'en automne dans les prairies, sur les talus, etc. à toutes les altitudes.
Le Lotier corniculé est banal dans toute l'Europe à l'exception du Grand Nord. Il vient aussi en Asie tempérée, en Afrique du Nord et de l'Est et en Australie. Il manque sur l'ensemble du continent américain.
Dans certaines régions on le cultive depuis le XVIIe siècle car c'est un très bon fourrage aux exigences modestes. Ses racines profondes lui permettent de résister aussi bien à un excès d'humidité qu'à la sécheresse. De plus, il peut se maintenir aussi au même endroit pendant 20 ans et davantage sans en souffrir beaucoup.

BERCE SPONDYLE (BRANC-URSINE, PATTE DE LOUP) — *Heracleum sphondylium L.*
Famille: Ombelliféracées

La Branc-Ursine est une robuste plante vivace, qui dépasse 1,50 m de hauteur, à odeur aromatique qui déplaît à certaines personnes. La souche puissante donne naissance à une ou plusieurs tiges dressées, creuses, à surface cannelée et couvertes de soies rudes et cespiteuses.
Les feuilles sont grandes et d'aspect très variable. Les inférieures sont portées par un long pétiole en goutière, celles du haut son sessiles. Les gaines en sont renflées. Le limbe varie d'une forme lobée à trilobée à une forme pennatipartite ou 3—5 foliée. Les segments foliaires sont irrégulièrement lobés à pennatiséquées, dentés ou crénelés. Sur le revers des feuilles la nervation est couverte de soies.
Les petites fleurs blanches, parfois jaunâtres, aux corolles souvent rayonnées, forment de grandes ombelles dépourvues d'involucre. Les involucelles sont ciliées.
La Branc-Ursine fleurit de juin à septembre dans les prairies fraîches, au bord de l'eau, mais aussi dans les décombres, le long des chemins ou dans les clairières des forêts. C'est une fidèle compagne des prairies largement fertilisées.
Elle existe dans l'ensemble de l'Europe, en Asie occidentale et septentrionale et dans les régions occidentales d'Afrique du Nord. Introduite en Amérique du Nord, elle s'y est plus ou moins acclimatée, surtout sur la côte orientale.
Le toucher de la plante ou le contact avec son suc provoque chez certaines personnes sensibles une rubéfaction ou même une vésication de l'épiderme. Cette irritation apparaît surtout après une exposition au soleil: c'est une photodermatose.

En Angleterre, on obtient une liqueur en faisant mariner les graines dans de l'alcool. Les feuilles sont récoltées partout pour la nourriture des lapins qui en sont friands, et dans certaines régions méridionales on cultive cette Berce comme fourrage, car ses racines profondes lui permettent de résister aux pires sécheresses et de donner constamment un fourrage vert très nourrissant.

RHINANTHE CRÊTE DE COQ — *Rhinanthus alectorolophus POLL.*
Famille: Scrofulariacées

Le Rhinanthe crête de coq est une plante annuelle, semi-parasite, velue, mesurant jusqu'à 80 cm de haut. Les tiges dressées, d'un vert pâle, sont simples ou ramifiées. Les feuilles sont oposées, sessiles, lancéolées et dentées.
Les fleurs à corolle jaune portent sur la lèvre supérieure une touche blanche ou violacée; elles forment de riches épis interrompus par des bractées. Le calice est nettement renflé, clair, velu, et les bractées sont presque triangulaires et fortement dentées.
Le fruit est une capsule aplatie, enfermée dans une sorte de vésicule formée par le calice.
La floraison a lieu de mai à juin dans les prairies, sur les talus herbeux, etc., surtout en terrain calcaire, de la plaine jusqu'à la montagne, surtout en Europe centrale et occidentale.
Comme tous les Rhinanthes, celui-ci est une plante à moitié parasite qui se nourrit partiellement aux dépens des espèces herbacées de la prairie. Il est très variable et présente de nombreuses formes qu'on considère souvent comme espèces ou sous-espèces légitimes.

PLANTAIN LANCÉOLÉ — *Plantago lanceolata L.*
Famille: Plantaginacées

C'est encore une plante vivace à souche courte qui porte une rosette de feuilles longues et étroites, à bord entier, et qui s'amincissent en pétiole à la base. Les limbes sont parcourus par plusieurs faisceaux vasculaires parallèles de la même longueur.
La rosette donne naissance à une ou plusieurs hampes cannelées, hautes, qui portent d'épais épis terminaux formés de petites fleurs serrées. Le calice est scarieux et la corolle petite et brune. Les anthères jaunes portées par de longs filets sont nettement saillantes.

Vesce des haies

Lotier corniculé

Berce spondyle (Branc-Ursine, Patte de loup)

Rhinanthe crête de coq

Plantain lancéolé

Le fruit est une capsule operculée qui contient plusieurs graines.
Le Plantain lancéolé est très fréquent dans les prairies, les herbages, sur les talus et le long des chemins de la plaine jusqu'à la montagne.
Il est commun dans la plus grande partie de l'Europe, en Asie centrale et septentrionale, au nord jusqu'en Islande. Il s'est acclimaté en fait sur tout le reste du globe.
Comme plante médicinale, il contient des mucilages, un glucoside, l'aucubine, et des substances bactéricides. L'infusion de feuilles calme la toux, le catarrhe bronchial et les troubles digestifs. A l'extérieur les feuilles peuvent servir de compresses, soit entières, soit écrasées sur les abcès et les plaies. Le suc sert à la confection de bonbons contre la toux et les graines, comme celles des autres Plantains, sont légèrement laxatives.
Comme fourrage, il est surtout apprécié par les moutons. Mais séché dans le foin il y tombe en poussière et n'est pas d'un grand profit.

CAMPANULE ÉTALÉE — *Campanula patula L.*
Famille: Campanulacées

C'est une plante bisannuelle, parfois vivace, à tiges anguleuses, ascendantes ou dressées, peu feuillées.
Les feuilles allongées-elliptiques varient suivant leur situation sur la tige: celles du bas sont ovales et crenelées à pétiole court; celles du haut sont complètement sessiles et se transforment graduellement en bractées au sommet de la tige.
Les fleurs sont des clochettes bleues, rarement blanches, longuement pédonculées et disposées en panicules étendues. Le calice est formé de lobes en alêne et les lobes des pétales se prolongent jusqu'à la moitié de la corolle.
Le fruit est une capsule qui laisse échapper les graines par 3 fentes subapicales.
La Campanule étalée fleurit de mai à août dans les prairies et les clairières, de la plaine jusqu'en altitude. Elle est commune dans l'ensemble de l'Europe à l'exception des régions extrêmes, mais presque uniquement en terrain siliceux.

GRANDE MARGUERITE (ŒIL DE BŒUF)
Chrysanthemum leucanthemum L.
Famille: Composacées

C'est une plante vivace qui atteint 80 cm de haut, à courte souche cylindrique légèrement oblique dans le sol.
Les tiges sont dresées, d'habitude simples, rarement ramifiées.
Les feuilles de la base sont en fer de lance et s'amincissent en pétiole. Les feuilles caulinaires sont rares, alternes, sessiles, linéaires ou très allongées, à marge dentée.
L'extrémité des rameaux porte de beaux capitules de 3—6 cm de diamètre, à fleurons centraux jaunes, à ligules périphériques blanches. L'involucre hémisphérique est formé de bractées bordées de brun clair ou foncé, ou même de noir.
Les fruits sont des akènes nus.
La Grande Marguerite est une fleur caractéristique des prairies qui fleurit de juin à novembre dans les lieux herbeux de toute l'Europe. Elle remonte jusqu'aux îles Shetland au nord, à l'est jusqu'en Transcaucasie et aux monts Altaï.
C'est une espèce très variable et de valeur fourragère nulle.
La médecine populaire utilisait autrefois la tige feuillée contre divers catarrhes: on en tirait des essences, des sirops, des pastilles. Elle serait également efficace contre les crachements de sang, sans parler de ses propriétés magiques pour prédire l'avenir.
Son principal usage, toutefois, est de servir de litière dans les niches des chiens, car son odeur éloigne les puces.

PISSENLIT (DENT-DE-LION) — *Taraxacum officinale WEB.*

Le Pissenlit est une plante vivace de 20 à 40 cm de haut, tout imprégnée d'un latex amer et blanc, qui circule dans un réseau de cellules spéciales nommées laticifères. Sous terre, le Pissenlit est pourvu d'une grosse racine pivotante qui donne naissance à une ou plusieurs rosettes de feuilles appliquées contre le sol. Ces feuilles ont une forme très variable: elles sont subovales, en général profondément découpées, et parfois seulement lyrées.
Le centre de la rosette émet des hampes fragiles et creuses, hautes d'une cinquantaine de cm, terminées par un seul capitule formé de 10 à 20 fleurons. Les ligules sont d'un jaune d'or, et les fleurs dégagent un parfum miellé. Avant la floraison, le soir ou par mauvais temps, les capitules restent fermés.
Les fruits sont des akènes nombreux, surmontés d'une

grande aigrette qui rappelle un parachute. Après la floraison l'ensemble de ces fruits forme ces boules duveteuses et blanches que tout le monde connaît.
C'est une espèce très variable, surtout par la forme de ses feuilles. Comme les fruits peuvent aussi se former par autofécondation, les petites différences entre les individus se conservent et la diversité morphologique en même temps.
La floraison a lieu d'avril en août, dans toutes les prairies et les herbages et jusqu'en montagne. La plante est commune dans tout l'hémisphère Nord et dans toutes les régions tempérées du globe.
Il est connu depuis toujours comme plante médicinale. De nos jours, on récolte surtout sa racine car elle est très riche en latex. Toute la plante contient des substances amères, la taraxacine et la taraxostérine, des tannins, de l'inuline et des substances bactéricides. Il arrive qu'on la cultive à des fins pharmaceutiques. La racine, comme celle de la Chicorée, sert à fabriquer un ersatz de café.
En France, en Italie et en Allemagne, on apprécie beaucoup la salade de jeunes feuilles de Pissenlit. On en a obtenu des variétés horticoles à cœur plein qu'on force en les cultivant l'hiver à l'obscurité de manière à en obtenir des feuilles étoilées et blanches.
Les capitules fleuris servent à la préparation d'une espèce de vin.
C'est également une bonne plante mellifère, et le latex contient du caoutchouc.

LIONDENT D'AUTOMNE — *Leontodon autumnalis L.*

C'est une plante vivace de 50 cm de haut, pourvue d'une souche courte et d'une rosette peu fournie, plaquée contre le sol. Les feuilles sont allongées, sublancéolées, pennées ou seulement dentées à crénelées et s'amincissant en pétiole.
Les tiges sont dressées, finement cannelées et se ramifient en plusieurs longs rameaux qui portent seulement quelques petites bractées.
Les rameaux caulinaires portent des capitules de fleurs jaune d'or, rayées de rouge à l'extérieur. Les rameaux s'apaississent sous les capitules.
La floraison a lieu de juin à septembre dans les prairies un peu fraîches, ou même dans les tourbières, parfois aussi comme adventice des cultures, le long des chemins ou dans les décombres.
C'est une plante répandue dans toute l'Europe, au nord jusqu'à l'Islande et les îles Shetland, mais elle est

Campanule étalée

Grande Marguerite (Œil de bœuf)

Pissenlit (Dent-de-lion)

Liondent d'automne

Colchique d'automne (Veilleuse)

Salsifis des prés

rare dans le Bassin méditerranéen. Elle existe aussi en Asie occidentale et septentrionale jusqu'aux monts Altaï, au Groenland et en Afrique du Nord. Elle a été introduite en Amérique du Nord.

SALSIFIS DOUTEUX — *Tragopogon dubius SCOP.*

C'est une bisannuelle d'une soixantaine de cm au plus, à souche touffue, qui porte des tiges dressées, ramifiées et feuillées. Les feuilles linéaires-lancéolées sont raides, souvent de couleur cendrée, embrassantes par leur base, retombantes au sommet.
L'extrémité des rameaux porte de grands capitules de fleurs jaunes, le plus souvent ligulées. La tige est creuse sous les capitules et nettement renflée.
L'involucre se compose de 6 — 10 bractées aiguës, plus longues que les fleurs.
Les fruits sont des akènes qui atteignent 4 mm de long, surmontés d'un pappus en ombrelle.
Le Salsifis douteux fleurit de mai à juillet dans les prairies, les endroits herbeux, les talus, etc., surtout dans les stations chaudes et de basse altitude.
Il est surtout répandu en Europe moyenne, au nord jusqu'en France, dans le Hartz, en Pologne, au sud jusqu'en Espagne, en Italie centrale et dans les Balkans, mais il s'étend jusqu'en Asie Mineure et dans le Caucase.
Il en existe une espèce voisine:

SALSIFIS DES PRÉS — *Tragopogon pratensis L.*

Chez cette espèce les bractées sont de la même longueur que les ligules périphériques et la tige n'est que légèrement renflée sous l'inflorescence.
Les feuilles très jeunes de ces deux espèces peuvent être mangées en salade, comme celles des Salsifis cultivés.

COLCHIQUE D'AUTOMNE (VEILLEUSE) — *Colchicum autumnale L.*
Famille: Liliacées

Le Colchique d'automne est une plante vivace dont le cycle de vie est pour le moins insolite. Sous terre, profondément enfoui, se cache un bulbe piriforme qui peut mesurer 7 cm de longueur, bombé sur une face, plan sur l'autre, enveloppé dans une gaine parcheminée, qui est tout ce qui reste du bulbe de l'année précedente.

Au printemps la face plane du bulbe émet à sa base un bourgeon de remplacement qui produit pendant l'été une courte tige souterraine, reliée au bulbe qui lui sert de réserve. La tige porte de 2 à 3 gaines membraneuses et plusieurs écailles qui sont les embryons des futures feuilles, ainsi que les ébauches de 5 bourgeons floraux. A l'automne, 1 à 3 de ces bourgeons produisent réellement des fleurs, alors que les autres avortent. Les fleurs ne laissent apparaître que de 5 à 15 cm de la corolle au-dessus du sol. Le reste, à savoir une trompe de 10 à 30 cm, demeure caché sous la surface, faisant de la fleur de Colchique une des plus longues fleurs connues, puisqu'elle peut dépasser 50 cm de longueur totale. La trompe, de texture fragile, est protégée par une gaine membraneuse. Le périanthe de la fleur est étalé et se compose de 6 lobes de couleur mauve, rarement blanchâtre. L'ovaire est profondément enterré. Après la pollinisation, les ovules fécondés restent à l'état dormant sous terre jusqu'au printemps suivant. A ce moment, la courte tige commence à pousser et à grossir à la base: on assiste à la formation d'un nouveau bulbe à côté de l'ancien qui finit par disparaître, une fois vidé de ses substances de réserve. Sur la tige qui s'allonge apparaissent alors de 5 à 6 grandes feuilles charnues, molles, lancéolées, qui sortent de terre au printemps, en même temps que la capsule ovoïde et renflée qui contient de nombreuses graines noirâtres. Ces graines portent une excroissance charnue remarquable, car elle se gélifie à l'humidité, et permet ainsi aux graines de se coller aux pattes du bétail et facilite leur dissémination. A l'aisselle de la première feuille, sous terre, se forme dans le même temps un nouveau bourgeon de remplacement.

Ce cycle de vie si particulier a valu au Colchique le nom médiéval de «Filius ante patrem», c'est-à-dire, le fils avant le père.

Les fleurs de Colchique affectionnent tout particulièrement les prairies cultivées où on voit s'allumer ces charmantes Veilleuses de la fin août jusqu'en octobre. C'est une plante commune en Europe centrale et occidentale, de l'Ecosse et du Danemark à l'est jusqu'aux rivages de la Norvège.

Au sud on le trouve jusqu'au centre de l'Espagne, en Italie du Nord, dans la péninsule Balkanique et en Grèce. Il est sans doute originaire des régions méditerranéennes et son extension vers le nord a suivi celle de l'agriculture.

C'est une plante violemment toxique: son suc le plus dangereux est un alcaloïde, la colchicine, contenu surtout dans le bulbe et les graines. On dit que 3 fleurs de Colchique peuvent entraîner la mort. Le bétail l'évite au printemps et en automne, mais il arrive que de jeunes animaux s'empoisonnent. Les plus résistants sont les ovins et les caprins, mais on a pu montrer que le poison passe dans leur lait qui risque d'empoisonner les consommateurs éventuels.

Sa première application en médecine remonterait au début du Moyen Age où ses bulbes étaient nommés «Hermodactyli».

La décoction de bulbes a servi pour chasser les puces et d'autres parasites du même genre, mais la plante tenait un bon rang parmi les superstitions: en Suisse, sa consommation à jeun était recommandée pour se prémunir contre la jaunisse, ailleurs il suffisait de porter le bulbe dans sa poche pour se garantir contre les diarrhées, la dysenterie, les maux de dents et la peste! De nos jours, la colchicine est devenue le remède classique dans le traitement de la goutte dont elle stoppe les attaques avec rapidité. On en a isolé dernièrement une autre substance, la démocolcine, moins toxique que la colchicine, et qui permet de traiter certaines affections du sang. On étudie aussi les effets de la colchicine sur l'évolution des tumeurs malignes. Mais dans les mains du profane, cette plante est extrêmement dangereuse et ne doit être utilisée sous aucun prétexte.

Son nom générique vient de la Colchide, province du nord de la mer Noire: c'est là que vivait la fameuse magicienne Médée. En fabriquant un jour une de ses potions maléfiques, elle en laissa tomber une goutte sur le sol, et c'est ainsi que naquit le Colchique . . .

FÉTUQUE DES PRÉS — *Festuca pratensis HUDS.*
Famille: Graminacées

La Fétuque des prés est une herbe cespiteuse, de couleur vert sombre, atteignant 1,20 m de hauteur. Les rejets sont légèrement rampants et les tiges lisses se redressent en arc de cercle. Les feuilles, longues, ont un limbe lisse et mou.

L'inflorescence est une panicule formée d'épillets de 5 à 8 fleurs, qui mesurent jusqu'à 20 cm de longueur totale, généralement unilatérale. Les fleurs ont 3 anthères versatiles portées par de longs filets et 2 stigmates plumeux.

Les glumes sont sublancéolées et les glumelles dépourvues d'arêtes.

La Fétuque est une graminée prairiale commune

qui fleurit de juin à juillet en fait dans toutes les prairies, sur les talus et les endroits herbeux de la plaine jusqu'en altitude. Elle existe dans toute l'Europe, au nord jusqu'au 66° de latitude, en Asie tempérée et elle a été introduite en Amérique.
C'est une des meilleures graminées fourragères connues.

PÂTURIN DES PRÉS — *Poa pratensis L.*

C'est une graminée vivace, d'un vert gai, qui produit de longs rejets souterrains. Les tiges atteignent 1,20 m de haut et sont nues dans leur partie supérieure. Les feuilles de la base sont planes ou roulées en gouttière et terminées par une pointe en capuchon. Le limbe de la feuille la plus haute est toujours plus court que la gaine.
La panicule est pyramidale, dressée et étendue, mesurant une vingtaine de cm.
Le Pâturin des prés fleurit de mai à juillet. C'est une espèce qui abonde dans les prairies, les clairières, sur les talus, etc. de la plaine jusqu'en montagne. Il remonte jusqu'au Spitzberg et à la Nouvelle-Zemble, mais n'existe qu'en altitude en Europe du Sud. Il vient aussi en Asie septentrionale, dans le Caucase, au Maroc, en Algérie, en Amérique du Nord et en Australie.
C'est une des meilleures espèces fourragères, qui résiste bien au froid et à la sécheresse. Les graines conservent longtemps leur pouvoir germinatif.

BRIZE INTERMÉDIAIRE (AMOURETTE, LANGUE DE FEMME) — *Briza media L.*

L'Amourette est une herbe vivace, qui se présente en touffes lâches de 80 cm de haut environ, portée par une souche à rejets courts. Les tiges sont dressées, lisses, les feuilles planes et scabres. Les ligules sont très courtes.
La panicule lâche a un port caractéristique très largement étendu. Les épillets sont ovales ou arrondis, ou même cordiformes, souvent lavés de violet et portés par des pédoncules filiformes qui les font trembler au moindre souffle.
Les glumes asymétriques sont ovoïdes, carénées, les glumelles inférieures bombées, à marge claire.
La floraison a lieu de mai à juin dans les prairies, les herbages, etc. de la plaine jusqu'en montagne dans l'ensemble de l'Europe et en Asie tempérée. Elle manque dans les régions arctiques et par endroits dans le sud.
C'est une excellente graminée fourragère, mais de peu de rendement.

DACTYLE PELOTONNÉ — *Dactylis glomerata L.*

C'est une herbe robuste, vivace, qui atteint 1 m de haut, qui présente des tiges raides, généralement scabres, minces et dressées. Le limbe des feuilles est plan, à nervations et marges rugueuses. Si on n'y prend pas garde, on peut se couper en le saisissant. Les ligules sont aiguës, les gaines doublement déprimées et, chez les feuilles les plus basses, coriaces et brunes.
La panicule est d'abord mince, puis lobée et souvent unilatérale. Les épillets de 5 à 6 fleurs sont groupés en glomérules.
Les glumes sont asymétriques, aiguës, aristées, les glumelles inférieures ovales-lancéolées et carénées.
Le Dactyle pelotonné est un hôte régulier des prairies, pâtures et tous les lieux herbeux de la plaine jusqu'à la montagne. Il fleurit de mai en juin. Mises à part les régions arctiques, il vient dans toute l'Europe tempérée, en Afrique du Nord, en Amérique et en Australie. Il s'est naturalisé en Nouvelle-Zélande où il avait été introduit comme plante fourragère.
C'est une espèce qui présente de nombreuses variations. Elle fournit un foin un peu grossier, mais elle est broutée fraîche avec avidité par les bovins.

CRÉTELLE — *Cynosurus cristatus L.*

La Crételle est une herbe fortement touffue, vivace, haute de 20 à 60 cm, à souche courte. Les tiges sont dressées, minces et rigides. Les feuilles caulinaires sont cannelées et se terminent par une pointe acérée. La ligule est très petite.
La panicule unilatérale est contractée en épi et les épillets, portés par de courts pédoncules, sont alignés en dents de peigne sur deux rangs. Certains sont fertiles, d'autres stériles, et comportent 3—4 fleurs. Les glumes sont aiguës, les glumelles inférieures bidentées et brièvement aristées.
La Crételle est commune dans les prés, les pâtures, les lieux herbeux et les clairières de la plaine jusqu'en montagne. A l'exception des contrées septentrionales, elle est présente dans toute l'Europe, en Asie Mineure septentrionale et dans le Caucase.

Elle fournit un excellent foin et un fourrage de qualité.

RAY-GRASS ANGLAIS — *Lolium perenne L.*

Le Ray-grass est une herbe vivace, rarement bisannuelle, qui se présente en touffes denses de couleur vert sombre. Ces touffes sont en fait complexes: elles sont formées de plusieurs individus touffus, reliés entre eux par des rejets de souche. Les tiges sont dressées, d'une cinquantaine de cm de haut, lisses, les feuilles sont planes, les ligules peu visibles. Les épillets de 7 à 12 fleurs forment un épi serré, lâche, qui peut atteindre 20 cm de long. Ils sont d'une couleur vert jaunâtre, aplatis et plaqués contre le rachis par leur face étroite.
Le Ray-grass abonde dans les prairies sèches, sur les pentes, mais aussi le long des chemins et dans les lieux incultes de la plaine et de la montagne. Il existe dans toute l'Europe sauf dans le Grand Nord, en Asie tempérée et en Afrique du Nord. Il a été introduit comme graminée fourragère en Amérique du Nord et en Australie. Il manquait originellement en Angleterre où il fut introduit en 1677. Mais sa culture s'y est à ce point généralisée que de nos jours encore l'Angleterre reste la grande exportatrice des ses semences.
Il compte parmi les graminées fourragères les plus anciennement cultivées: il fournit un foin d'excellente qualité et forme rapidement des touffes denses et solides. C'est lui qui est à la base des fameuses pelouses anglaises, d'un vert inimitable. On le sème souvent en même temps que la

CANCHE GAZONNANTE — *Deschampsia caespitosa (L.) P. BEAUV.*

C'est encore une graminée vivace à touffes denses, d'un vert profond, aux tiges multiples et dressées, lisses, atteignant jusqu'à 1,50 m de haut. Les feuilles sont planes et fortement côtelées sur la face supérieure, et s'enroulent par temps sec. La ligule mesure de 6 à 8 mm.
Les tiges portent une panicule d'une vingtaine de cm,

Fétuque des prés

Brize intermédiaire (Amourete, Langue de femme)

Dactyle pelotonné

Pâturin des prés

Ray-grass anglais

Crételle

étendue sur les côtés, pyramidale, à ramifications scabres, horizontales en fin de floraison.
Les épillets comportent de 2 à 3 fleurs et sont souvent lavés de violet, de jaune et de vert. Les glumes obtuses, violacées dans leur région supérieure, présentent une marge scarieuse, comme les glumelles, qui sont également violacées.
La Canche gazonnante abonde dans les prairies humides, les tourbières, les bois frais de la plaine jusqu'en montagne. Elle fleurit de juin à août, parfois plus tard en automne. Elle se trouve dans presque toute l'Europe, mais seulement en altitude dans le sud. Elle vient également en Asie occidentale et septentrionale, dans l'Himalaya, en Ethiopie, au Cameroun, en Tasmanie, en Amérique du Nord et en Nouvelle-Zélande.
Elle fournit un fourrage dur et de qualité médiocre. Son nom rappelle le naturaliste français Deschamps.

HOULQUE LAINEUSE — *Holcus lanatus L.*

C'est encore une graminée vivace à touffes denses, qui atteint 1 m de haut environ, nettement gris-vert, car elle est toute couverte de courts poils mous. Les tiges dressées ou ascendantes-genouillées sont cassantes par temps sec. Les feuilles planes sont molles et râpeuses, velues, tout comme les gaines. La ligule frangée mesure environ 2 mm.
Les panicules ovales atteignent 15 cm de long, ne se déplient que pendant la floraison, et se contractent à nouveau aussitôt après. Les épillets comportent 2 à 3 fleurs et sont blanchâtres ou rougeâtres. Les glumes sont rugueuses, ciliées, les supérieures s'amincissant en arêtes. Les glumelles inférieures sont minuscules.
La Houlque laineuse est abondante dans les prairies humides, les pentes herbeuses, les clairières et les pelouses de la plaine jusqu'à la montagne. Elle fleurit de juin à juillet et elle est répandue dans toute l'Europe à l'exception de l'extrême nord, et en Asie tempérée. Elle a probablement été introduite en Islande de même qu'en Amérique du Nord où elle s'est parfaitement naturalisée.
Les tiges ont un goût légèrement sucré, mais elle donne un foin de qualité très médiocre.

FLOUVE ODORANTE — *Anthoxanthum odoratum L.*

La Flouve est une herbe vivace à touffes denses, dégageant à la dessication ou même au simple froissement une odeur de »foin coupé« très caractéristique.
Les tiges multiples sont lisses et dressées, peu feuillées. Les feuilles sont planes, velues, la ligule courte.
La panicule est allongée et contractée en un épi formé d'épillets à une seule fleur, de couleur jaune-vert, brièvement pédonculé.
Les glumes sont aiguës lancéolées, les glumelles inférieures aristées et velues.
La floraison a lieu d'avril jusqu'en automne dans les prairies sèches, les pâtures et toutes sortes de lieux enherbés secs, de la plaine jusqu'à la montagne. Elle existe dans l'ensemble de l'Europe, au sud surtout en altitude, en Asie Mineure, en Asie septentrionale, dans le Caucase et en Afrique du Nord. Introduite en Amérique du Nord, en Australie et en Tasmanie, elle y est complètement naturalisée.
Cette plante contient une forte proportion de coumarine parfumée, substance volatile et amère qui influe sur la respiration, la circulation et l'activité cardiaque. C'est elle qui donne au foin son parfum caractéristique. Les fleurs sont distillées pour en tirer une essence dont la parfumerie fait grand usage, et on en fait des tisanes médicinales.
C'est un excellent fourrage, mais seulement en mélange, car seule la Flouve dégage un parfum si violent qu'il est presque insupportable.

VULPIN DES PRÉS — *Alopecurus pratensis L.*

C'est une graminée vivace, qui dépasse 1 m de haut, à souche stolonifère et traçante. Les tiges sont dressées ou genouillées-ascendantes et s'enracinent souvent au niveau des nœuds. La face supérieure du limbe est plane et scabre, la ligule atteint 4 mm.
Les épillets à très court pédoncule forment un épi dense et fermé, obtus, cylindrique, qui atteint 1 cm de diamètre et 5 — 10 cm de longueur, se lovant quand on le recourbe.
Les glumes sont concrescentes jusqu'à mi-hauteur, et leur carène verte, souvent rougeâtre, porte des cils. Les glumelles inférieures longuement aristées sont aussi longues que les glumes, les supérieures manquent.
C'est une graminée commune surtout dans les prairies fraîches où elle fleurit de mai à juin.
Elle existe dans toute l'Europe à l'exception des contrées les plus nordiques et du Bassin méditerranéen. On la trouve aussi dans le Caucase et en Asie septentrionale. On sème souvent le Vulpin à des fins fourragères, et on utilise alors surtout des semences

d'origine finlandaise. Il supporte les hivers les plus rigoureux, de même qu'une couverture de neige prolongée.

FLÉOLE DES PRÉS — *Phleum pratense L.*

C'est une herbe vivace de teinte vert clair, d'un mètre de hauteur environ, qui croît en touffes denses avec de nombreux rejets stériles. Les tiges sont dressées ou genouillées-ascendantes, parfois épaissies à la base. Les feuilles planes, scabres, ont des ligules de taille variable: les inférieures sont toujours plus courtes que celles du haut.
Les épillets sessiles forment un épi étroit et fermé, de forme cylindrique, ne se lovant pas quand on le plie, contrairement à celui du Vulpin, et long d'une quinzaine de cm.
Les glumes blanches sont parcheminées, la carène verte est ciliée, et elles sont brièvement aristées. Les glumelles inférieures sont également parcheminées et les grandes anthères violacées sont particulièrement caractéristiques.
C'est une graminée prairiale commune que l'on peut rencontrer aussi bien en plaine qu'en montagne. Elle fleurit de juin jusqu'en août et se trouve en fait dans toute l'Europe, en Asie septentrionale, en Algérie et en Amérique du Nord.
On la sème souvent, car elle fournit un bon fourrage, qui est très apprécié des chevaux, malgré sa fermeté.

ORCHIS BOUFFON — *Orchis morio L.*
Famille: Orchidacées

L'Orchis bouffon est une plante vivace qui atteint 40 cm de hauteur. Il possède, cachés sous terre, deux pseudo-bulbes sphériques, l'un ridé et qui sert à nourrir les parties aériennes, l'autre, celui de l'année, qui emmagasine des réserves pour l'année suivante. La tige est finement cannelée, feuillée, et porte à sa base plusieurs écailles blanches. Elle est souvent lavée de violet.
Les feuilles inférieures sont lancéolées, d'un gris bleuté, tandis que celles du haut sont petites et engainantes.
Les fleurs pourpres, parfois blanchâtres, sont veinées de vert. Elles apparaissent à l'aisselle de bractées membraneuses et forment un épi cylindrique, pauciflore (de 7 à 12 fleurs) et lâche. Les sépales sont

Orchis à larges feuilles

Orchis moucheron

connivents en casque, le labelle d'un pourpre violet est maculé de taches sombres, l'éperon est légèrement ascendant et la plupart du temps plus court que l'ovaire. Celui-ci est tordu à 180° et imite le pédoncule par son allure générale.
Les fruits sont des capsules contenant un grand nombre de graines presque microscopiques, comme celles de presque toutes les Orchidées.
Cette jolie plante fleurit très tôt en avril jusqu'en juin dans les prairies, les pâtures et autres lieux herbeux de la plaine jusqu'au pied de montagnes. Elle existe aussi bien en Europe centrale et jusqu'en Scandinavie que dans le sud, le Caucase, en Asie Mineure et en Sibérie.
Les tubercules, riches d'un amidon léger et très digeste, sont parfois séchés, réduits en poudre et donnés aux enfants et aux convalescents sous le nom de «salep». Le salep, au début du siècle, était à la mode en France, et les pharmaciens le recevaient d'Iran, où sa préparation est classique et dure encore.

ORCHIS À LARGES FEUILLES — *Dactylorchis latifolia (L.) ROTH.*

L'Orchis à larges feuilles est une plante vivace d'une cinquantaine de cm de hauteur, aux bulbes d'abord lobés, puis trilobés à palmés. Les feuilles, allongées-lancéolées, à gaines courtes, sont d'un vert glauque et portent souvent des taches sombres sur l'avers. L'épi floral est dense et formé de fleurs d'un violet pourpré, avec des sépales maculés. Le labelle trilobé est rouge purpurin.
Il fleurit de mai à juin dans les prairies humides ou dans les marécages, de la plaine jusqu'au pied des montages, mais il s'aventure rarement en altitude. Il est assez répandu dans le sud de l'Europe, en Europe centrale, au nord jusqu'en Scandinavie, mais aussi dans les régions caucasiennes, au Proche-Orient, en Perse et en Sibérie.

ORCHIS MOUCHERON — *Gymnadenia conopea (L.) R. BR.*

L'Orchis moucheron est une herbe vivace d'une cinquantaine de cm de hauteur, parfois bien davantage, aux bulbes plans, bilobés à dactylés. La tige est dressée, de section arrondie, et porte à sa base deux écailles coriaces.
Les feuilles sont allongées, longuement, ou même linéairement lancéolées, carénées sur le revers et d'une teinte gris-vert.
L'épi floral est cylindrique, remarquablement long, avec des bractées lancéolées, souvent ourlées de violet. Les fleurs, petites, sont de couleur chair ou violacé, parfois presque blanches, et d'odeur suave en masse. L'éperon est recourbé vers le sol et deux fois plus long que l'ovaire tordu en spirale.
La floraison a lieu de mai à juin dans les prairies, sur les pentes herbeuses et dans les clairières, de la plaine jusqu'en montagne. C'est une Orchidée qui préfère le calcaire et croît dans toute l'Europe tempérée, en Asie Mineure et en Caucasie.
Là où elle vient en quantité, on peut en faire des gerbes somptueuses et d'un parfum exquis.

LES CHAMPS

Si la prairie, telle que nous la connaissons, est déjà un milieu semi-artificiel, maintenu dans son état par le travail et les soins de l'homme, le champ, lui, est le fruit d'un artifice absolu. En effet, le champ cultivé est pour l'homme d'une telle importance, puisqu'il conditionne sa survie, qu'il est contraint de la maintenir, de l'entretenir, de le soigner, de l'enrichir, de le renouveler, de l'adapter à des cultures nouvelles ou à des procédés de culture inédits, et cela depuis des siècles, en fait depuis que de chasseur et de ramasseur qu'il était, notre ancêtre a eu l'idée, au néolithique, de cultiver les végétaux qui lui étaient apparus comme utiles pour en avoir une jouissance plus certaine.

Car c'est le champ qui aujourd'hui lui fournit l'essentiel de sa nourriture, sous forme de blé, de pommes de terre, de féculents divers, de légumes, de sucre, d'huile, de fibres textiles, de fruits, et indirectement de viande à travers les aliments qu'il procure au bétail.

Et dans un champ, les conditions de vie ont été créées et sont entretenues par l'homme: le sol y reste nu une grande partie de l'année, et l'exposition au soleil y crée des conditions d'assèchement particulières. En revanche, le sol constamment ameubli, retourné, hersé, en est fortement aéré. Et ainsi ameubli par les labours, il compense les risques accrus d'évaporation par un plus grand pouvoir d'absorption et de rétention de l'eau du ciel.

D'autre part, chaque culture, même si elle ne concerne une même plante que pendant une saison, est monospécifique, et épuise le sol d'une telle façon qu'il faut lui rendre ses éléments fertilisants sous forme d'engrais organiques ou composés. Le cultivateur est sans cesse obligé de penser à l'élément qui peut manquer après la levée d'une récolte.

Toutes les plantes que nous cultivons nous accompagnent depuis que l'homme s'est décidé à les domestiquer. Mais peu à peu, par sélection, par hybridations (voulues ou spontanées) toutes ces plantes ont évolué de telle façon que nous ne connaissons plus leurs ancêtres sauvages, et quand nous les connaissons, les formes cultivées que nous avons créées seraient incapables de survivre livrées à elles-mêmes. Il est impossible d'imaginer dans la nature un chou-fleur ou un pied de maïs.

De plus, de pays à pays et de continent à continent, les plantes cultivées ont presque toutes accompli d'énormes voyages: les explorateurs et les conquérants des pays neufs ne se contentaient pas de rapporter le produit de leurs pillages et de leurs razzias, ils avaient toujours avec eux des naturalistes qui rapportaient de leur côté des graines, des plantes entières, dont ils avaient remarqué les qualités alimentaires, ou simplement décoratives. De même, les colons des pays neufs y emportaient les graines des plantes de leur patrie. C'est ainsi que toutes les races de pommes américaines proviennent des pommiers issus des pépins que les Français qui allaient au Canada y semaient religieusement.

Mais les champs ne portent pas seulement les plantes utiles que nous leur confions : les conditions artificielles où nous les maintenons coviennent admirablement à d'autres espèces parfaitement inutiles, ou même nuisibles à l'homme et à ses cultures celles qu'on appelle les «adventices», ou plus simplement les «mauvaises herbes».

Ce sont des plantes dont le cycle vital s'accommode de tous les traitements que l'homme fait subir à son champ : leurs tubercules, leurs rhizomes, leurs bulbes, leurs racines traçantes survivent au labour, au mélange des couches du sol, au hersage, tous traitements qui facilitent même leur multiplication. D'autre adventices, annuelles, arrivent à se maintenir parce que leurs graines mûrissent au plus tard au moment de la récolte. Il suffit alors d'un retard de quelques jours dans le déchaumage pour qu'elles se mettent à germer, à croître, et qu'elles arrivent à passer l'hiver et à fleurir, puis à fructifier dès le printemps. Il en est même qui peuvent donner plusieurs générations par an. Toutes ces facultés de prolifération et leur parfaite inutilité en font des ennemis qu'il s'agit d'éliminer coûte que coûte. De plus, certaines de ces plantes sont tellement adaptées à ces conditions qu'elles ne peuvent plus vivre ailleurs que dans les champs.

Enfin, on peut remarquer que certaines de ces adventices sont au cours des temps devenues des plantes de culture. Il est ainsi probable que le seigle, encore inconnu des Romains, a d'abord été une mauvaise herbe mimante du blé, et que peu à peu on s'est aperçu qu'il avait ses qualités propres, dont la principale est de pouvoir donner une récolte dans les terres acides où le blé refuse de produire. De même l'avoine a été sans doute d'abord une adventice des moissons, et n'a été adoptée que très tardivement. Ce n'est que grâce à l'esprit d'observation des hommes d'autrefois que toutes ces plantes ont été progressivement apprivoisées et soumises à notre volonté. Ce sont là des phénomènes de civilisation très remarquables, et le premier qui a su distinguer l'avoine des autres herbes et en tirer profit a montré ce que pouvait être le génie de l'homme.

PLANTES CULTIVÉES

PAVOT SOMNIFÈRE — *Papaver somniferum L.*
Famille: Papavéracées

Le Pavot somnifère (ou œillette) est une plante annuelle à feuillage d'un vert grisâtre et pruineux, tout imprégnée d'un latex blanc qui durcit et brunit à l'air.
Les tiges atteignent 1,50 m de haut et portent des feuilles sessiles, allongées-ovoïdes, lobées ou dentelées et tout ondulées. Les feuilles de la base s'aminicissent en un court pétiole.
Les belles fleurs qui peuvent atteindre 10 cm de diamètre comportent 2 sépales caducs et 4 grands pétales blancs, roses ou violacés qui portent une tache brune à l'onglet. Les boutons sont inclinés et les pédoncules floraux sont couverts de soies cespiteuses. Le périanthe cache une quantité d'étamines à sommet renflé, qui portent des anthères bleu-vert en un stigmate lobé. La «tête de pavot» est bien connue: elle renferme des graines réniformes aux enveloppes chagrinées, riches en substances oléagineuses. Le Pavot somnifère fleurit de juillet jusqu'en août; on le cultive couramment dans toutes les régions du globe. On admet deux théories quant à ses origines: ou bien il descend par sélection du Pavot sétigère *(Papaver setigerum D.C)* courant dans les contrées méridionales, ou bien (Zukovski 1950) il serait apparu spontanément à l'ère tertiaire dans le climat favorable du Turkestan. Toujours est-il que les Sumériens, aux environs de 5000 av. J.-C., connaissaient déjà sa culture, de même que les Egyptiens. Chez les Grecs, le Pavot était le symbole des rêves et du sommeil.
S'il est fort utile comme oléagineux pour l'économie humaine, il est également plein de dangers: le suc blanc dont il regorge, l'opium, contient plus de 20 alcaloïdes différents, parmi lesquels la morphine, la codéine, la thébaïne, la papavérine, la narcotine, etc. dont la plupart sont des poisons violents. Ces substances ont presque toutes un effet puissant de sédation et de narcose: elles calment la douleur, provoquent des visions et des sensations agréables et amènent un sommeil plus ou moins délirant, mais leur excès entraîne une régression des facultés mentales et peut aboutir à la mort. Utilisées avec prudence par les médecins, ces substances guérisssent et délivrent l'homme de bien des douleurs. On récolte pour la pharmacopée les têtes avant leur maturité et on peut recueillir le suc séché ou bien l'extraire avec les alcaloïdes des organes secs. La graine n'en contient pas du tout et fournit une huile parfaite. Mais ce n'est pas le moment de faire le procès de la drogue, la cause étant entendue. Mais n'oublions pas que c'est à cause de l'opium que l'Angleterre a mené contre la Chine une guerre dont l'objet était d'en sauvegarder le commerce.
Outre l'huile que fournit l'«œillette», on utilise les graines, surtout en Europe centrale, pour agrémenter nombre de spécialités pâtissières.

COLZA — *Brassica napus L. var. arvensis (LAM.) THEIL.*
Famille: Cruciféracées

La culture du Colza est annuelle ou bisannuelle. La racine de la plante est fuselée, ses tiges sont

Pavot somnifère

simples ou ramifiées et atteignent un mètre de hauteur. Les feuilles grises et pruineuses sont pétiolées à la base, lyrées à pennatipartites et le segment terminal particulièrement développé est placé à quelque distance des deux paires de folioles. Les feuilles supérieures, entières, sont engainantes par leur base.

Les fleurs de type 4 sont jaunes.

Le fruit est une longue silique terminée par un bec, qui contient des graines d'un bleu-noir, parfois rouge sombre, riches en huile.

La floraison a lieu d'avril à juin et le Colza est le plus souvent conduit en culture d'hiver: semé en automne, il fleurit en avril de l'année suivante et les graines arrivent à maturité en juin. Comme les siliques ont tendance à s'ouvrir facilement, la récolte doit être faite au moment précis de la maturité et avec douceur.

Oléagineux cultivé depuis longtemps dans les deux hémisphères, le Colza est de patrie inconnue. On ne lui connaît aucune forme sauvage, quoique qu'il puisse le redevenir pour quelque temps quand il s'échappe des cultures.

Les graines fournissent une huile comestible après traitement, à laquelle on reproche sont taux excessif en érucine, qui est toxique, et son odeur peu agréable. Pendant longtemps on ne l'a guère utilisée que comme huile lampante, qui fut détrônée par le pétrole. Elle entre dans la fabrication des savons et on l'ajoute aux graisses synthétiques. Sa combustion imparfaite donne une excellente encre de Chine. Les tourteaux résiduels sont un aliment apprécié pour le bétail.

BETTERAVE — *Beta vulgaris L.*
Famille: Chénopodiacées

C'est une plante annuelle ou bisannuelle, vivace à l'état sauvage, à grosse racine charnue et à grandes feuilles ovoïdes, plus ou moins ondulées, disposées en rosettes. Les tigers florales atteignent 1,40 m de hauteur et sont parfois lavées de rouge.

Les fleurs petites et peu apparentes présentent un périanthe de couleur vert clair qui se lignifie après la floraison.

La Betterave est une plante de grande culture industrielle qui fleurit de mai à octobre.

On trouve dans les cultures surtout la sous-espèce *esculenta* (SALLISB.) GUERKE sous sa forme rouge: c'est notre betterave rouge dont la racine fuselée, sphérique ou plate, pigmentée par des anthocyanes, est souvent consomée comme légume. La forme altissima est la Betterave sucrière dont la racine charnue contient jusqu'à 18 % de saccharose. Cultivée depuis le XVIIIe siècle, c'est la source essentielle du sucre en Europe et la base de notre industrie sucrière.

Une autre Betterave, cultivée souvent comme fourrage, est la variété *cicla* (L.) MOQ., dite Poirée, dont les pétioles charnus rougeâtres, jaunes mais plus souvent tout blancs, sont consommés en légume. Les Egyptiens, les Babyloniens, les Grecs et les Romains en faisaient déjà grand cas, et c'est sans doute la première forme à avoir été cultivée.

Mais toutes les formes cultivées proviennent probablement de l'espèce sauvage halophile *Beta vulgaris* ssp. *maritima,* qu'on trouve communément en Europe occidentale et septentrionale sur les rivages de l'Atlantique, ainsi que sur le pourtour du Bassin méditerranéen et sur les côtes indiennes et chinoises.

Son suc a des propriétés médicinales: les sucres en sont facilement assimilables et il est riche en sels minéraux (K, Na, Ca, etc.) ainsi qu'en protéines qui en font un médicament anti-infectieux et antigrippal, indiqué également aux convalescents et à ceux dont la circulation a besoin d'être stimulée.

POIS CULTIVÉ — *Pisum sativum L.*
Famille: Papilionacées

C'est une plante annuelle à tiges grêles, anguleuses et couchées ou grimpantes qui atteint 2 m de longueur. Les feuilles pennées comportent de 1 à 3 paires de folioles ovales et se terminent par une vrille ramifiée qui provient de la transformation de la dernière foliole impaire. On remarque aussi les stipules en forme de moitié de cœur, souvent plus grandes que les folioles.

Les fleurs papilionacées sont longuement pédonculées, blanches et disposées par 1—3 en inflorescences axillaires.

Le fruit est une gousse d'abord plane puis renflée, atteignant chez certaines variétés une vingtaine de cm de long et contenant de 4 à 10 graines rondes. La plante est très fertile et peut produire jusqu'à 6000 kg de graines à l'hectare.

La floraison a lieu de mai en juin. Ce pois est couramment cultivé soit sous sa forme à fleurs blanches, ssp. *hortense* (NEILR.) A. GR., qui est le petit pois, soit comme plante fourragère seule ou en mélange sous la forme ssp. *arvense* (L.) A.GR, dite Bisaille. Cette forme présente un étendard bleuté et les deux ailes sont rouge violacé.

C'est une plante très anciennement cultivée originaire des régions orientales. Si le début de sa culture — soit comme légume sec, soit comme fourrage — se perd dans la nuit des temps, on sait au moins que les Indiens anciens le connaissaient déjà et le nommaient en sanscrit «harenzo». En Europe, on le cultivait déjà à l'âge de la pierre. Plus tard, les Vikings en faisaient une sorte de pain dont on a pu retrouver des restes dans leurs tombeaux. 5000 ans avant notre ère, il était déjà cultivé en Egypte. On ne consommait toutefois que les pois secs (ce sont «pois cassés»), et c'est le Hollandais Jean Babel

Pois cultivé

Betterave

Colza

Adrian, habitant la Haye vers les années 1600, qui aurait lancé sa culture pour la consommation en vert, sans doute à la suite d'une mutation spontanée qui fournit des grains plus fondants. Au milieu du XVIIe siècle c'était encore une friandise réservée aux grands de ce monde, aux rois et aux riches gourmets. Mme de Sévigné nous informe dans une lettre que: «nous mangeâmes hier au soir des petits pois à en crever».
Les graines contiennent une forte quantité d'amidon, et une plus forte proportion de sucres dans les variétés à grains ridés, mais aussi des matières azotées, de l'albumine et des lipides. Elles sont donc très nourrissantes, mais assez difficiles à digérer.
De nos jours, la culture des pois s'étend à toutes les régions tempérées et tropicales, en Scandinavie jusqu'au 67° paralèle. Dans les Alpes il s'accommode d'une altitude de 1700 à 1900 m. On le cultive parfois comme engrais vert.
Toutes les espèces cultivées sortent vraisemblablement de la Bisaille *(Pisum arvense)* qui est une adventice des cultures, ou de l'espèce d'Asie occidentale *Pisum elatius.*

TRÈFLE COMMUN — *Trifolium pratense L.*

Vivace mais parfois seulement bi- ou trisannuel, le Trèfle commun est pourvu d'une souche fasciculée et d'une profonde racine pivotante. Les tiges atteignent 50 cm et sont dressées et simples.
Les feuilles trifoliées et longuement pétiolées sont disposées en une rosette basiliaire, les caulinaires sont sessiles. Toutes les folioles, de forme subovale, portent sur l'avers une tache blanchâtre ou brune.
Les fleurs sont rouge chair ou carminées et groupées par 30 ou 40 en capitules sphérique. Les glandes nectarifères sont cachées au plus profond de la fleur et la pollinisation ne peut se faire que grâce à des papillons à longue trompe ou à des bourdons. C'est pourquoi il a fallu importer ces insectes en Australie pour permettre aux agriculteurs du pays d'obtenir des graines.
Les fruits sont des gousses à une seule graine.
Le Trèfle commun fleurit de juin à octobre dans les près, les clairières et les coteaux. C'est une plante de culture fourragère courante en plaine aussi bien qu'en montagne. Il existe dans presque toute l'Europe, en Asie occidentale, dans la région du lac Baïkal et au Cachemire. Il s'est naturalisé en Nouvelle-Zélande et sur le continent américain.
Les anciens Mèdes le cultivaient déjà en Iran comme plante fourragère et l'abbesse sainte Hildegarde, au Moyen Age, en recommandait l'emploi tout comme le Grand Albert qui lui reconnaissait des vertus médicinales.
On oublie trop que sa mise en culture systématique au début du XIXe siècle a supprimé l'usage de la jachère, qu'il remplaçait, et qu'il a ainsi permis un rendement bien supérieur des terres que par ailleurs il améliorait.
Le Trèfle a servi souvent de motif décoratif; l'art gothique voyait dans ses feuilles le symbole de la Trinité et les utilisait abondamment.
Mais il n'est pas mellifère, la trompe des abeilles étant trop courte pour atteindre son nectar.

LUZERNE CULTIVÉE — *Medicago sativa L.*

C'est une plante vivace qui peut mesurer 80 cm de hauteur, à tiges dressées et à feuilles trifoliées. Les folioles sont subovales à cunéiformes, et la médiane est pourvue d'un court pétiole.
Les fleurs, violettes, bleutées, rarement blanchâtres, forment de courtes grappes bien fournies. L'étendard de la corolle porte une nervation foncée.
Le fruit est une gousse spiralée.
La Luzerne cultivée fleurit de juin à octobre. Elle est originaire du Proche-Orient et d'Asie centrale, mais elle est cultivée depuis toujours un peu partout dans toutes les régions du globe et se naturalise facilement. Les graines auraient été rapportées d'une expédition en Asie occidentale par les troupes d'Alexandre le Grand aux environs de 470 av. J.—C.
En Europe, sa culture en grand ne date que du début du XIXe siècle, mais son importance ne cesse de croître, car l'industrie la transforme aujourd'hui en une farine presque aussi riche en protides que le tourteau de soja lui-même.

LIN CULTIVÉ — *Linum usitatissimum L.*
Famille: Linacées

Le Lin est une plante annuelle, à souche jaunâtre, fuselée, et dont les tiges dressées, densément feuillées, viennent soit isolées soit en touffes et atteignent 1 m de hauteur.
Les feuilles sont linéaires, aiguës et alternes.
Les fleurs de type 5 sont bleu clair («bleu de lin») et portent des nervations plus foncées. L'onglet des

pétales est jaune et les anthères sont bleues. Les fleurs qui forment des cymes fournies s'inclinent et se referment le soir ou avant la pluie.
Le fruit est une capsule subsphérique qui contient de 1 à graines.
Le Lin fleurit de juin à juillet. On le cultive à la fois comme plante oléagineuse et comme textile, et il descend probablement du Lin à feuilles étroites *(Linum angustifolium HUDS.)* qui est une espèce sauvage du Bassin méditerranéen, de la Crimée et du Caucase.
C'est une des plus anciennes cultures du monde, connue bien avant le coton en Chine et au Proche-Orient. A travers l'Egypte et la Mésopotamie, il a gagné ensuite le reste du monde. Les peintures égyptiennes de la XIIe dynastie représentent déjà le rouissage du Lin, et certaines momies portent à côté de leurs bandelettes de coton des bandelettes de lin.
On en cultivait sans doute en Europe déjà une espèce au néolithique.
Le travail et ensuite le filage du lin est ensuite devenu un domaine spécifiquement féminin, qui concernait aussi bien la princesse que la bergère; le rouet et la quenouille sont devenus des symboles de la féminité, et c'est ainsi qu'on peut les retrouver gravés sur certains tombeaux.
De nos jours, sa culture s'étend au monde entier, à l'exception des régions tropicales. En France il est devenu une spécialité des départements du Nord, dont le climat lui convient particulièrement.
Ses fibres ont été longtemps les reines du monde textile, et bien qu'évincé par le coton et les textiles synthétiques, il connaît une nouvelle popularité, étant considéré comme une «fibre noble». On en trouve des champs en Belgique, en U.R.S.S. (qui en est la grande exportatrice), en Hollande, en Irlande, mais moins en Amérique où le coton continue à régner.
Les graines contiennent une forte proportion de mucilage, des albumines, etc. mais elles sont surtout fortement oléagineuses: elle recèlent jusqu'à 40 % d'une huile qui convient à la fabrication de savons, de linoleums, de peintures et vernis, etc. Parfaitement purifiée, cette huile est comestible et en mélange avec de l'eau de chaux, c'est un bon topique sur les brûlures. Les tourteaux sont un bon aliment pour le bétail.
Toute la plante, mais surtout les graines, contient un cyanoglucoside, la linamarine, qui peut dans certaines conditions et sous l'effet de certains enzymes donner naissance à de l'acide cyanhydrique. On a déjà signalé des cas isolés d'empoisonnement: mort de veaux par consommation de tourteaux, de chèvres, de moutons, de chevaux, de chiens et de volailles par consommation de la tige. Mais ces accidents sont à peu près inconnus en France où ces tourteaux sont d'un usage très peu commun.

POMME DE TERRE — *Solanum tuberosum L.*
Famille: Solanacées

La Pomme de terre est une plante vivace de 40 à 100 cm de hauteur et qui se caractérise surtout par ses nombreux stolons souterrains qui portent de grands tubercules riches en amidon.
Les tiges dressés sont bien ramifiées et légèrement anguleuses au sommet.
Les feuilles imparipennées présentent le plus souvent une foliole terminale de taille supérieure aux autres, qui sont pétiolulées et velues sur les deux faces.
Les fleurs à grande corolle blanche, mauve ou bleutée

et à gorge vert-jaune, sont portées par des pédoncules articulés et forment des cymes terminales.
Les fruits sont des baies verdâtres de 1 — 2 cm de diamètre.
La Pomme de terre fleurit de juin à août.
C'est une plante aussi bien de culture potagère qu'industrielle, et elle occupe actuellement des millions d'hectares, surtout en Europe. Les multiples croisements, la sélection et l'amélioration progressive ont abouti à d'innombrables formes. C'est de plus une culture très rustique qui peut prospérer même à 1700 m d'altitude et à 70° de latitude nord.
Sa patrie d'origine est l'Amérique du Sud, du Mexique jusqu'au Chili.
Les Indiens des Andes la connaissent depuis toujours. Ils la cultivaient sous le nom de «chunos», la consommaient, la faisaient sécher ou congeler pour en faire des réserves. Les mêmes méthodes de culture étaient en vigueur chez les aborigènes de l'île de Chiloé, aujourd'hui propriété de Chili.

Pomme de terre

Les Incas la connaissaient, la consommaient et en pratiquaient la sélection.
Le premier Européen à avoir vu des pommes de terre fut probablement Gonzales de Quesada, commandant des troupes de reconnaissance espagnoles qui trouva avec ses soldats dans le village indien de Sorokata en Nouvelle-Grenade (Colombie actuelle) des «racines farineuses de goût agréable». Les soldats les appelèrent des «truffes».
On ne sait toujours pas, à l'heure actuelle, qui fut le premier à introduire en Europe de véritables pommes de terre. Les Compagnons de Colomb, puis ceux de John Hawkins en 1565, ceux de Francis Drake en 1578, enfin ceux de Walther Raleigh en 1665 ne rapportèrent pas de leurs expéditions des pommes de terre, mais des patates, qui sont les tubercules comestibles d'une convolvulacée, *Ipomaea batatas.*
Selon toute vraisemblance, ce fut le roi Philippe II à qui on envoya les premiers tubercules de la ville de Cuzco. Une partie de ces tubercules fut d'ailleurs expédiée au pape, en tant que plantes médicinales. Enfin le botaniste de la cour impériale de Maximilien II, Charles de l'Ecluse (Carolus Clusius) qui était un ami de Francis Drake, en reçut aussi quelques exemplaires. Par son intermédiaire, les tubercules passèrent ensuite en Angleterre.
La plupart des tubercules cultivés en Europe jusqu'au début du XIXe siècle provenaient probablement des quelques spécimens multipliés par l'Ecluse. C'est aussi à lui qu'on doit la description princeps et la première illustration de la plante, parues en 1601 dans l'ouvrage «Rariorum plantarum historia» où les tubercules étaient appelés «Papas peruanorum».
Dans les premiers temps de sa culture, la Pomme de terre était considérée comme une rareté décorative, puis on se mit à consommer les tubercules comme un mets délicat et recherché. Ils n'arrivèrent cependant sur la table du roi de France qu'en 1616, puis se propagèrent d'Italie en Allemagne sous le nom de «tartufo», truffe, d'où vient le nom allemand Kartoffel.
Ce fut grâce aux efforts de l'apothicaire français Parmentier que sa culture se généralisa en France, à un moment où la disette menaçait constamment. A la même époque les Irlandais se mirent à apprécier

ce légume, qui finit par devenir en Irlande le plat national, jusqu'en 1845 où les champs furent ravagés par le Mildiou. De nombreuses personnes moururent dans la famine qui s'en suivit et de nombreuses familles s'exilèrent en Amérique du Nord dès que le départ fut possible. Elles emportaient avec elles des pommes de terre, qui allaient ansi être introduites dans le nord du Nouveau Monde, sous le nom de Pommes de terre irlandaises «Irish potatoes».
En Europe, c'est surtout pendant le Guerre de Trente ans que sa culture s'est généralisée, et elle fut alors l'aliment aussi bien des troupes que de la population. Cette culture fut encouragée par le Grand Electeur de Brandebourg, Frédéric-Guillaume, aidé par le clergé. Mais les sujets se rebiffaient et se révoltaient au point de faire éclater çà et là de véritables émeutes. La culture fut ensuite ordonnée par le roi de Prusse Frédéric II. Mais la famine qui suivit la Guerre de Sept Ans fit plus pour la pomme de terre que toutes les ordonnances: elle était le seul recours contre la faim et le peuple se mit à la cultiver de lui-même. En revanche en France, on assistait au phénomène inverse: les champs de Parmentier durent être mis sous la garde de sentinelles militaires, qui eurent ordre de ne veiller que le jour, pour permettre aux gens de trouver par la maraude un goût de fruit défendu à cette nouveauté, et le succès fut immédiat. Notons toutefois que c'est aussi à cette époque que furent révélées les premières pommes de terre obtenues de semis, et dont la qualité était bien supérieure à celle des tubercules primitifs, malodorants et quelque peu amers.
Les tubercules sont riches en amidon, en albumine, et par conséquent très nourrissants. Pourtant, le reste de la plante est toxique: elle contient une grande quantité d'un glucoalcaloïde, la solanine, mais aussi de la solanidine, de la solanéine et de la tropéine. Les tubercules sont à peu près exempts de ces substances toxiques, mais les jeunes germes, surtout quand ils ont été verdis à la lumière, sont violemment vénéneux: le taux de solanine peut y tripler et on a des rapports sur la mort de bêtes et de gens provoquée par son ingestion.
Les Pommes de terre sont également riches en vitamines C et B et constituent la matière de base dans l'industrie de la fécule, quoiqu'elles soient concurrencées dans ce domaine actuellement par les fécules de manioc, beaucoup moins chères.
C'est une culture surtout européenne (l'Afrique du Nord se réservant la production des pommes de terre de primeur) tandis que l'Amérique donne la préférence au maïs, mais on y cultive la Pomme de terre comme matière première indispensable à la fabrication du caoutchouc synthétique.

MAÏS — *Zea mays L*
Famille: Graminacées

Le Maïs est une plante de culture annuelle exceptionnellement robuste, puisqu'il atteint jusqu'à 2,50 m de hauteur. Les tiges sont pleines, largement feuillées et peuvent atteindre 6 cm de diamètre au sol.
Les feuilles sont longues, linéaires à lancéolées, distiques et retombantes. Les gaines foliaires sont lisses.
La plante est monoïque et les fleurs unisexuées: on trouve les femelles en longs épis cylindriques à l'aisselle des feuilles moyennes. Jusqu'à la maturité du grain,

Maïs

les épis restent enveloppés par des spathes renflées qui laissent apparaître au sommet une touffe de longs stigmates filiformes.
Les fleurs mâles forment des panicules terminales au sommet de la tige: chaque panicule se compose d'épillets densément groupés.
A la maturité, on assiste à la formation de caryopses brillants, soit sphériques, soit anguleux, soit pyramidaux, selon la variété.
C'est une plante de très ancienne culture, probablement originaire du Mexique ou du Guatémala. On ne connaît pas le Maïs à l'état sauvage: l'espèce actuellement cultivée pourrait provenir d'une espèce américaine encore inconnue ou déjà disparue. Mais l'hypothèse la plus couramment admise est que le Maïs est une hybride dont on croit avoir déterminé les parents. Toujours est-il que c'est une plante qui dépend uniquement des soins de l'homme. Incapable de disséminer ses graines, elle disparaîtrait immédiatement si elle n'était protégée et cultivée avec les soins nécessaires.
On a retrouvé au Nouveau Mexique des restes de Maïs datant d'environ 2500 ans avant notre ère. Des restes de grains ont été également découverts dans les tombeaux des «bâtisseurs de tumulus» péruviens. Mayas et Aztèques, qui voyaient en lui un don divin, l'honoraient comme un dieu et croyaient que l'homme avait été façonné avec de la farine de Maïs.
C'est Christophe Colomb qui a importé les premières graines en 1493. D'abord cultivé comme une rareté précieuse, le Maïs est très vite devenu une culture utilitaire qui s'est rapidement répandue en France, en Italie, dans le Bassin méditerranéen et en Orient. Par la Turquie il est passé ensuite dans le reste de l'Europe, d'où le nom qu'il porte par endroits de «blé turc». Les Portugais l'ont introduit en Afrique, en Inde, en Chine et à Java. Il en existe aujourd'hui d'innombrables variétés cultivées, adaptées à différents usages et climats.
Le Maïs trouve toutes sortes d'usages et c'est une des Graminées les plus importantes pour les pays chauds ou suffisamment tempérés. Les graines contiennent jusqu'à 65% d'amidon, de matières azotées, de sucre, etc. Leur mouture donne une farine dont on peut faire à la rigueur du pain (elle lève très mal) mais surtout des galettes, des crêpes, de la pâtisserie, de la semoule. Cependant, son utilisation exclusive et prolongée provoque une maladie épidermique qui atteint aussi les centres nerveux: la pellagre, ou lèpre lombarde. Cette maladie est provoquée par une carence vitaminique, et elle a surtout sévi dans les régions pauvres de l'Italie au siècle dernier.
La farine de Maïs sert de base à toute une série de plats nationaux: polenta italienne, mamaliga roumaine, tortillas mexicaines, Türkenriebel suisse. Le grain est également un excellent aliment pour les animaux d'élevage.
Les épis encore jeunes de la variété Golden Bantam se mangent crus, bouillis, grillés ou rôtis. La variété «everta» donne des grains explosifs avec lesquels on obtient le «pop corn». D'autres permettent d'obtenir un sirop qui donne par fermentation une sorte de vin, et de l'alcool. Les aborigènes américains connaissaient déjà la bière de Maïs. Les germes donnent par pression une huile alimentaire excellente, et qui peut servir industriellement à fabriquer une matière imitant le caoutchouc. Germés, les grains sont excellents en salade et la fécule de Maïs permet d'obtenir de la dextrine.
Le Maïs est souvent cultivé comme fourrage vert, et il se prête très bien à l'ensilage. On peut fabriquer du papier avec ses organes secs, la moelle des tiges fournit le celluloïd, le linoleum, des matières isolantes. Les spathes donnent toutes sortes d'enveloppes, le rachis des épis fournit le «furfural» et il peut servir d'engrais. Dans l'état du Missouri (Etats-Unis), on en fait des fourneaux de pipes très appréciés, appelés «corncob pipes», qui ont été «illustrées» par le général Mac-Arthur.

FROMENT — *Triticum sativum LMK.*

Le blé, qui est de culture annuelle ou bisannuelle, atteint de 70 à 160 cm de hauteur. Ses tiges sont creuses, ses feuilles glabres ou garnies de poils épars. Les épillets comportent de 2 à 5 fleurs (dont (2—4 fertiles): ils sont légèrement comprimés et forment un long pépi fermé, quadrangulaire et dressé. Les glumes sont ovales, seulement parfois aristées, les glumelles inférieures et supérieures sont persistantes et les caryopses sont nus.
Le Froment est de loin la céréale la plus importante, cultivée dans le monde entier et il provient comme d'autres espèces de blé d'Arménie et de Géorgie, d'Ethiopie aussi, où on en trouve encore toute une série d'espèces sauvages.
On en connaît de nos jours plus de 4000 variétés

cultivées, et sa culture est possible de l'Afrique du Sud jusqu'au nord de la Scandinavie et jusqu'à la région de Verkhoïansk au-delà du cercle polaire. Dans les Andes on en connaît des cultures au-dessus de 4000 m d'altitude.

Les grains contiennent environ 64% d'amidon, un taux considérable de matières azotées, sucre, des hydrates de carbone, et dans le germe des matières lipidiques. Autrefois, on se contentait de griller les grains pour les consommer tels quels. Puis on en fit de la farine. On en tire aujourd'hui de l'amidon, de la colle, de l'alcool et du malt. Les tiges sous forme de paille servent de litière et de fourrage pour les chevaux et les bœufs. On en a fait autrefois des toitures (mais la paille de seigle est préférable), des ruches et des éventaires, et même du papier. Les fameux chapeaux de paille d'Italie sont tressés avec de la paille de blé dur toscan ou chinois.

Mais le pain reste le produit quasi-sacré qu'on tire du blé. Il a été longtemps le symbole même de la vie, et de toutes les farines c'est celle du blé qui «lève» le mieux et qui donne le pain le plus parfait.

On connaît aujourd'hui une vingtaine d'espèces de blé, cultivées ou non, et d'où sont sorties par hybridation et sélection toutes les variétés cultivées de notre temps.

SEIGLE — *Secale cereale L.*

Le Seigle est une plante de culture bisannuelle, plus rarement annuelle, très rarement vivace à port touffu, qui atteint de 0,60 à 2 m de hauteur, à feuillage de couleur vert-gris.

Les tiges sont dressées, les limbes des feuilles sont plans et pruineux, la ligule est courte et finement dentelée et munie d'oreillettes blanches.

Les épillets plans comportent 2 fleurs. Ils sont imbriqués dans l'axe par leur côté le plus large pour former des épis fermés, plans, allongés, atteignant 20 cm de long, dressés mais parfois inclinés vers le sol. Les glumes très brièvement aristées sont en alêne, les glumelles inférieures s'atténuent pour se terminer par une forte arête qui peut mesurer de 3 à 5 cm de longueur.

Les grains sont nus et ocre ou vert-gris.

Le Seigle fleurit de mai à juin: c'est une céréale panifiable cultivée dans le monde entier. Il se maintient en montagne jusqu'à 2000 m et remonte jusqu'au 69° de latitude nord. De plus, il est moins exigeant que le blé et consent à pousser dans des terres acides et dépourvues de chaux.

On connaît de nos jours une vingtaine d'espèces sauvages. Mais c'est *Secale segetale* que l'on considère généralement comme l'ancêtre légitime de notre Seigle cultivé. C'est une adventice des champs de blé et d'orge dans les régions du Caucase et de l'Asie Mineure et centrale. C'est en effet la seule espèce dont l'épi ne soit pas fragile. En outre, ses possibilités de résistance laissent justement penser que dans des conditions difficiles elle ait pu prendre le dessus sur

Seigle

Froment

Avoine cultivée

Orge à deux rangs

l'orge ou le blé de culture et devenir ainsi une plante cultivée par une sélection qu'on ne saurait qualifier de naturelle. D'après une autre théorie, le Seigle cultivé proviendrait d'un croisement entre *Secale segetale* et *Secale ancestrale,* croisement qui se serait opéré quelque part en Asie Mineure.

En comparaison avec le Froment, le Seigle est une céréale jeune: on n'en trouve la trace en Europe qu'à l'âge du bronze (2500—300 av. J.-C.). Contrairement à la plupart des autres plantes cultivées, il n'était connu ni des Assyriens, ni des Babyloniens ni des Egyptiens.

Les Grecs et les Romains l'ont trouvé chez les peuples germaniques et ne l'ont cultivé qu'à partir du Ier ou de IIe siècles. Mais il était cultivé en Europe orientale et les Slaves ont assuré sa dispersion. Toutefois, les Romains ne l'appréciaient guère, car ils trouvaient son grain trop petit et son pain trop noir. En effet, la farine de Seigle donne un pain noir, mais plus sain, dit-on, que le pain blanc. On la mélange souvent pour moitié avec celle du blé pour donner ce qu'on appelle du «pain de paysan». Les grains donnent également du malt, (un ersatz du café) et de l'alcool. Certains whiskies sont à base de Seigle. A l'état jeune, il fournit un bon fourrage, et son chaume, vu sa longueur et sa résistance, est incomparable pour recouvrir les toits ou rembourrer les paillasses.

ORGE À DEUX RANGS — *Hordeum distichon L.*

C'est une céréale annuelle ou bisannuelle, haute de 60 à 160 cm, aux épillets uniflores groupés par 3 et sessiles. L'épi est fermé, long d'une quinzaine de cm, dressé ou incliné, distique et plan.

Les glumelles portent une arête qui atteint 15 cm de long, et les grains sont vêtus.

Couramment cultivée de nos jours dans toutes les zones tempérées du monde, l'Orge à deux rangs remonte facilement jusqu'au 70° de latitude nord et à 2000 m d'altitude. Et voici quelques records: certaines variétés prospèrent au-delà du cercle polaire et montent jusqu'à 4000 m d'altitude en Chine, et à 5000 m dans l'Himalaya.

Les nombreuses variétés d'Orge cultivées de nos jours ont probablement pour origine *Hordeum spontaneum,* qui est une Orge distique venant en Afrique du Nord, en Orient et en Asie centrale, et *Hordeum agricriton,* Orge à 6 rangs au rachis velu et fragile,

que l'on trouve vers le cours supérieur du fleuve Yang-Tseu en Chine et au Tibet du Sud-Est.
Sa culture était déjà pratiquée en Asie il y a 7000 ans. Elle était connue des Sumériens, des Assyriens, des Babyloniens et des Egyptiens qui savaient déjà faire la bière, de 5 à 4000 ans av. J.-C. Certains documents rapportent qu'une reine d'Egypte avait droit à 5 pots de bière par jour et toute la cour ryoale à 130.
Dans les premiers temps, on s'était contenté de griller les grains et de les écraser, puis vint le tour de la farine, probablement de mauvaise qualité (la farine d'orge est à peine panifiable et donne un pin affreux) puisqu'un des châtiments infligés aux soldats romains fautifs consistait à leur donner une ration de pain d'orge. C'était aussi la nourriture des esclaves, de la populace, de même que des gladiateurs, appelés «hordearii» à cause de cette particularité. Mais pour ceux-ci, il s'agissait sans doute de bouillie de gruau, qui est très nourrissante, et dont on a fait grand usage jusqu'à une époque très récente.
Les graines contiennent plus de 60% d'amidon, des hydrates de carbone, des matières azotées et quelques lipides. L'utilisation de l'Orge dépend un peu des régions: au Tibet et dans le nord de l'Europe on en fait surtout du pain, en Europe centrale de la bière, et en Afrique du Nord on l'utilise surtout comme fourrage.
A côté de l'Orge à deux rangs il existe toute une série de variétés cultivées.

AVOINE CULTIVÉE — *Avena sativa L.*

C'est une plante annuelle (parfois bisannuelle) à tiges lisses de 60 à 150 cm de haut. Les feuilles sont planes, ciliées, et les gaines grisâtres.
Les épillets à deux fleurs sont enfermés dans de larges glumes et le rachis est entier. L'inflorescence est une panicule d'une trentaine de cm de hauteur, à rameaux scabres. Les glumelles inférieures sont aiguës ou aristées.
La floraison a lieu de juillet à août. L'Avoine est couramment cultivée comme fourrage ou comme céréale et prospère dans toute la zone tempérée, même en altitude. Sa culture peu exigeante est possible même à 69° de latitude nord et à 1600 m d'altitude.
Les formes les plus souvent cultivées sont la sous-espèce *diffusa,* aux panicules très étendues et aux arêtes tordues à la base, mais aussi, dans une moindre mesure, la sous-espèce *orientalis,* dite Avoine de Hongrie, aux panicules contractées et déportées sur un côté et aux arêtes droites, qui apparaît parfois comme adventice de diffusa.
Toutes ces Avoines semblent avoir pour parente commune la Folle-avoine *(Avena fatua L.)* qui croît en Europe moyenne et dans le centre de l'Asie. L'Avoine était sans doute au début une simple adventice des champs de Seigle et ni les Egyptiens, ni les Mésopotamiens, ni les Syriens ne connaissaient sa culture.
C'est un excellent fourrage et un aliment des volailles, mais surtout des chevaux qu'il excite et dont il fait briller la robe. Elle a été autrefois panifiée dans les régions pauvres et montagneuses, et dans certains endroits on continue à en faire de l'alcool. Jusqu'au XVIe siècle elle a été brassée pour faire de la bière, et cette bière d'avoine est restée une spécialité belge.
Les flocons d'avoine contiennent des saponines, des glucides, des albumines, de l'amidon, du sucre, de la dextrine, des substances azotées, les vitamines B et K, de la lécithine, du phosphore, etc. L'infusion des grains est utilisée pour combattre l'anémie, la fatigue nerveuse, l'insomnie, l'inappétence, etc. et elle abaisse aussi la tension artérielle. Le bouillon d'avoine, de consistance mucilagineuse, convient aux convalescents et dans les cas d'ulcère de l'estomac. Les flocons sous forme de purée sont un aliment pour diabétiques, et les grains décortiqués, le «riz d'avoines», sont un aliment diététique de première valeur, mais qui rebute beaucoup de gens à cause de sa viscosité. Quant à la bouillie d'avoine, le «porridge», c'est un aliment d'usage quotidien dans les pays anglo-saxons.

ADVENTICES

GOUTTE DE SANG — *Adonis aestivalis L.*
Famille: Renonculacées

C'est une plante annuelle qui atteint une cinquantaine de cm de haut, à tiges dressées et peu ramifiées. Les feuilles sont ordinairement 2—4 fois pennées et les segments en sont linéaires et trifides. Les feuilles de la base sont brièvement pétiolées, les supérieures sessiles.
La plante porte 2 ou 3 grandes fleurs aux pétales rouge vif, ornés à la base d'une tache noire (mais

on trouve quelquefois des pétales jaune clair ou citron). Le calice est glabre et les fleurs sont pourvues d'une abondance d'étamines violet foncé. Les fruits sont des akènes nus, arrondis et terminés par un bec.
La Goutte de sang est une adventice des moissons des régions chaudes de la plaine, surtout en terrain calcaire. Originaire du Proche-Orient, il s'est disséminé avec la culture du blé. Malheureusement, l'usage des désherbants chimiques est en train de provoquer sa disparition, ainsi que de presque toutes les plantes parasites des champs de céréales.
Comme son cousin à fleurs jaunes, l'Adonis de printemps *(Adonis vernalis L.)*, la Goutte de sang contient les glucosides suivants: l'admidoside, l'adonidovernoside, et d'autres substances chimiques aux effets semblables à ceux des sucs de Digitale, mais bien atténués.
Une adventice très voisine est l'

ADONIS FLAMABANT — *Adonis flammea JACQ.*

Cette plante a également une corolle rouge ou jaune paille, et les pétales portent la même tache à l'onglet, mais le calice en est laineux.

COQUELICOT — *Papaver rhoeas. L.*
Famille: Papavéracées

C'est une herbe annuelle, souvent bisannuelle, qui peut atteindre 1 m de haut, et qui possède une tige soit simple, soit peu ou extrêmement ramifiée selon la richesse du terrain, et tout hérissée de soies.
Les feuilles sont 1 à 2 fois pennatiséquées ou pennées et les segments sont munis de dents aiguës. Les feuilles de la base s'amincissent en pétioles, les supérieures sont sessiles.
Les belles fleurs de couleur écarlate peuvent atteindre 10 cm de diamètre: d'abord penchées vers le sol, elles se redressent verticalement au moment même de la floraison. Le calice est vert, caduc et hérissé de soies, les grands pétales sont fins et écarlates, munis à la base d'une tache sombre. Le stigmate se creuse habituellement de 10 loges.
Les fruits sont des capsules ovoïdes.
Le Coquelicot est une adventice des cultures de céréales qu'on trouve aussi sur les talus et le long des chemins, ou même dans les décombres et les décharges publiques de la plaine jusqu'en montagne, surtout dans les régions chaudes.
A l'origine, le Coquelicot qui pourrait avoir pour ancêtre le *Papaver rumelicum VEL*, une espèce bisannuelle turque et bulgare, vivait dans les régions eurosibériques. Il est maintenant commun dans l'ensemble de l'Europe, à l'est jusqu'en Iran, en Sibérie occidentale et aux monts Altaï. Il a été introduit aussi en Amérique du Nord, en Australie et en Nouvelle-Zélande.
Il fait partie dans l'herboristerie française de la célèbre «tisane de quatre fleurs», utilisée comme pectorale. Et on en fait encore des sirops et divers remèdes. Les fleurs contiennent un alcaloïde: la rhodéatine, du mucilage, des pigments, etc. On les récolte parfois pour l'industrie pharmaceutique ou pour en faire des tisanes contre la toux et des refroidissements, mais il ne faut en user qu'avec prudence et sur l'indication du médecin.
Notons enfin que c'est une plante très variable, dont on connaît d'innombrables formes, dont les plus belles sont celles à fleurs pleines et de toutes les couleurs qui se cultivent très facilement dans les jardins où on la sème en place, car elles ne supportent pas le repiquage.

RAVENELLE — *Raphanus raphanistrum L.*
Famille: Cruciféracées

Plante annuelle d'une soixantaine de cm, la Ravenelle se caractérise par sa racine fine qui émet des tiges rameuses, hérissées de soies dans leur portion inférieure.
Les feuilles sont pétiolées, celles du bas de forme lobée, ou même pennatifide et lyrée, les supérieures entières et irrégulièrement dentées.
Les fleurs d'un jaune pâle un peu sale sont parfois veinées de violet. Le calice de type 4 est pressé contre la corolle: c'est le caractère distinctif qui permet de ne pas confondre au premier coup d'œil la Ravenelle avec la Moutarde des champs, espèce voisine et d'habitat semblable, mais à sépales étalés à l'horizontale.
Les siliques sont étranglées en chapelet et se divisent à la maturité en autant de fragments en forme de tonnelet qu'il y a de graines (environ 8 par silique). La Ravenelle fleurit de juin à octobre et parfois tout l'hiver dans les champs où c'est une adventice souvent gênante, sur les friches, dans les lieux incultes et les décombres surtout en sol léger, en plaine ou au pied des montagnes. Il est d'autant plus difficile de s'en

débarrasser que les graines enterrées conservent leur pouvoir germinatif presque indéfiniment.
Originaire du sud de l'Europe, elle s'est rapidement répandue avec la culture du blé aussi bien en Europe qu'en Asie Mineure, en Afrique du Nord et en fait partout où la culture du blé est possible.
Les graines ont un goût brûlant et contiennent environ 30% d'une huile qu'on pourrait utiliser dans l'industrie. On en faisait autrefois des révulsifs contre les rhumatismes. La Ravenelle a un autre inconvénient: quand les vaches en broutent, faute de mieux, leur lait prend une odeur d'ail insupportable.

MOUTARDE DES CHAMPS — *Sinapis arvensis L.*

C'est une espèce annuelle d'une cinquantaine de cm de haut, à tiges d'un vert vif, le plus souvent simples et couvertes de soies éparses.
Les feuilles caulinaires sont ovales, souvent entières, irrégulièrement dentées, parfois lyrées et pennatiséquées.
Les fleurs de type 2 se composent de pétales d'un beau jaune doré et d'un calice aux pétales écartés à l'horizontale (cf. plus haut la différence avec *Raphanus raphanistrum L).*
Les fruits sont des siliques terminées par un bec court: elles contiennent des graines lisses, d'un brun rouge foncé, et elles sont fortement mucilagineuses à l'humidité. La production des graines est proprement fantastique: 1 pied peut en donner jusqu'à 25.000! De plus, leur pouvoir germinatif se maintient pendant 25 ans, surtout si elles sont enfouies par un labour profond.
La Moutarde des champs fleurit de juin jusqu'en octobre et se plaît dans les champs, les vignes et sur les friches surtout en terrain calcaire. C'est une espèce d'origine probablement méditerranéenne qui s'est disséminée dans le monde entier grâce à la culture du blé. Elle a totalement envahi l'Europe, l'Asie du Sud-Ouest, la Sibérie et l'Afrique du Nord. Avec le blé, elle a aussi pénétré sur le continent américain, en Inde occidentale, en Uruguay et en Nouvelle-Zélande. Mais ce qui la rend dangereuse pour nos cultures, tout comme la Ravenelle d'ailleurs, c'est qu'elle héberge le Nématode de la Betterave *(Heterodera Schachtii)* qui cause ensuite de graves dommages aux cultures de betteraves environnantes. Les graines ne conviennent pas à la fabrication de la moutarde condimentaire, mais elles sont laxatives. On consomme aussi parfois les jeunes feuilles qu'on accommode comme les épinards. En fourrage elle est peu appréciée par les animaux dont elle irrite l'estomac et les intestins.

TABOURET — *Thlaspi arvense L.*

C'est une plante annuelle d'une trentaine de cm de haut, de couleur vert clair à tiges anguleuses qui dégagent quand on les écrase une désagréable odeur d'ail, causée par la présence d'allylsulfide. Les feuilles

Goutte de sang — *Moutarde des champs* — *Tabouret*

Ravenelle — *Coquelicot*

de la base sont pétiolées et en fer de lance, les autres lobées-dentées et embrassantes et en fer de flèche. Les petites fleurs blanches à calice flavescent sont groupées en grappes terminales dressées.
Les fruits sont de grandes siliques aplaties, arrondies, présentant une large marge et échancrées à l'extrémité. Elles contiennent de 5 à 7 graines.
Le Tabouret fleurit de mai à octobre et c'est une adventice banale des champs que l'on trouve aussi bien dans les décombres, sur les friches, etc. dans toute l'Europe, y compris les pays nordiques, la Sibérie, l'Asie occidentale, le Japon. Il a été également introduit en Amérique du Nord où il s'est totalement naturalisé.

BOURSE À PASTEUR — *Capsella bursa-pastoris (L.) MED.*

La Bourse à pasteur est une plante annuelle ou bisannuelle, d'une soixantaine de cm de hauteur, pourvue d'une racine ligneuse pivotante et d'une tige ramifiée couverte de poils courts et étoilés.
Les feuilles de la base sont pennatipartites ou entières et disposées en rosette: les caulinaires sont embrassantes.
Les petites fleurs à périanthe blanc, parfois aussi privées de corolle, forment une grappe longue et fournie qui s'allonge après la floraison.
Les fruits sont de petites silicules cunéiformes mais sans ailettes, qui contiennent des graines brun clair. La floraison a lieu de mars jusqu'à la fin de l'automne dans les champs, les décombres, les bords de chemins et les dépotoirs de la plaine jusque dans la montagne. La Bourse à pasteur est probablement originaire des régions méditerranéennes, mais elle s'est disséminée en même temps que le blé au point de devenir une des adventices les plus cosmopolites qui soient: elle ne manque qu'en Polynésie. En Europe on la trouve jusqu'au Grand Nord, et dans les Alpes elle monte à une altitude de 3000 m.
Elle présente une grande abondance de formes différentes. Elle est souvent attaquée par une moisissure, *Albugo* (ou *Cystopus) candicans:* toute la plante devient alors turgescente et difforme et les organes se couvrent d'une pellicule blanche. Elle a été autrefois utilisée contre les hémorragies internes. Les feuilles contiennent plusieurs glucosides: diosmine, choline, etc. et continuent à être récoltées pour leur action sur les muscles lisses de l'utérus, qu'on met à profit en obstétrique.

Ajoutons que les graines sont oléagineuses, et que dans des temps de disette on a réussi à en tirer de l'huile.

PENSÉE SAUVAGE — *Viola tricolor L.*
Famille: Violariacées

Annuelle ou vivace, la Pensée sauvage présente une tige creuse, anguleuse, ramifiée, à port dressé ou ascendant.
Les feuilles sont pétiolées, de forme ovale ou lancéolée, avec des stipules profondément pennatifides à pinnule terminale agrandie.
Les fleurs présentent des couleurs très variables: elles peuvent être monochromes, c'est-à-dire entièrement jaunes, blanches ou violettes, ou présenter un mélange de ces trois couleurs, avec une nervation plus foncée sur le pétale inférieur.
Les fruits sont des capsules qui contiennent un grand nombre de graines.
Selon les milieux où elle croît, on voit apparaître toute une série de formes et de souches, qui sont presque des races dont on a tiré, par hybridation probable avec *Viola altaica,* les Pensées à grandes fleurs de nos jardins. Elle fleurit presque tout le long de l'année: c'est une robuste adventice des champs qui ne dédaigne pas la friche, le talus, et même les décombres. On la trouve parfois dans les prairies, aussi bien que sur les coteaux et les rochers et elle peut fleurir et fructifier plusieurs fois par an.
Elle croît dans l'ensemble de l'Europe, au Proche-Orient, en Sibérie, dans tout le Bassin méditerranéen et en Inde. Elle a été introduite en Amérique du Nord. Elle a des vertus médicinales, et on la cultivait au XVIe siècle, ce qui a entraîné son extension rapide et colonisatrice.
On continue d'ailleurs de nos jours à récolter la tige feuillée qui contient des saponines, des essences volatiles, des flavones et des glucosides anthocyaniques. L'infusion est indiquée pour calmer la coqueluche, les affections pulmonaires, les rhumatismes et les catarrhes de la vessie. Pour tous ces emplois, l'alcoolat est plus indiqué que la tisane.

NIELLE — *Agrostemma githago L.*
Famille: Caryophyllacées-silénoïdées

La Nielle est une adventice annuelle à tiges dressées d'un mètre à peu près de haut, couvertes de poils gris et à peine ramifiées dans la partie supérieure. Les feuilles sont velues, linéaires lancéolées et opposées sur la tige.

Les fleurs sont portées par de longs pédoncules: le calice de type 5 à sépales soudés à la base a la forme d'une clochette et les 5 pétales sont rouges ou violacés.

Le fruit de la Nielle est une capsule allongée qui contient une quantité de graines violemment toxiques.

La floraison a lieu de mai à octobre. Nous avons à faire avec elle à une adventice stricte qui se limite exclusivement aux cultures de blé, de seigle, de trèfle, et aux terres labourées.

Sa patrie d'origine est sans doute l'Asie du Sud-Ouest d'où elle s'est disséminée avec les cultures de blé et elle a sans doute pour parente l'espèce des steppes asiatiques A. *gracilis BOISS.* devenue peu à peu messicole et qui en se transformant peu à peu a abouti à l'espèce que nous connaissons aujourd'hui. On peut trouver la Nielle dans toute l'Europe, en Asie, en Sibérie et jusqu'en Extrême-Orient. Elle a ensuite pénétré avec le blé en Afrique, en Australie, et en Nouvelle-Zélande, ainsi qu'en Amérique du Nord où on l'a signalée en 1879. Sa fulgurante extension est due en grande partie à l'impureté des semences: c'est pourquoi la Nielle est aujourd'hui en nette régression, les graines étant soigneusement triées par les producteurs, et c'est au point qu'elle est devenue par endroits une véritable rareté.

Les graines noires très riches en amidon et oléagineuses contiennent aussi une quantité de saponines: l'une d'entre elles, la githagine, est fortement vénéneuse et au contraire des autres saponines très facilement assimilable, de sorte que dans les temps anciens les empoisonnements par la Nielle étaient monnaie courante. La farine qui provenait des blés «niellés» avait une saveur très amère et était très toxique, il en était de même quand elle se trouvait mélangée à l'orge torréfiée qui remplaçait le café. On ne lui connaît par ailleurs aucun emploi.

VRILLÉE SAUVAGE — *Polygonum convolvulus (L.) H. GROSS.*
Famille: Polygonacées

La Vrillée sauvage (dite aussi Renouée liseron) est une plante annuelle à tiges anguleuses de 50 à 100 cm, couchées ou grimpantes.

Les feuilles sont ovales-allongées, ou même triangulaires, longuement aiguës et en fer de flèche à la base.

Les petites fleurs rose clair portées par de courts pédoncules présentent un périanthe très glanduleux et forment des grappes lâches.

La Vrillée fleurit de juin à octobre dans les champs, sur les friches et dans les décombres à basse altitude. On la rencontre dans toute l'Europe à l'exception des régions nordiques, en Asie tempérée et en Amérique du Nord.

C'est une fidèle compagne des cultures, et ses graines ont même été retrouvées dans les sites préhistoriques.

Bourse à pasteur

Nielle

Vrillée sauvage

Pensée sauvage

BEC DE GRUE — *Erodium cicutarium (L.) l'HÉR.*
Famille: Géraniacées

Annuel ou bisannuel, le Bec de grue présente des tiges d'une cinquantaine de cm à port étalé ou dressé, ramifiées à la base et toutes velues, glanduleuses.
Les feuilles de la rosette sont longuement pétiolées et de forme très variable: pennées à la base, lobées au sommet, à segments ovales 1—2 fois pennatiséquées et de contour ovale. Les feuilles supérieures présentent des pétioles plus courts.
Les fleurs mauves sont groupées par 3 à 8 pour former des inflorescences portées par une longue hampe.
Les fruits se reconnaissent à leur long bec caractéristique et à leur surface velue.
La floraison a lieu d'avril à octobre dans les champs, les friches, les vieux murs, ainsi que dans les décombres. C'est une plante originaire d'Europe centrale, du Bassin méditerranéen et de l'Asie tempérée, qui se trouve de nos jours dans presque toute l'Europe, en Asie orientale, en Afrique tropicale, sur le continent américain, en Australie, en Polynésie et en Nouvelle-Zélande.
L'extrait d'*Erodium* servait autrefois d'hémostatique et d'après la croyance populaire il suffisait d'en porter une racine dans sa poche pour être à l'abri des fièvres malignes.

GESSE TUBÉREUSE — *Lathyrus tuberosus L.*
Famille: Papilionacées

La Gesse tubéreuse, appelée en français populaire Gland de terre, est une plante vivace, glabre, d'un vert mat, à souche rampante qui produit des tubercules racinaires de grande taille, riches en amidon, comestibles, que les enfants mangent crus, et que les porcs surtout recherchent avec avidité.
Les tiges atteignent 100 cm de long, elles sont nettement quadrangulaires, couchées ou grimpantes quand elles trouvent un support.
Les feuilles sont pétiolées, pennées, mais ne se composent que d'une paire de folioles ovales ou elliptiques et d'une vrille terminale.
Les fleurs d'un beau rouge carminé présentent un étendard sombre, une carène blanchâtre, et elles dégagent un parfum agréable. Elles sont groupées en grappes unilatérales par 2 à 5, et sont portées par une longue hampe.
Le fruit est une gousse d'assez grande taille.
La floraison a lieu de juin à août. Le Gland de terre est une adventice messicole que l'on rencontre aussi le long des chemins, surtout dans les régions chaudes et de terrain calcaire.
Originaire d'Asie occidentale, elle se trouve de nos jours dans presque toute l'Europe, en Asie et au Proche-Orient aussi bien que dans le Caucase. Elle a été introduite en Amérique du Nord et probablement en Algérie.
La médecine populaire l'utilisait autrefois contre la dysenterie et les bulbes fournissaient une huile comestible, ainsi qu'un ersatz de café.

EUPHORBE RÉVEIL-MATIN — *Euphorbia helioscopia L.*
Famille: Euphorbiacées

Le Réveil-matin est une plante annuelle de 5 à 40 cm, à tige simple ou parfois légèrement rameuse, de section arrondie.
Les feuilles sont alternes, sessiles, de forme subovale à cunéiforme, dentées au sommet. Elles s'agrandissent de bas en haut et tombent à l'époque de la fructification.
Les fleurs composent une ombelle terminale fermée, et les bractées sont foliacées.
Le Réveil-matin fleurit d'avril à octobre dans les champs, les jardins et les vignes, mais c'est aussi une plante rudérale de la plaine à la montagne.
C'est un compagnon fidèle de l'homme, de son habitat et de ses cultures qui existe de nos jours dans presque toute l'Europe, en Asie au Japon et en Afrique du Nord, ainsi qu'en Afrique du Sud, à Sainte-Hélène, en Amérique du Nord, en Australie et en Nouvelle-Zélande où il a été introduit.
Son adjectif spécifique vient du grec «hélios», soleil, et «scopein», voir, regarder, car Pline affirmait qu'il se tournait vers le soleil comme le Tournesol. A vrai dire, c'est une légende et il n'en est rien, à moins que Pline ait parlé d'une autre plante que nous n'avons pas su identifier.

MOURON ROUGE — *Anagallis arvensis L.*
Famille: Primulacées

C'est une petite herbe annuelle à tiges couchées, ramifiées et quadrangulaires.
Les feuilles sont opposées et disposées plus ou moins en croix, rarement verticillées par trois. Le revers en est ponctué de noir et leur sommet est obtus.

Les fleurs vermillon ou blues dans la ssp. *coerulea SCH. KELL.* solitaires, sont portées par de longs pédoncules axillaires. Les fruits sont des pyxides.
La floraison a lieu de mai à juillet et la plante se rencontre aussi bien dans les champs que dans les jardins ou les friches, surtout en plaine. On la trouve en fait dans toute l'Europe, dans la zone tempérée de l'Asie centrale, en Afrique du Nord et en Ethiopie, par endroits en Amérique du Nord, au Mexique, au sud du Brésil et en Australie occidentale.
Les graines sont légèrement toxiques: un extrait concentré peut tuer un chien. La médecine populaire les utilisait autrefois contre les morsures de serpents. Il ne faut pas les confondre avec les graines du Mouron blanc, car elles font immanquablement périr les oiseaux de cage quand on leur en donne par erreur.

LISERON CHAMPÊTRE — *Convolvulus arvensis L.*
Famille: Convolvulacées

C'est une des adventices les plus difficiles à extirper. En effet le Liseron champêtre est une plante vivace dont le long rhizome cassant et les racines se conservent très longtemps dans le sol, et il suffit du moindre fragment pour reconstituer une plante. Les tiges mesurent environ 1 m de long, et elles sont rampantes ou grimpantes selon les supports qu'elles trouvent. Quand elles grimpent, elles sont lévogyres, c'est-à-dire qu'elles s'enroulent à gauche, et leur section est hexagonale.
Les feuilles sont alternes, pétiolées, de forme ovale, lancéolées ou en fer de flèche, celles du haut de taille plus petite.
Les fleurs souvent solitaires ont une large corolle en entonnoir, très légèrement lobée sur les bords, de couleur blanche, mais plus souvent rosée ou rougeâtre. Elles dégagent un léger parfum voisin de celui de la vanille et s'ouvrent généralement le matin entre 7 et 8 h pour se refermer au début de l'après-midi. Après la floraison, la corolle tombe d'une seule pièce. Le fruit est une capsule pointue qui contient le plus souvent 4 graines qui ne germent que dans les pays chauds: en Europe centrale le Liseron champêtre se multiplie très rarement par graines, mais se rattrape en revanche par une intense multiplication végétative au moyen de rejets souterrains et de bourgeons adventifs.
La floraison a lieu de juin à septembre. C'est une plante très fréquente dans les champs, les friches,

Gesse tubéreuse

Mouron rouge

Euphorbe Réveil-matin

Bec de grue

les talus, le long des clôtures et des vieux murs, entre les dalles des lieux abandonnés, mais aussi dans les sablières et dans les tas de cailloux le long des routes, de la plaine jusqu'aux plateaux. Sa patrie d'origine se situe sans doute dans le Bassin méditerranéen et au Proche-Orient mais c'est de nos jours une adventice cosmopolite que l'on ne trouve pourtant pas encore en Australie et dans les régions tropicales. Toute la plante contient une substance résineuse et gommeuse qui renferme un glucoside laxatif, la jalapine. Les racines, où ce suc est particulièrement abondant, et les tiges entrent dans la composition de tisanes purgatives.
Dans les cultures, le Liseron champêtre est particulièrement détestable: ses tiges souples s'enroulent autour des chaumes des céréales et des pousses du Lin, les font coucher sur le sol par leur poids et les étouffent peu à peu. De plus, il est souvent la proie d'une virose, le «stolbur», qui se transmet ensuite aux pommes de terre, au tabac, aux tomates, etc.

GRÉMIL DES CHAMPS — *Lithospermum arvense L.*
Famille: Borraginacées

Le Grémil est une petite herbe annuelle d'une trentaine de cm de haut, couverte de soies denses et couchées, à tiges dressées, généralement simples ou seulement faiblement foliées à la base.
Les feuilles de la base sont obtuses, subovales et le plus souvent fanées au moment de la floraison, les supérieures sont lancéolées, sessiles et ciliées.
Les fleurs sont blanches ou bleutées et la trompe de la corolle est la plupart du temps violacée. L'inflorescence est une cyme scorpioïde feuillée qui s'allonge après la floraison.
Les fruits sont des capsules brunes, triangulaires et ridées.
Le Grémil fleurit d'avril en juin et jusqu'en juillet dans les champs, le long des chemins et sur les friches à basse altitude. C'est une plante commune dans presque toute l'Europe, en Asie septentrionale et occidentale et dans les sud-ouest de l'Inde. Il a été aussi introduit en Amérique du Nord.
Sa racine fournit une teinture rouge, la lithospermine, qu'on utilise dans l'industrie du rouge à lèvres.

PETIT MÉLINET — *Cerinthe minor L.*

Le Petit Mélinet est une adventice bisannuelle ou même vivace, toute rêche au toucher, mais seule dans la famille, glabre et pruineuse.
Les tiges sont cannelées, ascendantes ou dressées, souvent ramifiées.
Les feuilles subovales sont embrassantes, celles de la base s'amincissent en un pétiole, les caulinaires sont cordiformes et embrassantes. Le limbe est souvent taché de blanc et couvert de petites verrucosités.
Les fleurs ont une corolle jaune soufré, découpée presque jusqu'à mi-hauteur et un calice cilié. Elles ont un port incliné et forment des cymes scorpioïdes.
Les fruits sont des diakènes.
Le petit Mélinet fleurit de mai à juillet dans les champs, les pâturages, les friches et le long des chemins dans les régions chaudes et à basse altitude.
Il existe en Europe moyenne et du Sud-Est, en Asie Mineure et dans le Caucase.
C'est une plante appréciée des abeilles dont le nom générique, d'origine grecque, signifie «pain des abeilles» («kerinthos»), et on retrouve ce nom dans les Géorgiques de Virgile.

SHÉRARDIE — *Sherardia arvensis L.*
Famille: Rubiacées

La Shérardie est une plante annuelle, à tiges scabres, velues, couchées ou ascendantes, minces, quadrangulaires et mesurant une trentaine de cm.
Les feuilles lancéolées à linéaires sont ciliées et disposées en verticilles par 5 ou 6. A la base de la plante, les verticilles ne comportent guère que 4 feuilles.
Les petites fleurs mauve clair, parfois blanches, ont une corolle en entonnoir et sont groupées en cymes bipares contractées et pauciflores.
Le fruit est un diakène surmonté du reste desséché du calice.
La Shérardie est abondante dans les champs, les vignes, sur les remblais, les friches et les talus surtout en terrain calcaire, où elle fleurit de juin à octobre.
Originaire du Bassin méditerranéen, elle existe de nos jours dans les zones tempérées de tous les continents.

VALÉRIANELLE DENTÉE — *Valerianella dentata (L.) POLL.*
Famille: Valérianacées

C'est une petite annuelle à tiges glabres, fourchues à la base, qui mesure une trentaine de cm.

Les feuilles sont opposées, les inférieures allongées en fer de lance, celles du haut lancéolées et elles portent souvent à la base une à deux paires de dents obtuses. Les stipules lancéolées ont des marges membraneuses.
Les petites fleurs blanches ou bleutées sont soit solitaires entre les ramifications supérieures des tiges, soit disposées en cymes bipares terminales, contractées en pseudocapitules. Le calice est irrégulièrement denté : une des dents dépasse nettement les autres.
Les fruits sont des akènes ornés au sommet d'une petite couronne de dents peu visibles.
La Valérianelle dentée est commune dans les champs, sur les remblais, les talus, les friches, etc. où elle fleurit du juin à septembre. Elle existe en Angleterre, en France et dans toute l'Europe centrale et du Sud, ainsi que dans le Caucase et en Transcaucasie, voire en Afrique du Nord, aux Açores et aux Canaries.

LAITERON POTAGER — *Sonchus oleraceus L.*
Famille: Composacées

Le Laiteron est une plante annuelle de 10 à 100 cm de haut, tout imprégnée d'un lait abondant. Les tiges sont dressées, creuses, faiblement ramifiées au sommet. Les feuilles sont molles et cendrées, bordées de gros poils piquants. Les inférieures s'amincissent en un pétiole ailé. De forme allongée ou ovale, elles sont soit entières, soit pennatiséquées, légèrement et irrégulièrement aristées. Les feuilles du haut, moins divisées, sont embrassantes par leur base en fer de flèche.
Les fleurs d'un jaune plus ou moins pâle à l'intérieur ont un dehors violacé ou même strié de brun. Elles sont groupées en capitules à involucre cylindrique et fortement aminci en son milieu. L'ensemble des capitules forme une cyme peu fournie.

Liseron champêtre

Grémil des champs

Petit Mélinet

Laiteron potager

Valérianelle dentée

Shérardie

Les fruits sont des akènes bruns de forme pyramidale. La floraison a lieu de juillet à octobre dans les champs, les vignes, les friches de la plaine jusqu'au pied des montagnes. C'est un fidèle compagnon de l'homme et des cultures. On le trouve dans presque toute l'Europe, en Asie septentrionale et occidentale, en Arabie, en Afrique du Nord et aux Canaries. Il a été également introduit en Asie orientale, en Afrique du Sud, en Australie et sur le continent américain. Au Moyen Age on le consommait en salade, et son suc passait pour guérir les maladies hépatiques et la goutte. Aujourd'hui c'est surtout une mauvaise herbe envahissante dont le seul usage est de servir de fourrage aux lapins qui l'apprécient particulièrement.

BLEUET — *Centaurea cyanus L.*

Le Bleuet est une plante messicole le plus souvent annuelle, mais parfois bisannuelle, d'une soixantaine de cm de haut, à souche fuselée et à tiges rameuses couvertes de poils arachnéens.
Les feuilles caulinaires sont sessiles, étroites et lancéolées ou même linéaires, molles et toutes velues.
Les grands capitules terminaux se composent de fleurons centraux violets, parfois blanchâtres ou rosés et de fleurs périphériques plus grandes et légèrement rayonnantes. Comme chez toutes les Centaurées les étamines sont excitables et contractiles.
Les fruits sont des akènes brièvement duveteux. La floraison a lieu de juin à septembre exclusivement dans les champs de céréales et de pommes de terre. Originaire des régions orientales du Bassin méditeranéen, de la Sicile, du sud des Balkans et du Proche-Orient, le Bleuet est devenu en fait cosmpolite, vivant partout où il y a des cultures de blé. Il a été introduit sur le continent américain, en Afrique du Nord et en Australie. Il se cantonne strictement aux champs et ne pénètre dans aucune autre association, mais il devient de plus en plus rare à cause de la pureté croissante des semences, et à cause de sa destruction par les herbicides sélectifs. Il en existe des variétés cultivées charmantes et qu'on voit couramment dans les parterres.

CIRSE DES CHAMPS — *Cirsium arvense (L.) SCOP.*

Ce «chardon» est une grande plante vivace, qui dépasse 1,50 m de haut, à souche traçante et à tiges dressées, cannelées à anguleuses, feuillées et ramifiées dans leur partie supérieure.
Les feuilles sont elliptiques à lancéolées, profondément dentées, entières et pennatifides. Les dents sont aristées. Les feuilles du bas s'amincissent en un court pétiole, celles du haut sont sessiles.
Les fleurs mauves ou parfois blanches forment des capitules aux involucres allongés, de couleur violacée, couverts de poils arachnoïdes. Les bractées sont aiguës et aciculaires.
Les fruits sont des akènes surmontés par une aigrette d'un blanc sale.
La floraison a lieu de juin en octobre. C'est une adventice gênante dans le champs qu'on trouve également dans les clairières, les lieux incultes et sur les pentes caillouteuses. Elle existe dans presque toute l'Europe, au nord jusqu'en Islande et en Scandinavie. Le Cirse des champs croît aussi en Asie, en Sibérie, en Chine et comme espèce introduite en Amérique du Nord.
C'est une espèce très variable qui produit à maturité une quantité de graines qui s'envolent grâce à leur aigrette légère pour aller infester d'autres champs. En France, la loi oblige les propriétaires à «échardonner» leurs champs au printemps sous peine d'une amende.

PETITE CAMOMILLE — *Matricaria chamomilla L.*

La Petite Camomille est une plante annuelle d'une cinquantaine de cm de haut, à racine fuselée et à tige glabre et ramifiée d'odeur caractéristique. Les feuilles sont sessiles, alternes, jusqu'à 3 fois pennatipartites. Les segments foliaires sont fins et presque capillaires. Les capitules solitaires portés par de longs pédoncules terminaux se composent de fleurons jaunes et de ligules périphériques blanches, très vite réfléchies au cours de la floraison. L'involucre hémisphèrique est vert, formé de bractées à marge brune.
Le fruit est un akène inerme.
La floraison a lieu de mai jusqu'en automne dans les champs, les friches, le long des chemins, sur les places des villages aussi bien que dans les décombres, surtout dans les régions chaudes. Cependant, le ramassage intensif provoqué par ses vertus médicinales l'a souvent totalement éliminée de secteurs complets et dans de nombreux pays elle est devenue une plante rare. Elle est souvent utilisée pour ses qualités bénéfiques et elle se naturalise facilement.

Elle existe dans presque toute l'Europe, dans l'Oural, en Asie Mineure, dans le Caucase, en Inde du Nord et en Chine orientale. Elle a été introduite en Amérique avec le blé.

On récolte surtout les capitules pour en faire des pommades et des infusions. Ses propriétés exceptionnelles sont dues à une essence bleutée et parfumée, contenue surtout dans les capitules et dont le composant essentiel est le chamzulène, dont l'effet analgésique et anti-inflammatoire est remarquable. On y trouve également de l'apigénine qui détend les crampes et d'autres substances dont plusieurs ne sont pas encore bien connues.

L'infusion de Petite Camomille est sudorifique, digestive, très efficace contre les inflammations des dents et des gencives quand elle est utilisée en gargarismes. Dans la tradition française, elle est surtout utilisée en bain d'yeux en cas de conjonctivite, et comme infusion digestive. Elle peut aussi servir à l'extérieur à déterger les plaies et les abcès et s'emploie en compresses. Les pommades à l'azulène de Camomille sont cicatrisantes et se montrent efficaces pour traiter les lésions tissulaires causées par des radiations nocives. Elle stimule également la pousse des cheveux, et les coquettes s'en servent depuis toujours pour leur donner un beau reflet blond sans danger.

FAUSSE CAMOMILLE — *Anthemis arvensis L.*

C'est aussi une adventice annuelle d'une cinquantaine de cm de haut, à souche traçante et à tiges dressées et abondamment ramifiées dès la base. Toute la plante dégage un agréable parfum de Camomille.

Les feuilles alternes sont deux fois pennatipartites. L'extrémité des rameaux porte de grands capitules solitaires à fleurons tubulaires et à ligules périphériques blanches. Le réceptacle est fuselé et tout garni de paillettes aristées.

Les fruits sont des akènes nus.

La floraison a lieu de mai à octobre. La fausse Camomille est une adventice commune dans les champs, sur les lisières, le long des chemins et des clôtures, dans les décombres, etc. On la trouve dans presque toute l'Europe et très loin dans le nord, en Sibérie et jusque dans l'ouest de l'Himalaya, aussi bien qu'en Afrique du Nord. Elle est naturalisée aussi en Amérique du Nord, en Australie et en Nouvelle-Zélande.

TUSSILAGE (PAS D'ÂNE) — *Tussilago farfara L.*

C'est une plante adventice et vivace dont les tiges atteignent une trentaine de cm, à souche traçante pourvue de longs rejets qui colonisent rapidement une grande surface du sol.

C'est entre mars et avril que se montrent d'abord les tiges écailleuses, dressées, porteuses de capitules

Bleuet

Cirse des champs

Petite Camomille

Fausse Camomille

Tussilage (Pas d'âne)

Chiendent

solitaires à fleurs d'un beau jaune. Les capitules comportent à la fois des ligules et des fleurs tubulaires et se referment la nuit, ainsi qu'après la floraison. D'abord inclinés vers le sol, ils se redressent en même temps que les tiges s'allongent pour fructifier. Les akènes soyeux forment alors des boules duveteuses et blanches. La germination est très rapide, puisqu'il suffit de deux jours en moyenne, et chaque capitule produit environ 130 akènes dont le taux germinatif est de 100 %.

Après la floraison on voit sortir de terre de grandes feuilles pétiolées, arrondies, cordiformes à largement ovales et faiblement dentées. Elles sont groupées en rosettes fournies et leur face inférieure est fortement tomenteuse.

Le Tussilage colonise rapidement les terrains nus, surtout marneux et fraîchement retournés, de préférence quand ils sont humides, et il peut se montrer une adventice très gênante dans les champs. Mais comme il ne supporte pas de concurrence, il suffit de convertir en pré pendant quelques années le champ le plus infesté pour qu'il en soit débarrassé.

C'est une plante commune dans toute l'Europe, en Asie septentrionale et en Afrique du Nord où elle préfère l'altitude. Elle est acclimatée en Amérique du Nord.

On récolte pour leurs vertus les capitules et les feuilles, riches en mucilages, en tannins, en essences volatiles, en sucs amers, en tanine, en dextrine, en substances albumineuses et bactéricides. L'infusion de Tussilage est une vieux remède contre la toux et qui se montre en outre antinévralgique. Les feuilles s'utilisent comme topique sur les blessures et pour les douleurs rhumatismales. Sèches et mêlées au tabac elles servent à préparer des cigarettes antiasthmatiques. Mais pendant la dernière guerre, nombreux sont les fumeurs qui en on fait usage faute de mieux . . .

CHIENDENT — *Agropyron repens (L.) P. B.*
Famille: Graminacées

Voici pour finir le chapitre un véritable fléau, une graminée vivace qui atteint 150 cm de haut, pourvue de très longs rhizomes fins, traçants, de couleur jaunâtre et dont chaque nœud donne naissance à une nouvelle tige. C'est à ces rhizomes que le Chiendent doit son exceptionnelle résistance: chaque fragment produit opiniâtrement de nouvelles tiges et redonne en un rien de temps de nouveaux individus autonomes.

Les tiges sont glauques, à port dressé, les gaines foliaires sont molles et glabrescentes.

Les épillets aplatis comportent de 3 à 5 fleurs et leur face plane est pressée contre le rachis: ils forment un épi fin et fermé et tombent entiers à maturité. La floraison a lieu de mai à août dans les champs, les herbages et le long des chemins aussi bien que dans les décombres de toute l'Europe, en Sibérie, en Afrique du Nord et en Amérique du Nord.

Les rhizomes contiennent de l'inuline, de la triticine, des mucilages, de l'acide silicique, etc. On les récolte pour en faire des remèdes et des tisanes laxatives qui conviennent aux diabétiques. Dans certaines régions ce ramassage prend une grande importance et les rhizomes sont même exportés comme matière première pour l'industrie pharmaceutique.

Après la Première Guerre mondiale, les rhizomes, qui sont particulièrement riches en sucre, ont été utilisés pour fabriquer des sirops, ou étaient torréfiés pour fabriquer des ersatz de café. En Norvège on en faisait une bière et de l'alcool. Il faut ajouter que dans les pâturages le Chiendent est une excellente plante fourragère que les bovins recherchent avec avidité. Sa présence suffit à éliminer de leur estomac les calculs qui s'y sont souvent formés durant la stabulation hivernale. De plus les racines, très dures, sont utilisées dans la brosserie commune, et leur infusion est un puissant diurétique.

DÉCOMBRES ET LIEUX INCULTES

Quand l'homme a défoncé un terrain naturel, quand il a transformé imprudemment son essence, quand il y a abandonné ses ordures ou les débris de ses diverses activités, quand il accumule les décombres, les dépotoirs, les décharges publiques, quand il néglige l'entretien de ses vieilles clôtures ou de ses vieux murs, on voit régulièrement s'installer des associations végétales particulières qu'on chercherait en vain ailleurs. Il en va de même pour les bords des chemins, les remblais de routes ou de voies ferrées, les alentours des entrepôts, les dépôts de chemins de fer, les voies de garage, et aussi les places de villages en désordre, les abords des mares et des abreuvoirs, et en outre tout ce qu'on appelle pudiquement «terrains vagues». Tous ces endroits sont en somme des biotopes secondaires et la flore qu'on y rencontre porte le nom de «rudérale», du latin *rudera,* qui signifie décombres.

Dans des endroits de ce genre, le sol qui a été bouleversé est la plupart du temps meuble, bien aéré, et surtout riche en azote et en matières organiques. Son humidité est maintenue et préservée grâce aux associations végétales, souvent de haute taille et exubérantes, qui ombrent la terre. De plus, jamais l'homme ne vient semer le trouble et les plantes n'ont pas à affronter la concurrence des espèces cultivées. La richesse en azote peut aussi provenir de la présence constante d'oies, de canards, de poules ou de bétail et dans ce cas aussi la flore rudérale ne tardera pas à s'implanter.

Les espèces qui supportent sans trop souffrir d'être constamment piétinées (ou même qui le demandent), les plantes des chemins et des sentiers, celles qu'on trouve entre les pavés des rues tranquilles des vieilles villes, font aussi partie de cette catégorie.

Quant à son origine, la flore rudérale est faite d'associations de vagabonds cosmopolites, de plantes que l'homme a involontairement importées de ses voyages internationaux ou intercontinentaux. Le long des routes, des voies ferrées, par avion, par bateau, toute une série de passagers clandestins a ainsi passé les frontières, cachée dans les marchandises les plus diverses. Les ports, les entrepôts, devenaient ainsi des points de départ d'où ces nouvelles espèces partaient à la conquête souvent victorieuse d'horizons nouveaux. Les genres qu'elles représentent sont souvent résistants, adaptables, fertiles et capables de se multiplier activement au moyen de rejets aériens ou souterrains.

Certaines de ces voyageuses, arrivées depuis bien longtemps, se sont multipliées et implantées au point de devenir au cours des temps une véritable composante de la flore locale.

Notons cependant que ces associations rudérales sont la plupart du temps peu durables, car les plantes qui s'installent les premières ont tôt fait d'épuiser le terrain. Elles disparaissent alors souvent sans laisser de traces, et peu à peu la végétation naturelle des environs tend à reprendre le territoire qui lui avait été ravi. Quand on a à sa portée une belle station de ce genre, il faut donc en profiter pendant sa période de plus grande richesse, en sachant que l'an prochain elle ne sera déjà plus la même.

CHÉLIDOINE (dite aussi ÉCLAIRE, ou HERBE AUX VERRUES) — *Chelidonium majus L.*
Famille: Papavéracées

La Chélidoine est une plante vivace et robuste, de 70 cm de haut, à souche cylindrique, amère, d'odeur déplaisante, tout comme les racines. Les tiges sont dressées, rameuses, cassantes, couvertes de soies éparses. Tous les organes de la plante sont traversés par un réseau de laticifères où circule un suc orange, âcre et brûlant qui suinte immédiatement à la moindre blessure.
Les feuilles de la base sont pétiolées, celles du haut sessiles, à limbes pennés. Les folioles sont lobées ou simplement dentelées, grises sur l'avers et les pétioles comme le rachis sont ailés. Toutes les feuilles portent des soies éparses.
Les fleurs longuement pétiolées sont groupées en ombelles. Elles sont formées de 2 sépales flavescents et cadus et de 4 pétales jaunes qui protègent une abondance d'étamines aux filets renflés sous l'anthère. Les fruits sont des gousses linéaires dont l'allure rappelle un peu des siliques. Elles atteignent 5 cm de long et contiennent une grande quantité de graines réniformes, munies d'une excroissance charnue très appréciée des fourmis qui se chargent ainsi de la dissémination de l'espèce. Elles contiennent en outre 50% d'une huile qui serait utilisable dans l'industrie. La floraison a lieu de mai jusqu'à l'automne. C'est une plante des lieux déserts, des coins négligés aux abords des maisons, le long des chemins, des haies, commune dans les décharges et les décombres, dans les vieux murs, mais aussi dans les taillis ombragés et au bord des eaux de la plaine jusqu'à la montagne où elle se cantonne cependant tout près des habitations.
Elle existe dans l'ensemble de l'Europe, de la Méditerranée jusqu'aux régions subarctiques et scandinaves, et dans la zone tempérée à subtropicale asiatique. Elle a été introduite en Amérique du Nord. Son existence est souvent un témoin des temps reculés où c'était une plante de culture: ses vertus magiques sont connues depuis toujours. Au Moyen Age elle portait le nom de «coeli donum», c'est-à-dire don du ciel, et ce pourrait être l'origine de son nom, à moins qu'il vienne du grec «chelidôn», hirondelle, car pour les Grecs elle devait fleurir à l'arrivée de ces oiseaux. Pour les alchimistes, le latex était un des ingrédients nécessaires à la fabrication le la «pierre philosophale».

Chélidoine (dite aussi Éclaire, ou Herbe aux verrues)

L'utilisation de la Chélidoine en médecine remonte à la nuit des temps: elle était prise notamment contre la jaunisse, l'hydropisie et les frissons, et le latex s'utilisait couramment, comme encore de nos jours, pour guérir les verrues, les taches de rousseur, les cors et les durillons.
Cependant c'est une plante toxique qui contient des alcaloïdes vénéneux, la chélidonine, et la chélérythrine qui sont des poisons mitotiques. D'autres sucs sont narcotiques, la chélérythrine pousse à éternuer et donne une sensation d'étouffement. Le lait durci donne une substance brunâtre utilisée autrefois comme sédatif.
Tous ces sucs modifient l'activité cardiaque, augmentent la tension artérielle et distendent les coronaires. La tige feuillée est récoltée pour la pharmacie et entre dans la formule de médicaments contre la toux, l'asthme et les douleurs d'estomac. Son effet sur les cellules cancérigènes est actuellement à l'étude en U.R.S.S.

PASSERAGE DRAVE — *Cardaria (Lepidium draba (L.) DESV.*
Famille: Crucifèracées

C'est encore une plante vivace d'une cinquantaine de cm, toute couverte d'un duvet gris. Les feuilles de la base sont pétiolées, allongées, sinuées-dentées; les caulinaires sont d'habitude entières, tout au plus légèrement dentées et embrassantes par leur base hastée.
Les petites fleurs à calice étalé ont des corolles blanches et agréablement parfumées, et forment des panicules fournies.

Passerage drave

Chénopode Bon Henri

Les fruits sont des silicules légèrement cordées à la base et les graines ont une saveur très amère.
Cette espèce fleurit de mai à juillet, généralement par groupes entiers dans les décombres, les décharges, le long des chemins et des fossés, mais aussi comme adventice des champs mal tenus.
Elle est originaire des steppes centre-asiatiques d'où elle s'est rapidement disséminée d'abord dans les régions chaudes de l'Europe orientale, centrale et méridionale. Elle vient aussi en Sibérie occidentale et s'est naturalisée dans de nombreuses régions du globe.

CHÉNOPODE BON HENRI — *Chenopodium bonus-henricus L.*
Famille: Chénopodiacées

Le Chénopode Bon Henri ou Epinard sauvage est une plante vivace d'un mètre de haut, à tige simple de couleur flavescente et à souche épaisse. Toute la plante a un aspect farineux dû à la présence de nombreux poils vésiculeux.
Les feuilles pétiolées sont cunéiformes, hastées à la base, entières ou légèrement lobées et de couleur vert-jaune.
Les fleurs petites de type 5 dont le périanthe enferme l'akène au moment de la fructification forment des glomérules disposés en un épi terminal fermé, parfois légèrement réfléchi.
L'Epinard sauvage fleurit de mai à août dans les décombres, sur les tas d'ordures, autour des clôtures, etc. mais surtout autour des habitations, de la plaine jusqu'au pied des montagnes. C'est à cette préference marquée pour les abords des maisons que la plante doit son nom spécifique, aussi bien en latin qu'en allemand, en anglais, en français et en italien: St. Heinrich, Henry, Enrico, qui est le patron des habitats et des maisons.
Et «Bon Henri» parce que la médecine aussi bien populaire qu'officielle l'utilise comme dépuratif et les jeunes feuilles sont couramment consommées en guise d'épinards.

Arroche brillante

Grande Ortie

C'est une plante fréquente dans l'ensemble de l'Europe, au nord jusqu'en Norvège et en Finlande, aussi bien qu'en Sibérie et en Amérique du Nord.

CHÉNOPODE BLANC — *Chenopodium album L.*

C'est une herbe annuelle et géante qui peut dans un terrain gras atteindre 2 m de haut, toute farineuse et blanchâtre à cause de ses poils vésiculeux, d'aspect très variable et tout à fait cosmopolite. Outre les décombres, elle affectionne les champs de pommes de terre où elle trouve assez d'espace, alors qu'elle est étouffée au milieu des céréales.

ARROCHE BRILLANTE — *Atriplex nitens SCHKUHR.*

Géante aux tiges ramifiées, vivace, atteignant sans peine 1,50 m de haut, l'Arroche brillante se reconnaît aisément à ses grandes feuilles luisantes à l'avers, grises farineuses au revers par la présence de nombreux poils vésiculeux, et de forme triangulaire lobée. Les fleurs sont minuscules, vertes et groupées en glomérules qui forment des inflorescences nettement penchées à la fin de la floraison. Le fruit est enfermé dans deux valves qui ne sont autre chose que deux bractées florales en losange.
L'Arroche brillante croît généralement par groupes sur les tas d'ordures, les décharges, les décombres et souvent aussi sur les terrils et les crassiers. Elle se multiplie de façon intensive, surtout à basse altitude.
On la rencontre surtout au nord-est de l'Europe, au sud jusqu'en Italie, à l'ouest jusqu'en Allemagne, mais aussi en Orient, en Asie centrale, en Sibérie, etc. Elle a été introduite dans toute un série de pays: Danemark, Suède, Belgique, etc.

GRANDE ORTIE — *Urtica dioica L.*
Famille: Urticacées

Robuste, vivace, la Grande Ortie se caractérise surtout par une souche jaune, traçante et abondamment ramifiée qui donne sans cesse naissance à de nouvelles tiges qui peuvent mesurer 1,50 m et davantage. Ces tiges sont de section quadrangulaire, simples ou peu ramifiées, dressées et toutes couvertes de soies et de poils urticants.
Les feuilles sont opposées, pétiolées, de forme ovale-allongée, cordiformes à la base et longuement aiguës. Leurs bords sont dentés et l'avers est couvert de poils urticants. Comment fonctionne un tel poil? C'est une longue cellule creuse, épaissie à la base et terminée par une pointe acérée renforcée par un dépôt de silicate. Cette pointe pénètre dans l'épiderme à la manière d'une aiguille, puis la pointe se brise en faisant pénétrer dans la blessure le contenu du poil: c'est une substance protéique dont la composition rappelle le venin de serpent. Ce composé est à l'origine d'une légère inflammation brûlante et douloureuse, mais heureusement de courte durée. On rencontre parfois des formes de la Grande Ortie dépourvues de poils.
C'est une plante dioïque dont les inflorescences mâles apparaissent à l'aisselle des feuilles supérieures sous forme de panicules dressées, tandis que les fe-

Chénopode blanc

melles sont plus longues et inclinées au moment de la floraison. Les fleurs vertes sont minuscules et leur périanthe est lui aussi urticant.
La Grande Ortie fleurit de juin à octobre et forme des groupes étendus, souvent homogènes, dans les bois clairs et les taillis humides. C'est une rudérale typique, répandue partout, de la plaine à la montagne. Elle aime tout particulièrement les sols riches en azote et en matières organiques, en purin, en vieux fumier, etc. Elle suit fidèlement l'homme dans tous ses habitats.
C'est une espèce répandue dans le monde entier, à l'exception de l'Afrique tropicale et de l'Amérique du Sud.
C'est une adventice des cultures, peu appréciée et difficile à extirper à cause de sa multiplication massive par rejets souterrains (elle est toutefois d'une sensibilité extrême au chlorate de soude), mais c'est aussi une plante aux usages très divers.
D'abord, elle est médicinale: elle contient une forte proportion d'acide formique, de l'acide acétique et toute un série de substances médicinales qui ne sont pas encore toutes recensées. Les poils urticants contiennent de l'histamine, de l'acétylcholine ainsi qu'un suc qui contracte des muscles lisses. La brûlure au moment du contact est provoquée par le mélange acétylcholine-histamine. La tige feuillée contient aussi de la vitamine C en quantité importante, de la provitamine A, et probablement aussi les vitamines K et B_2, du calcium, du fer, du sodium, du manganèse, du phosphore, etc. On récolte les feuilles, les racines et les tiges. L'infusion est diurétique et peut être administrée avec profit aux diabétiques, ainsi qu'au cours des maladies hépatiques et biliaires, des catarrhes stomacaux et intestinaux, lors des inflammations des voies respiratoires et des rhumatismes.
Les jeunes orties sont un excellent aliment, une fois hachées, pour les canetons et les poussins, et ce hachis accompagne régulièrement le régime exclusif des oies au gavage. C'est aussi un légume acceptable pour l'alimentation humaine. On les prépare en salade ou à la manière des épinards, ou bien on les ajoute aux soupes. On les recommande surtout aux personnes anémiques. Au Moyen Age où on ne connaissait pas encore l'épinard, les orties étaient consommées couramment à sa place et tenaient son rang parmi les «brèdes».
Mais c'est aussi une importante plante textile: les tiges contiennent des longues fibres très solides que l'on file depuis le Moyen Age pour obtenir des toiles qui valent presque celles de chanvre. Elle n'a été évincée de cet emploi que par le coton, mais elle a connu un retour de faveur au moment des guerres mondiales, comme le Genêt.
Enfin la Grande Ortie est la source d'une grande quantité de chlorophylle nécessaire pour obtenir la vitamine E et qui est utilisée comme matière première pour la fabrication de divers produits désodorisants, ou pour des cosmétiques destinés à fortifier l'épiderme ou à favoriser la croissance des cheveux.

ORTIE BRÛLANTE — *Urtica urens L.*

C'est une petite plante annuelle et monoïque, toute couverte de poils urticants. Les tiges mesurent de 10 à 50 cm au plus, elles sont dressées, molles, les feuilles sont ovales à elliptiques et présentent des bords dentés. Le pétiole des feuilles inférieures est nettement plus long que le limbe.
Les petites fleurs à périanthe vert vif, urticant et hérissé de poils, forment des inflorescences dressées, plus courtes ou tout au plus aussi longues que les pétioles.
Les fruits sont des akènes ovales.
La floraison a lieu de juin jusqu'en septembre et c'est une mauvaise herbe qu'on trouve régulièrement dans les décombres, le long des fossés et des chemins, aussi bien que dans les jardins autour des tas de compost et près des poulaillers. Elle se plaît surtout à basse altitude et existe dans le monde entier, à l'exception des régions arctiques, de l'Inde et de l'Afrique du Sud. Elle peut remonter jusqu'à 2000 m en montagne.
Elle est sans aucune utilité pour l'homme: elle se contente d'être une mauvaise herbe très désagréable. On l'a cependant utilisée autrefois à la place de la Grande Ortie, et en Suisse on en faisait un succédané du thé.

POTENTILLE ANSÉRINE (HERBE AUX OIES, ARGENTINE) — *Potentilla anserina L.*
Famille: Rosacées

C'est une plante vivace à grosse souche rameuse et à tiges rampantes, atteignant 70 cm de longueur et qui s'enracine facilement au niveau des nœuds. Les feuilles sont imparipennées, à folioles ovales à allongées, dentées et d'un blanc argenté sur le revers tomenteux.

Les fleurs axillairs sont longuement pédonculées et possèdent une corolle d'un beau jaune doré, de type 5 comme c'est la règle dans la famille.
Cette Potentille fleurit de mai jusqu'en août sur les places des villages, autour des mares, le long des chemins et dans les pâtures, en un mot partout où on rencontre des oies et où le sol est enrichi en azote. C'est de là que lui vient son adjectif spécifique d'«anserina» qui signifie littéralement «des oies» en latin. Il est vrai aussi que les oies la broutent volontiers. Mais on peut aussi la trouver sur des sols salés, au bord de l'eau et dans les roselières.
Elle existe en fait dans tout l'hémisphère Nord, mais aussi au Chili, au sud de l'Australie, en Tasmanie et en Nouvelle-Zélande.
C'est surtout la tige feuillée et parfois la racine qu'on récolte pour la médecine. Le suc en contient des tannins, du tormentol, des flavones, de la choline, du mucilage et d'autres substances encore peu connues de nos jours. Tous ces produits agissent sur la musculature lisse, relâchent les crampes et ont un effet anti-inflammatoire et astringent. L'infusion est recommandée contre les inflammations gastriques et intestinales, les diarrhées et surtout à l'extérieur comme détersif des plaies suppurantes à cicatrisation difficile.

MÉLILOT — *Melilotus officinalis (L.) LAMK.*
Famille: Papilionacées

Bisannuel, rarement annuel, le Mélilot est une plante robuste qui dépasse 1 m de haut, à tiges dressées et anguleuses.
Les feuilles sont pétiolées, trifoliées, à folioles allongées-ovoïdes à lancéolées et dentées. Les stipules sont lancéolées et entières.
Les petites fleurs au parfum de coumarine à la dessication sont d'abord jaunes puis blanchâtres et forment des grappes axillaires serrées (30 à 70 fleurs).
Les fruits sont des gousses ovales, noirâtres et contiennent 1 à 2 graines ovales.
Le Mélilot fleurit de juin à septembre dans les friches, les tas d'ordures, les décharges, le long des chemins, des murs et des haies, dans les vignes et dans les pâtures, souvent aussi sur les remblais de chemins de fer et les gravières.
Il existe en Europe centrale et occidentale, en Asie tempérée jusqu'aux confins de la Chine. Il a été également introduit en Afrique et en Amérique du Nord.
On connaît depuis toujours ses propriétés medicinales. On récolte la tige feuillée qui contient entre autres substances une forte proportion de coumarine. Cette substance décontracte les muscles lisses, mais son emploi prolongé ou excessif peut donner des maux de tête, des étourdissements et des sensations d'étouffement. On l'utilise contre la bronchite, les coliques intestinales, l'hypertension et les insomnies. Un bouquet de Mélilot sec désodorise les locaux naturellement fétides. La coumarine, substance antagonique de la vitamine K a des effets anticoagulants, et on en a tiré un toxique efficace pour les rats. La médecine populaire utilise le Mélilot à l'extérieur contre les plaies, mais aussi comme antimite et comme additif aromatique à certains tabacs. Par endroits, c'est

Mélilot

Ortie brûlante

Potentille ansérine (Herbe aux oies, Argentine)

plutôt au tabac à priser qu'on l'ajoute (c'est un usage tzigane), ou on en parfume des fromages et les jeunes feuilles sont parfois consommées en salade. On a essayé pendant la guerre de l'utiliser comme textile, mais les résultats ont été décevants.
C'est une bonne plante mellifère qui est aussi cultivée çà et là comme fourrage pour les chevaux, surtout en sol sec et calcaire.
On connaît une espèce qui lui ressemble beaucoup:

MÉLILOT BLANC — *Melilotus albus MEDIK.*

Cette espèce a les mêmes habitats et ne se distingue de la précédente que par ses fleurs blanchâtres.

MAUVE À FEUILLES RONDES, dite PETITE MAUVE — *Malva neglecta WALLR.*
Famille: Malvacées

Annuelle ou vivace, la Petite Mauve présente des tiges couchées ou à peine ascendantes d'une cinquantaine de cm au plus, ramifiées et couvertes de soies éparses.
Les feuilles longuement pétiolées sont arrondies, discrètement palmatilobées (5—7 lobes), finement crénelées et velues au revers. Les stipules sont triangulaires et ciliées.
Les fleurs apparaissent solitaires sur de longs pédoncules axillaires. La corolle blanche ou rosée porte une nervation foncée et les lobes du calice, soudés jusqu'à mi-hauteur s'écartent à l'horizontale. Au moment de la fructification les pédoncules s'inclinent vers le sol.
Le fruit en forme de cible aplatie se décompose en quartiers qui ne contiennent qu'une seule graine.
La floraison a lieu de mai à septembre sur les décharges, dans les décombres, le long des clôtures et des chemins, parfois dans les jardins, de la plaine jusqu'à la montagne.
La Petite Mauve est en fait répandue dans le monde entier: en Europe, en Asie occidentale, au Tibet, au Proche-Orient, en Afrique du Nord. Elle a été introduite en Amérique du Nord, en Australie et au Chili.
C'est une plante émolliente, largement utilisée sous forme d'infusion pour les irritations bronchiques ou de la vessie.
Les Romains en faisaient une grande consommation comme légume.

LAMIER BLANC — *Lamium album L.*
Famille: Labiacées

C'est une plante vivace à racines très longues, à tiges de 20 à 40 cm de haut, couvertes de soies dressées et souvent lavées de pourpre dans leur région inférieure.
Les feuilles opposées, pétiolées, sont ovales et longuement aiguës, cordées à la base et dentées sur les bords. Celles du haut présentent un pétiole plus court et se transforment graduellement en bractées.
Les fleurs labiées ont une corolle blanche ou légèrement flavescente dont la longue trompe est incurvée et un calice en clochette muni de 5 dents. Elles sont groupées en verticilles fermés à l'aisselle des feuilles et des bractées supérieures. Des 4 étamines les deux du haut sont nettement plus longues. Les anthères sont brun foncé.
Les fruits sont des tétrakènes pyramidaux.
C'est une plante qu'on trouve souvent par groupes étendus dans les décharges, les décombres, le long des murs et des clôtures, et dans tous les lieux incultes près des maisons. Elle fleurit de mai à juillet.
Le Lamier blanc existe dans la plus grande partie de l'Europe, en Asie septentrionale et en Amérique du Nord où il a été introduit.
Il est précieux comme plante médicinale, mais on ne récolte que les corolles, sans le calice. La récolte est donc particulièrement laborieuse et de ce fait les remèdes qu'on en tire sont coûteux. On l'utilise depuis très longtemps, aussi bien dans la médecine populaire qu'officielle, car elle contient du mucilage, des tannins, des saponines et un glucoside dont on ignore encore la formule exacte. Toutes ces substances ont un effet astringent, anti-inflammatoire et diurétique, et la saponine facilite l'expectoration. On l'utilise soit en infusion, soit pour déterger des plaies suppurantes ou étancher des hémorragies, etc. La tisane, parfumée et d'un goût agréable peut aussi être préparée avec des fleurs fraîches et de jeunes feuilles. L'infusion saturée de fleurs est souveraine contre les fleurs blanches. D'autre part depuis quelque temps l'industrie des cosmétiques (pommades, lotions diverses pour la peau et les cheveux) en fait grand usage. On peut même consommer les jeunes feuilles comme celles de la Grande Ortie à la façon des épinards.

BALLOTE NOIRE — *Ballota nigra L.*

La Ballote noire est une robuste plante vivace, qui atteint 1 m de haut, à tiges rameuses et dressées, couvertes de feuilles opposées, ovales, cordiformes à la base, grossièrement crénelées et nettement réticulées. Toute la plante est couverte d'un duvet mou.

Les fleurs entourées de bractées en alêne apparaissent à l'aisselle des feuilles moyennes et supérieures. Elles ont un court pédoncule, un calice denté et aristé, laineux et une corolle labiée pourpre ou blanchâtre. Le lobe médian de la lèvre inférieure porte un dessin blanc.

La floraison a lieu de juin à septembre dans les lieux incultes au voisinage des maisons, sur les places des villages, le long des murs et des clôtures, dans les décombres et les décharges publiques.

Elle abonde surtout dans les régions méridionales, au Proche-Orient et en Perse du Nord, mais elle s'est activement répandue en Europe centrale et arrive de nos jours jusqu'en Irlande, en Ecosse, au sud de la Scandinavie et au nord de l'U.R.S.S. Elle a été également introduite en Amérique du Nord et elle apparaît fréquemment dans les régions portuaires d'où elle peut coloniser de nouveaux espaces.

Malgré son odeur fétide, la médecine populaire l'utilisait autrefois pour guérir les affections épidermiques ou capillaires.

JUSQUIAME NOIRE — *Hyoscyamus niger L.*
Famille: Solanacées

C'est une plante annuelle ou bisannuelle, robuste, qui atteint 80 cm de hauteur, couverte de poils visqueux et d'odeur «vireuse». Les tiges dressées sont densément feuillées et présentent des angles obtus. Les feuilles sont alternes, de contour arrondi à ovale, sinuées-dentées, les inférieures pétiolées, celles du haut sessiles et mi-embrassantes.

Les fleurs sessiles apparaissent à l'aisselle des feuilles terminales et forment de longues cymes scorpioïdes unilatérales. Le calice en entonnoir est velu-glanduleux et ses lobes aigus sont veinés en résille. La corolle d'un jaune sale présente 5 lobes veinés de violet, une gorge pourprée et 5 étamines à filets velus et à anthères violettes. L'extérieur de la corolle est également velu.

Les fruits sont des capsules en forme d'outre qui s'ouvrent horizontalement et contiennent une grande quantité de graines brun sombre. Chaque capsule contient en moyenne 200 graines, chaque pied porte environ 50 capsules (parfois bien davantage) et un pied produit donc environ 10 000 graines. Ce qui n'empêche que la Jusquiame n'est jamais très commune, et c'est une plante à éclipses, qui peut abonder quelque temps dans une station, puis en disparaître complètement.

La floraison a lieu de juin à octobre. C'est une rudérale

Mauve à feuilles rondes
dite Petite Mauve

Jusquiame noire

Lamier blanc

Ballote noire

typique, qui vient dans les décombres, le long des haies et des chemins, surtout dans les régions chaudes de presque toute l'Europe, en Asie septentrionale et occidentale, en Inde et en Afrique du Nord. Elle a été également introduite récemment en Asie orientale en Amérique du Nord et en Australie.
C'est une plante violemment toxique: tous les organes, mais surtout les graines, contiennent plusieurs alcaloïdes: hyoscyamine, atropine, scopolamine et choline. Les graines sont par ailleurs oléagineuses. Tous ces sucs sont les mêmes que ceux de la Belladone *(Atropa belladonna L.)* et l'empoisonnement présente les mêmes symptômes: excitation de la musculature nerveuse, sécheresse de la bouche et dilatation des pupilles. Ses propriétés vireuses et médicinales n'ont pas échappé eux peuples anciens: Egyptiens, Babyloniens, Indiens, Grecs et Romains connaissaient déjà son usage. On trouve sur certaines fresques égyptiennes un motif représentant des personnages qui respirent la fumée des graines brûlées ou passées à la vapeur pour apaiser leurs maux de dents.
Au Moyen Age elle était également précieuse comme plante médicinale et comme plante magique. A ce titre elle entrait dans la composition de pommades dont les sorcières s'oignaient pour pouvoir assister au sabbat: les poisons stupéfiants les faisaient tomber en transes et suscitaient un sommeil profond plein de visions hallucinées où le diable tenait le premier rôle ... La plante entrait aussi dans la composition de philtres d'amour et elle était un moyen efficace de se débarrasser d'ennemis — ou de parents — encombrants ... Ses propriétés stupéfiantes la faisaient aussi utiliser comme narcotique au cours des opérations chirurgicales.
Les brasseurs sans scrupules l'ajoutaient à la bière pour renforcer ses effets enivrants.
On récoltre de nos jours la tige feuillée, les feuilles et les graines qui servent à fabriquer des médicaments tranquillisants et somnifères. Elle apaise la toux et entre souvent dans la formule de pommades contre les douleurs des oreilles et les rhumatismes. C'est aussi un des ingrédients des cigarettes antiasthmatiques, et elle s'avère efficace contre les névralgies faciales et contre les ulcères de l'estomac. Mais son utilisation par des profanes peut présenter un danger mortel. Elle est souvent cultivée pour l'industrie pharmaceutique, pour suppléer aux récoltes de la plante sauvage qui seraient toujours insuffisantes.

HERBE À LA TAUPE — *Datura stramonium L.*

C'est une plante annuelle qui atteint 1 m de haut, à racine fuselée et à tige étendue, ramifiée en fourches. Les feuilles longuement pétiolées sont ovales-allongées, aiguës, cordiformes à la base et à bords sinués-dentés. Elles dégagent une odeur désagréable. Les fleurs qui atteignent 8 cm de long ont un calice caduc à 5 dents et une corolle en entennoir blanche, à 5 lobes. Avant la floraison la corolle est toute plissée et pliée en éventail dans le bouton. Les fleurs sont solitaires soit à l'aisselle des rameaux, soit à leur extrémité. Elles s'ouvrent le soir, sont légèrement parfumées, et dépendent pour leur pollinisation des Sphinx à longue trompe.
Les fruits sont des capsules ovales ou sphériques qui mesurent jusqu'à 6 cm de long, tout hérissées de pointes. Elles contiennent une grande quantité de graines réniformes, d'un brun sombre, parsemées de petits trous.
L'Herbe à la taupe, dite aussi «Pomme épineuse», fleurit de juin à septembre. On la rencontre dans les décombres, sur les places des villages, le long des chemins et des clôtures, etc. Elle est de nos jours naturalisée dans l'ensemble de l'Europe, de l'Asie et de l'Amérique du Nord. Sa patrie probable est le pourtour de la mer Noire et de la Caspienne, mais il paraît encore plus vraisemblable qu'elle nous soit venue de l'Amérique, de la Floride, du Minnesota, du Texas et du Mexique. Elle aurait tout d'abord colonisé le reste du continent américain, puis aurait été introduite en Europe en 1577, ou même déjà en 1542, par le médecin personnel du roi d'Espagne Philippe II, Francesco Hernandez. Celui-ci l'aurait découverte au Mexique et l'appelait de l'ancien nom aztèque «tlapatl».
Au XVIIe et au XVIIIe siècle elle a d'abord été cultivée dans les jardins européens comme décorative et médicinale, mais elle n'a pas tardé à s'évader des jardins, à devenir sauvage et à élire les décharges pour son domicile.
On récolte pour la pharmacie les feuilles et les graines. Elles contiennent à nouveau les alcaloïdes toxiques que nous avons déjà rencontrés chez la Belladone et la Jusquiame: l'hyoscyamine, l'atropine et la scopolamine. Leurs effets sont les mêmes, tout comme leurs utilisations: douleurs rhumatismales, crises d'épilepsie, etc. On l'ajoute aussi aux cigarettes antiasthmatiques. Elle est souvent cultivée comme plante

pharmaceutique, mais on lui préfère encore deux espèces plus riches en alcaloïdes, l'espèce sud-américaine *Datura metel L.*, toute lavée de violet, ou l'espèce éthiopienne *Datura inermis JACQ.* Quant à son nom d'herbe à la taupe, il vient de ce que quelques pieds de ce Datura dans un jardin éloignent les taupes. Il est probable que l'odeur des racines les met en fuite.

MORELLE NOIRE — *Solanum nigrum L.*

La Morelle noire est une plante annuelle d'environ 80 cm, toute couverte de poils dressés et légèrement rebroussés. Les tiges sont dressés ou couchées, anguleuses et ramifiées.
Les feuilles sont ovales ou obtuses-triangulaires et légèrement lobées.
Les fleurs de type 5 ont une corolle circulaire blanche, deux fois plus longue que le calice et sont groupées en cymes lâches.
Les fruits sont des baies d'abord vertes, puis d'un noir brillant, succulentes et contenant des graines de petite taille.
La Morelle noire fleurit de mai à octobre sur les décombres, les décharges, les tas d'ordures, mais aussi comme parasite des moissons, ou des jardins et des vignes, de la plaine jusqu'au pied des montagnes. Elle est de nos jours absolument cosmopolite et ne manque que dans les régions arctiques.
Elle est souvent considérée comme toxique: on cite des empoisonnements d'enfants, mais on connaît aussi des cas où l'absorption d'un grand nombre de fruits n'a eu aucune suite funeste ou même déplaisante. La tige et les baies jeunes contiennent plusieurs glucoalcaloïdes: solanine, solanidine, tropéine, mais aussi de saponines, des tannins, etc. La solanine attaque les hématies, cause des diarrhées, des inflammations rénales, un état de stupeur, et même la perte de la connaissance.
La Morelle noire est par endroits utilisée comme remède officiel et la médecine populaire se servait autrefois des feuilles écrasées sur les brûlures et les boutons. La tradition française la considère comme émolliente dans ses feuilles et narcotique dans ses baies.

GRAND PLANTAIN — *Plantago major L.*
Famille: Plantaginacées

Le Grand Plantain est une herbe vivace de 10 à 30

Morelle noire

Grand Plantain

Herbe à la taupe

cm de haut, qui présente une rosette de feuilles arrondies-ovoïdes, parfois condiformes à la base et qui s'amincissent brusquement en pétiole. Le centre de la rosette émet une ou plusieurs hampes dressées ou courtement ascendantes, terminées par un long épi cylindrique formé par de petites fleurs blanchâtres. Les fruits sont des capsules à couvercle qui contiennent de petites graines fortement mucilagineuses à l'humidité.

Le Grand Plantain fleurit de juin jusqu'en automne et se trouve couramment le long des chemins, des clôtures, dans les décombres, les jardins, les places des villages, et même dans les champs. Il supporte très bien d'être piétiné. Originaire d'Europe et d'Asie centrale et septentrionale, il est devenu absolument cosmopolite.

Ses feuilles, tout comme celles du Plantain lancéolé *(Plantago lanceolata L.)* contiennent un glucoside, l'aucubine, deux enzymes, l'invertine et l'émulsine, de l'acide citrique, des tannins et des mucilages. Le suc et les feuilles s'emploient dans la médecine populaire sur les contusions et les piqûres d'insectes. Les graines, tout comme celles d'autres plantains servent à préparer des breuvages laxatifs, mais sont aussi un aliment classique et apprécié des canaris et autres oiseaux chanteurs.

GRATTERON — *Galium aparine L.*
Famille: Rubiacées

Le Gratteron est une herbe annuelle à tiges couchées ou grimpantes qui atteignent parfois 150 cm de longueur, scabres au toucher à cause de la présence de poils raides et rebroussés qui permettent à la plante de s'accrocher à tout ce qui la touche: mains, jambes, poils et vêtements. Les tiges ont une section quadrangulaire caractéristique.

Les feuilles sont sublancéolées, aristées, et portent sur leurs bords, sur les nervures et sur le revers du limbe des rangées de poils durs. Elles sont groupées en verticilles par 6 à 9.

Les petites fleurs d'un blanc verdâtre forment des cymes bipares et axillaires pédonculées. Les lobes de la corolle sont nettement écartés.

Les fruits sont des diakènes couverts de soies crochues qui se fixent solidement sur tous les supports, propriété qui facilite leur dispersion. De là vient d'ailleurs le nom générique du Gratteron: «apairein» signifie en grec «s'accrocher».

La floraison a lieu de juin jusqu'en octobre. C'est une adventice à grand pouvoir colonisateur, qu'on trouve dans les champs, les décombres, les bois, les haies et le long des chemins, ainsi que dans tous les endroits négligés de la plaine jusqu'en montagne. Il existe dans presque toute l'Europe, en Asie dans l'Himalaya et en Sibérie. Il s'est naturalisé sur le continent américain.

La tige feuillée contient un glucoside, l'aspéruloside, et l'infusion est utilisée dans la médecine populaire contre les affections des voies urinaires ou comme détersif des plaies à guérison difficile et des abcès. Dans la tradition française, il était surtout utilisé comme diurétique pour soigner l'hydropisie.

CARDÈRE SYLVESTRE — *Dipsacus sylvester HUDS.*
Famille: Dipascacées

C'est une grande herbe bisannuelle, qui atteint 2 m de haut, aux tiges anguleuses, dressées et fourchues dans leur partie sommitale. Les arêtes portent des rangées d'épines.

Les feuilles de la base sont rassemblées en une grande rosette: de forme allongée-subovale, elles portent des épines sur la nervure centrale, sur le revers, et parfois sur l'avers.

Les feuilles caulinaires sont allongées-lancéolées, opposées et soudées deux à deux par la base. Là aussi les marges ainsi que la nervure centrale sur le revers sont fortement épineuses et dentées.

Les petites fleurs blanchâtres ou mauve clair sont groupées en grosses têtes ovoïdes allongées. Les bractées en alêne sont épineuses et plus longues que les fleurs. L'épanouissement a lieu du centre vers la périphérie, en commençant par la face la plus ensoleillée. Sous les capitules se trouvent plusieurs bractées qui forment une sorte d'involucre toujours plus long que le capitule. Ces bractées sont également en alêne aiguë et très dentées. Les fruits sont des akènes.

La floraison a lieu de juillet à août dans les décombres, les pâtures, les décharges mais aussi sur les dépôts alluviaux, le long des clôtures et des chemins, surtout en plaine. La Cardère sylvestre est répandue dans presque toute l'Europe, en Asie Minueure, en Arménie, en Perse et en Afrique du Nord.

La racine a été utilisée comme diurétique. Il semble que la tradition française ait ignoré cette plante, dont le seul usage est d'entrer dans l'art des bouquets secs.

CHARDON PENCHÉ — *Carduus nutans L.*

Famille: Composacées

La Chardon penché est une herbe annuelle, rarement bisannuelle qui dépasse souvent 1 m de haut, à tiges dressées et maigrement ramifées dans leur région supérieure.
Les feuilles sont allongées à lancéolées sinuées et pennatiséquées, chaque segment étant à son tour lobé, et épineux. Sur le revers des feuilles la nervation est velue.
Les fleurs purpurines légèrement bilabiées forment des capitules de 3—7 cm, portés par de longs pédoncules réfléchis au moment de la floraison et qui constituent les seuls organes inermes de la plante. L'involucre est sphérique, formé de bractées laineuses et fortement aristées. Le fruit est un akène duveteux. La floraison a lieu de juillet en septembre le long des chemins, des clôtures et des murs, dans les pâtures, les décombres et les lisières des bois, ou même sur les coteaux ensoleillés de la plaine jusqu'au pied des montagnes. Il aime aussi les reliefs calcaires où il choisit les expositions chaudes.
En Europe, le Chardon penché s'étend jusqu'en Irlande, en Ecosse, au Danemark, en Norvège et en Estonie. On le trouve sporadiquement en Finlande. Il vient aussi en Sibérie et jusqu'à l'Altaï, dans les régions caucasiennes, en Asie Mineure, et en Afrique du Nord. Il s'est naturalisé en Amérique du Nord. C'est une plante décorative et dont les fleurs ont un délicat parfum de miel.

CHARDON FAUSSE-ACANTHE — *Carduus acanthoides L.*

C'est encore une grande herbe bisannuelle qui peut mesurer 1 m de haut, à tiges dressées, munies sur toute leur longueur et jusqu'aux capitules de fines ailes crépues. La moitié supérieure de la tige se divise en rameaux inégaux.
Les feuilles sont allongées-lancéolées, sinuées à pennatipartites, à segments très épineux.
Les capitules de petites fleurs purpurines, rarement blanchâtres, sont le plus souvent portés par de courts pédoncules terminaux, droits et munis d'ailettes épineuses.
Les bractées des involucres sphériques sont elles aussi piquantes.
Les fruits sont des akènes finement ponctués.

Cratteron

Chardon Fausse-Acanthe

Cardère sylvestre

Chardon penché

Le Chardon Fausse-Acanthe fleurit de juin jusqu'en automne dans les décombres, sur les tas d'ordures, le long des chemins et des routes, dans les pâtures et les clairières des régions à climat doux.
En Europe, il monte jusqu'en Irlande, en Ecosse, au Danemark, en Suède et en Lituanie au nord, en Espagne, en Italie et dans la Péninsule balkanique au sud. On le trouve aussi au sud de l'U.R.S.S. et dans le Caucase, et comme espèce introduite, en Argentine. On ne lui connaît aucun usage.

ARMOISE COMMUNE — *Artemisia vulgaris L.*

C'est une plante vivace qui dépasse 120 cm de haut, dont la souche émet plusieurs individus à la fois. Les racines sont abondamment ramifiées. Les tiges dressées apparaissent par touffes épaisses: elles sont lavées de pourpre et richement ramifiées. Toute la plante dégage une odeur peu agréable.
Les feuilles sont largement ovales, lyrées et pennatiséquées, tomenteuses sur les revers. Les segments foliaires sont lancéolés, lobés-dentés et le terminal, nettement plus grand, comporte 3 à 5 lobes. Les feuilles supérieures sont pennatiséquées, celles qui interrompent les inflorescences sont simples et toutes sont roulées vers le bas.
Les petites fleurs tubulaires, jaunâtres ou rousses forment de tout petits capitules groupés en panicules fournies.
Les fruits sont des akènes.
L'Armoise fleurit de juillet à septembre sur les tas d'ordures, les décharges publiques, dans les décombres, le long des chemins, des clôtures, des murs et au bord de l'eau. C'est une anthropophile qu'on trouve toujours aux abords des maisons.
Elle existe dans presque toute l'Europe, en Asie, en Amérique du Nord du Mexique à l'Alaska.
C'est une plante anciennement connue comme médicinale et magique, dont la tige était utilisée contre les maladies les plus variées. Les Indiens de Californie l'employaient pour soigner les fièvres, les rhumatismes et les refroidissements. Un fragment de tige placé dans la chaussure supprimait la fatigue de la marche. La racine était employée contre les crises d'hystérie et les anciennes tribus germaniques lui portaient un véritable culte.
On récolte encore de nos jours la tige feuillée. Ses essences volatiles contiennent notamment du cinéole et du thujone, des sucs amers, de la choline et de l'inuline. Les parties récoltées servent à composer des tisanes ou des médicaments surtout contre l'inappétence, les crampes d'estomac, les parasites intestinaux et les douleurs menstruelles. Cependant son emploi prolongé en quantité excessive peut causer une chute de la tension artérielle, un ralentissement du rythme cardiaque et endommager le système nerveux.
Les racines qui sont riches en essences et en tannin servent parfois comme analgésique et la tige feuillée est parfois ajoutée aux potages ou servie comme légume aromatique pour accompagner les rôtis. La pharmacopée française la considère surtout comme stimulante, antispasmodique et emménagogue.

CHICORÉE AMÈRE — *Cichorium intybus L.*

C'est une plante vivace qui peut atteindre 150 cm de hauteur. Elle est ancrée dans le sol par une racine fuselée qui émet des tiges dressées, anguleuses et ramifiées. Pendant la première année on voit apparaître seulement une rosette de feuilles pétiolées, lobées et velues sur la face inférieure. La tige n'apparaît généralement que la deuxième année. Les feuilles caulinaires inférieures ont la même forme que celles de la rosette, mais sont appliquées contre la tige par leur base hastée. Les feuilles du haut sont allongées-lancéolées.
Les capitules nombreux atteignent 5 cm de diamètre et se composent de ligules bleu-ciel, rarement blanchâtres ou rosées, qui pâlissent au séchage, et qui ne s'ouvrent que dans l'après-midi. Les bractées de l'involucre sont couvertes de soies.
Les fruits sont des akènes de forme subovale et dépourvus de duvet.
La Chicorée amère fleurit de juillet à octobre le long des chemins, des fossées, des talus, dans les friches et les prés secs de la plaine jusqu'à la montagne dans les régions à climat doux. On la trouve dans presque toute l'Europe et en Afrique du Nord, ainsi qu'en Asie où elle est naturalisée. C'est une plante que sa culture très ancienne a répandue dans de nombreuses régions où elle est maintenant acclimatée: c'est le cas pour la Sibérie occidentale, l'Asie centrale et orientale et l'Afrique du Sud, le continent américain, l'Australie et la Nouvelle-Zélande.
Les Grecs et les Romains la récoltaient déjà pour en faire des salades, encore appréciées de nos jours où cependant nous ne consommons plus que des

varités améliorées dont les origines remontent au XVIIe siècle.
La Chicorée amère fournit aussi une racine utilisable pour remplacer, si l'on peut dire, le café: cet usage a été introduit par un botaniste et médecin padouan, Prosper Alpini, en 1600, mais à titre de remède. Dès les années 1690, elle est cultivée à cet effet par les paysans hollandais et l'usage se répand dans la première moitié du XVIIIe siècle. La premier fabricant fut sans doute Time, à Arnstadt près d'Erfurt. C'est avec de l'eau de Chicorée que fut empoisonnée «Madame», mais elle ne fut introduite dans l'usage courant en France que vers les années 1770 et les débuts du XIXe siècle virent s'ouvrir toute une série d'usines. Elle était alors vendue sous des dénominations tentantes telles que «Café des Indiens», ou «Café aux Chinois», etc.
La fabrication et la culture de la Chicorée furent grandement encouragées lors du blocus continental, au cours duquel Napoléon s'opposa non seulement à l'importation de sucre de canne à sucre, mais aussi à celle du café. C'est une culture qui reste importante dans le nord de la France, en Allemagne, en Autriche, en Hollande, en Belgique et un U.R.S.S. Aujourd'hui, les grosses racines mises en jauge et chauffées en hiver donnent la salade connue sous le nom de «Witloof», c'est-à-dire feuille blanche. C'est devenu une culture industrielle de première importance.
Enfin, la Chicorée amère est aussi une plante médicinale: la racine contient une substance amère, l'intybine, de l'inuline, et un suc laiteux. Ces trois substances augmentent l'appétence, stimulent la digestion et ont des effets diurétiques et cholagogues. L'infusion de racines soulage les maux hépatiques et se montre efficace contre les calculs biliaires et rénaux, les inflammations des voies urinaires, l'inappétence et la constipation. C'est un «dépuratif» classique.

TANAISIE — *Tanacetum vulgare L.*

La Tanaisie est aussi une grande composée vivace qui dépasse 150 cm de haut et qui se caractérise par sa puissante odeur amère et camphrée. La souche est brune, rampante, presque ligneuse, les racines sont abondamment ramifiées et les tiges sont rigides, anguleuses et seulement un peu ramifiées au sommet. Les feuilles alternes sont une à deux fois et profondément pennatipartites, à segments lancéolés, dentés, et elles sont ponctuées-glanduleuses au revers.
Les fleurons tubulaires, jaunes, forment des capitules d'environ 1 cm de diamètre, groupés en larges panicules corymbiformes. Les ligules manquent complètement.

Armoise commune

Tanaisie

Chicorée amère

Les fruits sont des akènes munis d'une marge constituée par les restes du calice.

La floraison a lieu de juillet à septembre. La Tanaisie se trouve partout et c'est une ubiquiste typique. On la trouve le long des chemins, des fossés, au bord des fourrés, dans les rocailles, les pelouses, dans les décombres, sur les rives caillouteuses des ruisseaux, etc. Elle abonde surtout le long des grands cours d'eau et elle se dissémine en même temps que les cultures.

Elle vient en Europe moyenne et septentrionale et en Asie septentrionale.

C'est une plante quelque peu toxique: elle contient une essence aromatique amère, de couleur vert-jaune, dans laquelle se trouve un suc vénéneux, le thujone qui peut causer des empoisonnements dangereux s'il est absorbé en forte quantité. Les symptômes se caractérisent par des difficultés respiratoires, des vomissements, des lésions rénales et des perturbations des nerfs centraux. Ses propriétés sont en fait très voisines de celles de l'Absinthe. Néanmoins la Tanaisie reste utilisée par la médecine populaire surtout comme antihelminthique. Un cataplasme de feuilles broyées appliqué sur le bas ventre expulse presque immédiatement les vers intestinaux. De plus, son odeur repousse les insectes et c'est un vieil usage d'en faire une litière dans la niche des chiens pour en chasser les puces.

Au Moyen Age on s'en servait pour aromatiser les vins, ou bien elle remplaçait le houblon dans la bière. On mettait aussi à profit son puissant arôme pour accompagner le gibier faisandé dont elle dissimulait l'odeur repoussante et les bourgeons fournissaient de fausses câpres. On tirait aussi de la tige feuillée une teinture verte.

MATRICAIRE DISCOÏDE — *Matricaria matricarioides (LESS.) PORT.*

Cette Matricaire est une herbe annuelle d'une quarantaine de cm au plus, à tiges dressées, ramifiées et densément feuillées. Toute la plante dégage un agréable parfum à la fois de camomille et de fraise.

Les feuilles alternes, sessiles, sont jusqu'à trois fois pennatipartites, avec des segments linéaires à lancéolés.

Les fleurons tubulaires d'un vert jaune forment des capitules d'un cm de diamètre, très bombés et sans ligules, solitaires au bout des rameaux. La corolle est à quatre lobes. Les capitules présentent un pédoncule renflé à l'extremité et des involucres hémisphériques à bractées bordées d'une marge scarieuse et translucide. Le réceptacle est creux.

Les fruits sont des akènes inermes.

La floraison a lieu de juin à octobre le long des chemins et des sentiers, presque toujours dans les endroits nus et piétinés. Cette Matricaire est originaire peut-être de l'Asie orientale et peut-être de l'Amérique du Nord, à moins qu'elle y ait été introduite et s'y soit naturalisée. Elle s'est répandue dans le monde entier au début du XXe siècle, surtout le long des routes et des chemins de fer au point de se trouver maintenant partout dans la zone tempérée des deux hémisphères.

Comme la petite Camomille, la Matricaire discoïde contient une grande quantité d'essences parfumées. Mais elle est dépourvue d'azulène, et quoiqu'elle soit bien plus agréable en infusion, ses effets médicinaux sont plus faibles. On la récolte rarement, peut-être parce qu'elle ne bénéficie pas d'une longue tradition.

ÉRIGÉRON DU CANADA — *Erigeron canadensis L.*

C'est une plante annuelle, bisannuelle ou parfois vivace à tige simple, toute velue et couverte de feuilles. L'inflorescence est une panicule abondamment ramifiée.

Les feuilles sont velues, de forme lancéolée, les inférieures pétiolées, celles du haut sessiles.

Les petits capitules sont composés de tubules centraux blanchâtres ou flavescents, de ligules périphériques blanches ou rosées, et forment une vaste panicule. Les bractées de l'involucre, bordées d'une marge parcheminée sont aussi longues ou même plus longues que les ligules.

Les fruits sont des akènes munis d'une aigrette d'un blanc sale.

La floraison a lieu du printemps à l'automne. Originaire d'Amérique du Nord, l'Erigéron du Canada a été disséminé dans le monde entier. On le trouve sur toutes les décharges, les décombres, les sablières, les remblais, et il lui arrive d'envahir massivement les jardins. Son extension en Europe date du XVIIe siècle.

C'est une plante médicinale qui contient des huiles essentielles rappelant le parfum du cumin et qui favorisent la multiplication des leucocytes. L'infusion des tiges combat les hémorragies intestinales, les inflammations des voies urinaires, les infestations par les nématodes ou d'autres parasites intestinaux. Il semble qu'il soit complètement ignoré par la tradition pharmaceutique française.

BOUSSOLE — *Lactuca serriola TORNER*

C'est une herbe bisannuelle qui dépasse 1,50 m de haut, couverte de soies aiguës et contenant un lait blanc. Les tiges sont dressées, rigides, blanchâtres, souvent velues dans leur partie inférieure, ramifiées au sommet en une panicule terminale.
Les feuilles caulinaires de la base sont lobées et aciculées sur les marges, et le long de la nervure centrale sur le revers du limbe. Les feuilles du haut sont lancéolées. Toutes sont très fines et cendrées.
Dans les stations ensoleillées, les limbes des feuilles sont ordinairement inclinés verticalement et orientés N-S, les faces planes étant donc tournées vers l'est et l'ouest. Cette disposition particulière correspond à la protection contre un ensoleillement trop brutal: le soleil de midi ne frappe que les arêtes et les limbes ne reçoivent que le rayonnement du matin et de l'après-midi. C'est cette singularité qui vaut à la plante son nom vulgaire de «Boussole».
Les capitules de fleurs d'un jaune brillant, qui bleuissent à la dessication, sont disposés en larges panicules terminales.
Les fruits sont des akènes munis d'une aigrette. La floraison a lieu de juillet en septembre sur les coteaux ensoleillés, le long des chemins et des routes, surtout sur les vieux murs, les vieux tas de mâchefer et de sable. On peut aussi la trouver dans les carrières, les remblais et les friches.
C'est une plante commune en Europe moyenne, dans le Bassin méditerranéen et en Orient, qui croît également en Asie septentrionale jusqu'à l'Altaï et à l'Himalaya, en Sibérie, en Afrique du Nord et en Amérique du Nord où elle a été introduite.
C'est une plante vireuse au même titre que Lactuca virosa, ce qui n'a pas empêché qu'on l'a employée en médecine populaire. La tige feuillée et le latex épaissi étaient ajoutés à la Ciguë et à la Jusquiame pour servir de narcotique. Les jeunes pousses surtout sont toxiques. Les jeunes feuilles ont pourtant été accommodées comme le Raifort.
Les akènes contiennent une forte proportion d'huile qui pourrait être utilisée dans l'industrie.

Érigéron du Canada

Boussole

Petite Bardane

Matricaire discoïde

PETITE BARDANE — *Arctium minus (HILL.) BERNH.*

Herbe bisannuelle qui dépasse 1 m de haut, la Petite Bardane est pourvue d'une racine fuselée qui émet d'abord la première année une rosette feuillée, puis l'année suivante d'épaisses tiges dressées, duveteuses, cannelées et richement ramifiées.
Les feuilles ont un long pétiole et un limbe largement ovale, cordiforme à la base, entier ou à peine denté. Dans ce cas, les indentations sont cartilagineuses. Le revers du limbe est gris et tomenteux, et les pétioles des feuilles inférieures sont creux. Vers le haut de la tige, les feuilles se transforment peu à peu en de courtes bractées lancéolées.
Les capitules de 1 à 3 cm de diamètre se composent de fleurons tubulaires purpurins et forment des inflorescences en grappes, les inférieurs pédonculés, ceux du haut plus serrés. Les bractées des involucres sphériques portent des crochets qui fixent l'inflorescence entière à la toison des animaux ou aux vêtements.
La floraison a lieu de juillet à septembre le long des chemins, des fossés, des clôtures, sur les décharges et les dépotoirs, etc. de la plaine jusqu'au pied des montagnes.
Sa limite au nord de l'Europe est l'Angleterre, l'Irlande, le Danemark, la Scandinavie et la Norvège. Elle manque en Europe du Sud et ne vient qu'en altitude dans les Balkans. On la trouve aussi dans le Caucase et en Afrique du Nord, et elle est naturalisée en Amérique du Nord.
C'est une plante médicinale dont la racine contient des essences parfumées, du mucilage, des tannins et jusqu'à 45 % d'inuline, des sels minéraux, de la lappine, etc. On ne connaît pas encore exactement la nature de tous ces sucs, mais on sait qu'ils ont des effets diurétiques et sudorifiques, et qu'ils stimulent les fonctions digestives. L'infusion combat la fatigue du printemps, les suppurations, etc. A l'extérieur la Petite Bardane s'emploie comme topique sur les plaies atones. La médecine populaire en fait aussi des lotions qui stimulent la pousse des cheveux.
Les akènes contiennent jusqu'à 30 % d'huile (Oleum bardane). La médecine française utilise surtout la Bardane sous forme d'extrait pour le traitement des furonculoses, en lui préférant d'ailleurs la Grande Bardane *(Arctium majus* = Lappa officinalis).

Et voici deux espèces très voisines:

BARDANE TOMENTEUSE — *Arctium tomentosum MILL.*

Les involucres de cette Bardane sont très laineux et les bractées sont dépourvues de crochets retroussés. Les capitules forment des inflorescences corymbiformes et les rameaux sont tous de la même longueur.

GRANDE BARDANE — *Arctium lappa L. (Syn.: Lappa major GAERTN.)*

Les capitules forment ici une panicule cymeuse et les involucres sont verdâtres et presque glabres. Les racines de cette espèce, particulièrement charnues à la fin de la première année, peuvent être mangées comme les salsifis.

GALINSOGA À PETITES FLEURS — *Galinsoga parviflora CAV.*

C'est une herbe annuelle dont les tiges abondamment ramifiées et duveteuses dans leur partie supérieure mesurent environ 70 cm de haut.
Les feuilles sont opposées, ovales, aiguës et très dentées.
Les petits capitules forment des cymes bipares peu fournies. Les fleurs centrales jaunes sont hermaphrodites, tandis que les externes, blanches, en forme de courtes ligules sont femelles, au nombre de 4 ou 5 par inflorescence. Les bractées de l'involucre sont caduques.
Les fruits sont ovoïdes, noirs, velus et portent une aigrette d'écailles frangées. Cependant les ligules ne produisent que des akènes plats, munis de soies à duvet rabougri.
Ce Galinsoga fleurit de mai jusqu'en automne. Sa patrie d'origine est l'Amérique du Sud d'où il s'est répandu rapidement dans le monde entier. Il est parvenu en Europe au XVIIIe siècle.
C'est une adventice opiniâtre des potagers et des jardins d'agrément.

Il en existe une espèce voisine aux habitats et à l'aspect très semblables:

GALINSOGA À QUATRE PÉTALES — *Galinsoga quadriradiata R. et P.*

Originaire d'Amérique centrale, cette espèce velue se répand rapidement dans le monde entier.

BOULE AZURÉE — *Echinops sphaerocephalus L.*

C'est une plante vivace à tiges dressées, hautes de plus de 2 m, la plupart du temps simples, anguleuses et couvertes d'un duvet blanc.
Les feuilles de la base, pétiolées, sont allongées-ovoïdes et sinuées pennatiséquées, à segments triangulaires épineux et dentés. Les feuilles du haut sont sessiles embrassantes. Le revers du limbe est tomenteux.
Les capitules à une seule fleur sont groupés en têtes sphériques, portées par de longs pédoncules. Les fleurons sont tubulaires et de couleur blanc-bleuté.
Les fruits sont des akènes qui portent des écailles frangées.
La Boule azurée fleurit de juin à août le long des chemins, des clôtures, dans les décombres et les décharges publiques, dans les carrières et les vignes, ou même au bord de l'eau à basse altitude et dans les régions à climat chaud. En France, elle se voit surtout au sud de la Loire, mais elle existe tout autour de la Méditerranée, en Belgique çà et là, au Danemark, en Suisse, en Autriche, en Tchécoslovaquie, en Hongrie et dans les régions centrales et du sud de l'U.R.S.S. jusqu'en Sibérie et au Caucase. Elle est parfois cultivée comme plante d'ornement, préfère une plante voisine: Echinops Ritro, dont les fleurs sont plus étoffées.

PÂTURIN ANNUEL — *Poa annua L.*
Famille: Graminacées

C'est une herbe le plus souvent annuelle, mais parfois aussi bisannuelle et même vivace, d'un beau vert, haute d'une trentaine de cm et ramifiée dès la base. Les tiges sont dressées ou ascendantes et les rejets axillaires s'enracinent facilement.
Le limbe présente une marge légèrement scabre, il est plan, mou et terminé par un petit capuchon. Les ligules sont plus grandes chez les feuilles supérieures que chez celles de la base.
Les épillets de 3 à 5 fleurs forment des panicules triangulaires, allongées, peu fournies et souvent unilatérales.
Le Pâturin, considéré comme une mauvaise herbe tenace et de multiplication intense, croît et fleurit tout au long de l'année le long des chemins, sur les pelouses piétinées, dans les cours, mais aussi dans les pâtures et dans les décombres de la plaine jusqu'en montagne. C'est une graminée cosmopolite qu'on

Galinsoga à petites fleurs

Boule azurée

Pâturin annuel

Brome stérile

trouve jusqu'à 3800 m dans l'Himalaya. Sa seule utilité est d'être broutée avec plaisir par les moutons.

BROME STÉRILE — *Bromus sterilis L.*

C'est une herbe annuelle ou bisannuelle, peu touffue à tiges dressées ou ascendantes d'une cinquantaine de cm.

Orge des souris

Les feuilles sont planes, larges de 2—4 mm, à bords scabres. Les gaines sont duveteuses et les ligules frangées.
Les épillets comportent de 4 à 6 fleurs. Pendant la floraison et la fructification ils s'élargissent de la base vers le sommet. En fin de cycle ils prennent une teinte d'un brun violeté. Ils sont portés par de fins rameaux aux extrémités réfléchies et forment des panicules lâches et peu fournies.
Les glumes sont en alêne, la glumelle inférieure porte une arête qui atteint 3 cm de long.
Le caryopse porte un profond sillon.
La floraison a lieu de mai à juin le long des chemins, des murs, dans les décombres, sur les talus et les remblais, etc., surtout à basse altitude. C'est une espèce répandue en Europe moyenne et occidentale, au nord jusqu'en Scandinavie. On la trouve également dans tout le Bassin méditerranéen, jusqu'en Perse et en Sibérie occidentale. Il a été introduit en Amérique du Nord.
Plusieurs autres espèces de Bromes occupent les mêmes situations, et notamment:

BROME DES TOITS —*Bromus tectorum L.*

On le reconnaît à sa panicule fournie, inclinée et unilatérale, dont les rameaux longs et fins s'inclinent en arc de cercle. Son nom lui vient de ce qu'il était fréquent autrefois sur les toits de chaume.

BROME DES SEIGLES —*Bromus secalinus L.*

Celui-ci est surtout un parasite des champs de céréales.

ORGE DES SOURIS — *Hordeum murinum L.*

Cette graminée annuelle ou bisannuelle est d'abord d'un vert tendre, puis jaunissant. Elle mesure de 15 à 40 cm et présente des tiges couchées ou ascendantes genouillées, lisses et glabres.
Le limbe est plan, velu, la gaine de la dernière feuille se prolonge presque jusqu'à l'inflorescence, les ligules sont toutes petites.
L'inflorescence est un épi fermé, dense, cylindrique, formé de 6 rangs peu visibles. L'axe est fragile et cassant. L'épillet central, hermaphrodite, présente des glumes en alêne qui portent une arête qui atteint 25 mm de long. Les arêtes des glumelles inférieures ne mesurent que 3 mm. Elles jouent un rôle important dans la dissémination des caryopses par les animaux. On appelle aussi cette orge «herbe voyageuse», parce que si on en met un épi dans sa manche, il remontera jusqu'à l'aisselle: l'orientation de ses poils ne lui permettant pas d'aller dans l'autre sens.
La floraison a lieu de mai en septembre le long des clôtures et dans tous les terrains vagues de la plaine jusqu'aux régions de plateaux d'Europe centrale et du Sud, au nord jusqu'en Suède. On trouve aussi cette espèce en Afrique du Nord, au Proche-Orient et en Amérique du Nord.

BOIS
ET
CLAIRIÈRES

Si depuis des millénaires l'homme n'avait pas troublé l'ordre de la nature, presque toute la surface des continents serait de nos jours couverte de forêts, qui nous offrent les associations végétales les plus riches et les plus complexes. Seuls les hauts sommets et les crêtes des montagnes, les littoraux dénudés, les steppes et les déserts échapperaient à leur extension. Mais le nom de forêt recouvre des réalités bien différentes selon la latitude, l'altitude, les conditions de terrain et de climat.

C'est ainsi que dans les régions équatoriales chaudes et constamment humides s'étendent les forêts pluviales denses, ce que les Anglais appellent «rain forest», et les botanistes la «sylve équatoriale ombrophile». C'est souvent un fouillis inextricable de plantes de toutes sortes, de lianes, et d'arbres immenses qui dominent le tout, et dont les branches sont de véritables jardins suspendus de fougères, de broméliacées, de cactées et d'orchidées. Le long des rivages marécageux et inondés des fleuves et des mers dominent sous les tropiques des formations appelées «mangroves», composées presque uniquement de Palétuviers, qui s'incrustent dans la vase et fixent peu à peu le littoral. Quand dans ces mêmes zones une saison humide alterne avec une saison sèche, on trouve des forêts dites de mousson, où les arbres ont des feuilles caduques et entrent en repos durant la sécheresse.

Dans les régions subtropicales, où le climat est encore plus sec et où les amplitudes thermiques sont plus marquées, on a des forêts dites pluviales subtropicales qui passent progressivement à la savane arborée, où quelques arbres résistants dépassent les grandes herbes.

Dans le zone tempérée de l'hémisphère Nord, du cercle polaire jusqu'à environ 30° de latitude, tous les continents portent des forêts dites tempérées. Tout au nord, dans les régions contiguës à la toundra septentrionale et marécageuse, dominent les forêts de conifères: ce sont surtout des Epicéas en Europe, des Pins et des Mélèzes, mais des Sapins de diverses espèces et des Tsugas en Amérique du Nord, ainsi que toute une série de feuillus. Dans les régions sibériennes où la taïga occupe de grands espaces, on rencontre une variété incroyable de genres et d'espèces de Pins, de Mélèzes, de Sapins, de Bouleaux, de Frênes, d'Aulnes, etc. ainsi que de très nombreux arbustes.

Les régions plus méridionales se caractérisent par une prédominance des feuillus: Chênes, Hêtres et Charmes en Europe, une infinité d'espèces au Japon et en Chine, de même qu'en Amérique. Nos forêts d'Europe sont très pauvres en comparaison, car elles ont été à peu près détruites par la dernière glaciation et se sont pauvrement régénérées.

Plus au sud encore, dans les pays aux étés longs et chauds, on rencontre surtout des arbres et des arbustes toujours verts, comme c'est le cas des montagnes qui entourent de Bassin méditerranéen. Là où le climat est cependant suffisamment humide dominent les forêts de Chênes à feuilles persistantes (Chêne vert, liège, tauzin, kermès, etc.) les Lauriers, les Oliviers, les Cèdres, et en Amérique les célèbres Séquoias.

L'altitude est aussi un facteur important de la composition des forêts: dans les zones tempérées d'Europe, on rencontre en plaine des forêts-bocages, qui sont de simples résidus de la sylve primitive. Aulnes, Frênes, Saules et Peupliers en sont les principales essences. Plus haut sur les plateaux on trouvera les chênaies-charmaies, plus haut encore les forêts de piémont et de demi-montagne, dominées par les Hêtres, puis par des Sapins, puis par des Epicéas, et des Pins, puis plus haut encore par des Mélèzes, etc. En montant encore, on arrive enfin à la limite supérieure de la forêt où seuls les sujets les plus résistants et les espèces les plus rustiques arrivent encore à survivre. Au-delà de cette limite, seules persistent des formations basses, souvent fort étendues, d'arbrisseaux rabougris. Mais la pelouse alpine elle-même, où n'apparaît aucun arbre à la vue, est cependant encore une forêt, peuplée de Saules rampants ou herbacés ou nains, dont certains exemplaires peuvent avoir plusieurs centaines d'années. C'est ce que les botanistes appellent une «microsylve».

Quoi qu'il en soit, la forêt est la formation végétale la plus riche et la plus complexe et elle comporte d'autant plus d'espèces qu'elle a été moins perturbée. Plus elle est naturelle, mieux on y reconnaît les strates de végétation: la strate herbacée qui comporte les mousses, les lichens, les champignons et les végétaux herbacés, puis plus haut, la strate arbustive qui comprend les modestes buissons, et enfin la strate arborescente. (Disons en passant qu'en Europe il n'existe à peu près plus de «forêts vierges», car elles ont toutes été exploitées depuis de nombreux siècles.)

Et selon les essences dominantes, on distinguera les forêts de feuillus, de conifères, et les forêts mixtes, dont chacune recèle des associations caractéristiques. Dans les forêts de feuillus, la strate herbacée, particulièrement riche (sauf dans les hêtraies où elle est très maigre ou nulle) comprend de nombreuses espèces sciaphiles ou hygrophiles. En revanche, les forêts pures de conifères (sauf celles de Pins) sont très pauvres, faute de lumière. Mais au cours de la période végétative, la strate herbacée évolue: au printemps, avant l'apparition des feuilles, elle se compose surtout d'espèces héliophiles, puis après la feuillaison, ces espèces cèdent la place à toute une série d'espèces d'ombre et d'humidité.

Le milieu forestier se caractérise par un humus abondant, riche en eau, et par une ombre permanente jointe à une humidité atmosphérique élevée. Mais dans ces associations si complexes se livrent sans cesse des combats impitoyables pour l'espace, pour l'eau, pour les éléments nutritifs, et surtout pour la lumière. La vie d'une forêt est un drame perpétuel que seule sa lenteur nous empêche de percevoir. Les corps des vaincus serviront ensuite aux vainqueurs de source de matière organique. Cependant, on arrive finalement à un équilibre entre les strates dont l'existence devient interdépendante. C'est ainsi que les systèmes racinaires peuvent même vivre en symbiose, comme le cas se produit constamment entre les arbres et les mycéliums des champignons.

Quand, du fait d'une intervention humaine, ou par l'action des éléments, une portion de la forêt se trouve tout à coup détruite, on voit se former une clairière. Les conditions sont soudain bouleversées et les arbustes, mais surtout la strate herbacée se trouvent soumis au rayonnement solaire, à la lumière, à l'action du vent, et le sol jusqu'à présent abrité se réchauffe et se dessèche rapidement. Les anciennes espèces d'ombre humide disparaissent alors pour laisser la place à des espèces typiquement de clairière, le plus souvent héliophiles. Cette nouvelle association ne disparaîtra que lorsque les jeunes arbres replantés ou ressemés porteront une ombre suffisamment épaisse pour recréer les conditions originelles.

CHAMPIGNONS — MYCOPHYTA

CLAVAIRE ÉLÉGANTE — *Clavaria formosa FR.*

Famille: Clavariacées

Cette Clavaire a des ramifications plusieurs fois ramifiées, d'une vingtaine de cm de haut et d'une quinzaine de cm de large. La base en est charnue, d'abord blanche puis saumonée et les rameaux, nombreux, sont d'un jaune rosé, puis souvent presque orangés. En fin de végétation, ces rameaux, fourchus et coralloïdes à la partie supérieure, se colorent en ocre: cette coloration est celle des spores qui ont mûri sur toute leur surface.

La chair du champignon est blanche et plus ou moins amarescente.

La Clavaire élégante apparaît en été et en automne, souvent en grands cercles, surtout dans les forêts de Hêtres de la zone tempérée de l'hémisphère Nord, de même qu'en Australie.

Cette espèce n'est pas comestible, car outre qu'elle a une saveur peu agréable, elle se montre le plus souvent violemment purgative.

CLAVAIRE CHOU-FLEUR — *Clavaria botrytis FR.*

Cette belle Clavaire est pourvue d'une base charnue épaisse, blanche puis jaunâtre, qui se divise en très nombreux rameaux aigus aux pointes des couleur pourpre violacé. A la maturité, tout le champignon se couvre plus ou moins de la poussière ocrée des spores et seules les pointes des rameaux gardent leur couleur d'origine.

La chair est fragile, succulente, à peine amère à la maturité.

C'est une Clavaire des bois feuillus mais aussi des conifères de toute la zone tempérée, qui reste rare en Amérique du Nord.

C'est un bon comestible, et la meilleure des Clavaires.

CLAVAIRE JAUNE (MENOTTE) — *Clavaria flava SCH.*

Chez la Clavaire jaune, la base du carpophore est massive, blanchâtre et parfois tachée de rouge. Les ramifications sont nombreuses, fines et d'un beau jaune soufré. C'est un bon comestible, mais toutes les Clavaires jaunes sont très difficiles à distinguer les unes des autres à l'état adulte, car elles prennent à la fin toutes la même teinte ocracée due au dépôt de spores. Tout près de la Clavaire jaune se trouve la Clavaire dorée, aux rameaux plus fins et d'un jaune plus éclatant. Elle passe pour être légèrement laxative.

BOLET ÉLÉGANT — *Suillus elegans (SCHUM. ex FR.) SNELL.*

Famille: Bolétacées

Le Bolet élégant se reconnaît à son chapeau jaune à ocre orangé, d'une quinzaine de centimètres de diamètre, d'abord presque sphérique, ensuite seulement courbe, voire parfois aplani et couvert d'une pellicule visqueuse. Cette pellicule ne s'en va que partiellement chez les sujets jeunes et disparaît seulement totalement à la maturité du champignon.

Le chapeau est d'abord relié au pied par un voile jaune dont le reste forme, par la suite, un anneau sec qui finit par disparaître totalement. Les tubes de la face inférieure du chapeau sont jaunes ou grisâtres: rosissent ou brunissent en cas de blessure.

La chair, d'un jaune citron, foncée à la cassure; son goût et son parfum sont agréables.

Le pied peut mesurer 12 cm de hauteur et sa base est ordinairement brunâtre.

Clavaire élégante

Clavaire chou-fleur

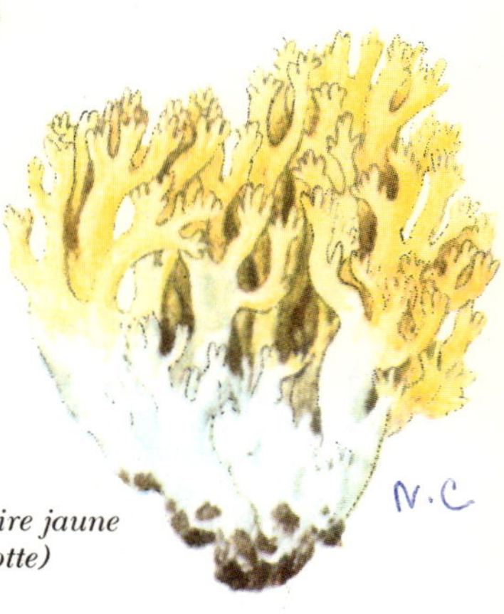

Bolet élégant

Clavaire jaune (Menotte)

Le Bolet élégant apparaît toujours en association avec une végétation de mélèzes, dans le périmètre occupé par leurs racines. On le rencontre abondamment en été et en automne, dans toute l'Europe, en Afrique du Nord, en Australie et en Amérique du Nord.
C'est un champignon délicieux une fois que l'on a ôté la pellicule qui recouvre son chapeau.

NONNETTE VOILÉE — *Suillus luteus (FR. ex L.) S. F. GRAY.*
Famille: Bolétacées

La Nonnette voilée a un chapeau ocracé ou couleur de terre, extrêmement visqueux, couvert d'une cuticule qui s'enlève facilement tout d'une pièce. Les jeunes champignons portent sous le chapeau une membrane blanche qui recouvre tout d'abord les tubes en unissant le pied au bord du chapeau. A la maturité, il ne reste de ce voile qu'un faible anneau noirâtre autour du pied.
La chair, légèrement acidulée et presque sans odeur, est d'abord blanchâtre, puis jaune.
Le pied est dans l'ensemble blanchâtre, jaune citron sous le chapeau, brun à la base.
La Nonnette voilée est liée aux Pins de la plaine à la montagne, et on la trouve aussi bien en Europe qu'en Amérique ou en Australie, ou même à Madagascar, sous les plantations de ces arbres. C'est un bon comestible, qui demande à être pelé, puis on lui fait rejeter son eau, et on le fait ensuite frire en l'arrosant pour finir d'un beurre d'escargot brûlant.

XÉROCOME DORÉ — *Xerocomus chrysenteron (FR. ex BULL.) QUÉL.*

Ce petit Bolet a un chapeau d'environ 7 cm, brun et bien uni, un peu velouté, légèrement bosselé dans son jeune âge, puis fendillé s'il fait sec d'une façon caractéristique. La cuticule du chapeau est sèche, mate, et elle n'est pas séparable de la chair. Les endroits blessés ou rongés par les limaces se teignent de pourpre.
Les tubes sont jaune clair, ensuite un peu verdâtres, et ils bleuissent légèrement à la pression.
Le pied est mince, ocre, soit entièrement lavé de rouge, soit rouge seulement à la base.
La chair est blanche ou jaunâtre, d'un rouge sale à la base du pied et elle se teinte de bleu à la coupe. Chez les exemplaires âgés elle est molle et pourrit facilement.
Il est abondant partout, surtout sous les conifères, le long des sentiers et sur la terre battue. On le rencontre dans toute la zone tempérée de l'hémisphère Nord et en Australie.
C'est un comestible très médiocre, mou et insipide. Les vieux exemplaires sont souvent attaqués par un champignon parasite, le *Sepedonium chrysospermum FR.*, qui est la forme conidienne de *l'Hypomyces chrysospermus TUL.*

XÉROCÔME BAI — *Xerocomus badius (FR.) KÜHNER et GILBERT.*

Le Bolet bai (qu'on range maintenant dans le genre *Xerocomus*) a un chapeau charnu d'environ 15 cm de diamètre, de couleur châtain, parfois roux, velouté dans la jeunesse, puis glabre, brillant et visqueux par temps humide.
Les tubes sont jaunes à vert-jaune, ils deviennent verdâtres à olivacés à la maturité, et se colorent de bleu turquoise au toucher.
Le pied est d'abord un peu renflé, puis cylindrique, de couleur généralement jaune ou olivacée, couvert d'une résille de fibrilles brunes et finement pailletées. On lui trouve parfois un pied brun, mais toujours plus pâle que le chapeau. Lui aussi bleuit mais faiblement à la pression.
La chair est blanchâtre, puis jaunâtre, bleuissant plus ou moins à la coupe, d'abord ferme puis molle.
C'est un champignon d'été et d'automne, abondant surtout dans les forêts de conifères acides, plus rare dans les feuillus de la zone tempérée et de l'Australie.
C'est un bon comestible, qui sans valoir les Cèpes nobles se laisse accommoder avec profit de la même façon.

BOLET ORANGÉ — *Leccinium aurantiacum (FR. ext Bull.) S. F. GRAY.*

Le Bolet orangé est un champignon solide au beau chapeau orangé qui atteint 15 cm de diamètre et davantage, sec et joliment velouté sur le dessus. Le chapeau est d'abord hémisphérique, puis en coussinet, et son bord s'amincit en une fine pellicule débordante vers l'intérieur.
Le pied est plein, ferme, fibreux, d'abord épais, puis plus mince et couvert de petites squames caracté-

ristiques, denses, rougeâtres à brun noirâtre. La chair du pied et du chapeau se teinte en bleu-gris ardoisé quand on la blesse.
C'est un très beau champignon qui pousse en été et en automne dans les bois de feuillus, surtout sur les lisières et sous les Trembles.
Il noircit à la cuisson, mais il est pourtant comestible, toutefois de second ordre car il est mou et à peu près sans parfum.

BOLET RUDE — *Leccinium scabrum (leucophaeum) (FR. ex. BULL.) S. F. GRAY.*

Ce Bolet a un chapeau à cuticule lisse, d'une quinzaine de cm de diamètre, de couleur gris brun à brun sombre. Dans son jeune âge, il est ferme, mais très vite il devient très mou. Les tubes, d'abord blanchâtres puis grisâtres, forment une couche épaisse arquée vers le sol chez les adultes.
La chair, d'abord blanche puis grisâtre, ne bleuit pas à la cassure, mais prend une teinte gris-rosé, puis noirâtre.
Le pied est long, légèrement renflé à la base et tout couvert de petites squames dressées, de couleur sombre. Chez les sujets âgés, il est dur et filandreux. Il a la particularité d'être séparable comme celui des Amanites ou des Psalliotes.
C'est un comestible très médiocre, abondant à la fin de l'été et en automne, surtout sous les Charmes et les Bouleaux, dans toute la zone tempérée de l'hémi-

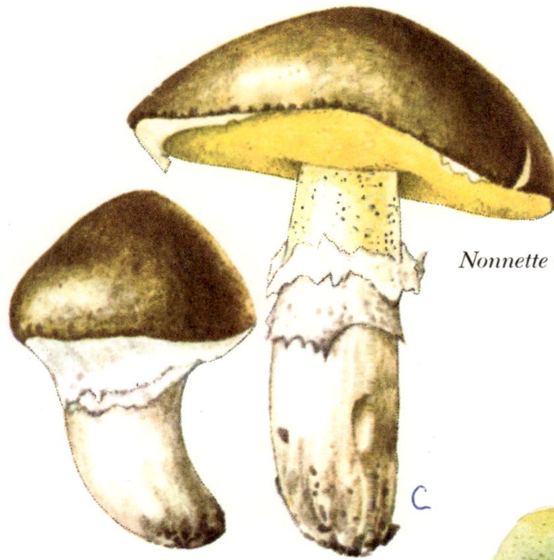

Nonnette voilée

Xérocome bai

Bolet rude

Xérocome doré

Bolet orangé

sphère Nord. Il ne mérite la casserole que faute de mieux. Il devient tout noir à la cuisson.

CÈPE RUGUEUX — *Leccinium rugosum (FR.) PILÁT. = Carpini des auteurs français; anciennement scaber.*

Ce Bolet a un chapeau brun sale, irrégulier, souvent réticulé et craquelé par temps sec. Les endroits talés des tubes se colorent en gris, puis en noir, et la chair prend une teinte d'abord rosée, puis noire à la coupure. C'est une espèce très commune qu'on trouve dès l'été surtout sous les Charmes. Ne vaut pas la cuisson.

CÈPE DE BORDEAUX — *Boletus edulis FR. ex BULL.*

Le Cèpe de Bordeaux est un champignon magnifique qui mesure de 5 à 25 cm de diamètre, parfois davantage, de couleur ocre clair à brun olive foncé, parfois parfaitement lisse, parfois plus ou moins bosselé. La cuticule est sèche, mais de toucher un peu gras très caractéristique.
Chez les jeunes exemplaires les tubes sont blancs, légèrement teintés de jaune-vert, chez les sujets adultes ils deviennent franchement vert olive.
Le pied est d'abord ventru, plus tard cylindrique, blanchâtre, puis brun clair, et orné d'un réseau blanc à mailles allongées.
La chair est blanche, immuable, d'une saveur très agréable et à peine teintée de brun sous la cuticule. Son parfum musqué est très particulier.
C'est une espèce très variable suivant les arbres avec lesquels elle vit en symbiose. La forme la plus courante est celle des Epicéas, à la fin de l'été et en automne. Pied blanc ou très pâle, et le réseau est très apparent. Dans d'autres forêts on trouve d'autres Cèpes très voisins, et généralement confondus: le Cèpe réticulé [*ssp. reticulatus (SCHAEFF.) KONR. et MAUBL.*], velouté et précoce (dès le mois de mai), le Cèpe des Pins [*ssp. pinicola (VITT.) KONR. et MAUBL.*]. En Europe méridionale on trouve aussi sous les Chênes, le Cèpe tête de nègre [*ssp. aereus (BULL.) KONR. et MAUBL.*] au chapeau très dur et presque noir dans le jeune âge. Ce dernier est considéré par les gourmets comme le plus exquis de la série. De toute façon, ces quatre espèces sont délicieuses et font l'objet d'une récolte passionnée et, une fois séchées, d'un commerce considérable. La cuisine française et surtout méridionale a inventé pour eux des préparations magistrales et inégalables.

BOLET BLÊME — *Boletus luridus FR. ex SCHAEFF.*

Le Bolet blême présente un chapeau charnu, d'une vingtaine de cm de diamètre, de couleur olive clair, parfois rougeâtre sur le pourtour, d'abord un peu tomenteux, puis lisse.
Les tubes sont jaune olive, puis bleuissent d'une façon immédiate et caractéristique à la blessure. Leur extrémité d'abord rouge brique devient ensuite orangée. Une particularité qui permet toujours de reconnaître cette espèce: si on enlève la couche de tubes, la chair apparaît rouge en dessous. Chez les autres espèces voisines, elle est toujours jaune.
Le pied est épais, d'abord ventru, puis allongé en massue, d'une couleur vineuse à la base, rouge au milieu, jaune au sommet près de l'implantation du chapeau. Il est réticulé sur toute sa surface, tomenteux et ponctué.
La chair est jaune pâle, vineuse à la base du pied, bleuissant rapidement et fortement à la coupure. Son parfum est agréable.
Le Bolet blême vient dans les forêts de feuillus des régions à climat doux, souvent le long des sentiers et dans les parcs. On le rencontre dans toute la zone tempérée de l'hémisphère Nord et aussi en Australie.
On l'a dit toxique à l'état cru, mais ce doit être une erreur par confusion avec le Bolet Satan, car c'est un très bon comestible, presque comparable aux Cèpes classiques.

BOLET PIED ROUGE — *Boletus erythropus (FR. ex. FR.) PERS.*

On reconnaît ce Bolet à son chapeau tomenteux de couleur brun acajou, noircissant rapidement aux endroits talés. Les tubes sont jaunes et bleuissent rapidement à la coupure, mais leur extrémité (leurs pores) est vermillon, ce qui donne une couleur rouge foncé à la surface inférieure du chapeau.
Le pied est en massue, il bleuit aussi mais ne porte aucune trace de réseau, il est seulement ponctué de méchules brun-rouge.
On le trouve dans toutes les forêts, avec une préférence pour les conifères. Il est comestible, mais parfois laxatif. Son bleuissement ne doit pas effrayer, c'est un simple phénomène d'oxydation.

BOLET CHICOTIN — *Tylopilus felleus (FR. ex BULL.) KARST.*

Vu de dessus, ce Bolet ressemble à s'y méprendre à un Cèpe quoiqu'il soit en général moins développé. Son chapeau fait 12 cm de diamètre, il est plus ou moins tomenteux, de couleur brune. Les tubes sont d'abord blancs, puis d'un beau rose, et enfin couleur chair.
Le pied est d'abord ventru, puis cylindrique, presque brun chez les sujets âgés, et orné d'un réseau en relief très apparent, blanc.
La chair est blanche, sans odeur, mais d'une amertume horrible.
On le trouve sous les feuillus et les résineux en terrain acide dans tout l'hémisphère Nord et en Australie. Il n'est sans doute pas toxique, mais son amertume le rend absolument immangeable. Un seul exemplaire dans un plat oblige à le rejeter complètement.

BOLET SATAN — *Boletus satanus LENZ.*

Ce Bolet est un champignon d'habitude de très grande taille, à chapeau très charnu, qui peut dépasser 35 cm de diamètre, à surface sèche et lisse. La couleur générale est souvent presque blanche, grisée ou brun clair. Les tubes sont olive et se colorent en bleu à la coupure. Leur extrémité est carmin vif, ce qui rend toute la face inférieure du chapeau rouge, puis plus tard plus pâle, parfois presque jaune.
La chair est «jaune-laiton», et ne bleuit que lente-

Cèpe rugueux

Cèpe de Bordeaux

Bolet chicotin

Bolet pied rouge

Bolet Satan

Bolet blême

ment à la cassure. Chez les sujets jeunes elle a une odeur agréable, mais elle devient nauséeuse chez les sujets âgés. Sa saveur est légèrement sucrée.
Le pied du Bolet Satan est très épais, d'habitude jaune au sommet, carminé dans la région médiane, et à nouveau jaune à la base, entièrement réticulé. C'est un champignon des bois chauds qui se plaît surtout sous les feuillus et sur les lisières de Charmes, de Hêtres, où on le trouve en été et en automne toujours en terrain calcaire.
Il est toxique, surtout à l'état cru. Une cuisson imparfaite cause des étouffements, des diarhées qui persistent pendant plusieurs heures. Les éléments toxiques, qu'on ne connaît pas encore avec précision, sont lessivés par la cuisson et une ébullition prolongée, mais il est fortement déconseillé de récolter ce champignon pour la consommation. C'est d'ailleurs dommage, car il est d'une beauté singulière.

CHANTERELLE (GIROLLE) — *Cantharellus cibarius FR.*
Famille: Cantharellacées

Les chapeaux de la Chanterelle, larges de 2 à 10 cm se reconnaissent facilement à leur couleur jaune d'œuf et à leur forme d'abord hémisphérique, puis en coupe: le pied s'évase en un chapeau en forme d'entonnoir, au bord lobé et ondulé.
Sous le chapeau, au lieu de véritables lamelles, on trouve des plis ramifiés en fourche et anastomosés, longuement décurrents sur le pied, de couleur souvent plus vive que le chapeau.
Le pied est plus pâle, court et rapidement élargi. La chair jaune clair dégage un parfum voisin de celui de l'abricot et un goût agréable, avec un piquant poivré qui disparaît à la cuisson.
La Chanterelle est très abondante en été et en automne, dès le mois de mars en Afrique du Nord, sous les feuillus et les conifères de toute la zone tempérée. C'est un des meilleurs champignons, surtout quand il est jeune. Elle se prépare de toutes les façons, et peut se traiter au vinaigre en «pickles». Elle supporte de longs transports et peut se sécher, mais devient alors un peu amère.

LACTAIRE DÉLICIEUX — *Lactarius deliciosus (FR. ex. L.) S. F. GRAY.*
Famille: Astorosporées

On reconnaît aisément le Lactaire délicieux à son chapeau qui varie du brique à l'orangé, zoné, et se tachant uniformément de vert avec l'âge, mesurant de 5 à 15 cm. Le plus souvent, il s'orne de cercles vert sombre. Chez les sujets jeunes, le chapeau est plan, plus tard il se creuse et sa marge déborde toujours un peu sur les lamelles. Ce qui la caractérise le mieux, c'est son lait rouge carotte de saveur âcre, qui suinte immédiatement à la moindre blessure, et qui verdit.
Les lamelles sont serrées, fragiles, d'un bel orangé vif qui verdit aussi aux endroits blessés.
La chair est fragile, cassante, blanchâtre mais se teinte rapidement en vert aux endroits blessées où le suc orangé perle en abondance. Elle a un parfum un peu résineux, mais à l'état cru une saveur âcre ou même légèrement brûlante qui disparaît à la cuisson.
Le pied est orange vif, cylindrique, creux à l'intérieur, d'abord farci d'une moelle cotonneuse dans la jeunesse.
C'est un champignon d'été et d'automne qu'on trouve lié aux Pins et aux Epicéas dans toute la zone tempérée, et même en Australie. Dans le Midi il est remplacé par le Lactaire sanguin (Lactarius sanguifluus) qui lui est bien supérieur comme comestible. Car le «délicieux» n'a de délicieux que le nom. C'est un comestible plutôt grossier qu'on récolte faute de mieux, et pour lequel la meilleure préparation est encore la cuisson sur le gril.

VACHETTE (LACTAIRE LAITEUX) — *Lactarius volemus FR.*

Le chapeau de ce Lactaire qui atteint une quinzaine de cm est un peu déprimé en son centre, d'une couleur roux-fauve assez vive et uniforme. Les lamelles sont jaune pâle et tout le sujet produit à la blessure ou à la cassure un lait blanc très abondant qui grisonne un peu à l'air et brunit en séchant. Ce lait est doux, caractère exceptionnel chez les Lactaires. Le pied de même couleur que le chapeau est légèrement farineux, ferme et plein. La chair jaunatre est solide, ferme, d'abord agréable au goût et douceâtre, puis un peu écœurante.
La Vachette vient dans tous les bois en été, qu'ils soient feuillus ou résineux. Elle est comestible, mais peu appréciée. Une particularité: quand on en a cueilli quelques exemplaires, elle laisse sur les doigts une puissante odeur de fauve dont il est difficile de se débarrasser.

PALOMET (RUSSULE VERDOYANTE) — *Russula virescens FR. ex SCHAEFF.*

Le Palomet présente un chapeau sec, ferme, d'une quinzaine de cm de diamètre, aux bords crevassés à l'état adulte. Sa surface vert-gris est d'abord recouverte d'une cuticule continue et veloutée qui se divise ensuite en petites écailles. Dans la vétusté, le chapeau se teinte parfois d'ocre ou de roux.

Les lamelles sont blanches ou crème, et le pied très ferme roussit un peu aux endroits blessés. La chair en est ferme et fragile à la fois, de saveur douce et de noisette. C'est certainement la meilleure des Russules, dont il se fait en France une grande consommation dans le Midi où elle est particulièrement abondante dans les bois clairs, surtout en terrains siliceux.

RUSSULE COMESTIBLE — *Russula vesca FR.*

C'est une Russule dont le chapeau lavé de reflets carnés d'intensité variable a toujours le centre du chapeau plus ou moins jaunâtre. Elle mesure plus ou moins 15 cm de diamètre.

Les lamelles crème sont très légèrement décurrentes sur le pied solide et ferme. Elles se tachent de roux comme la région inférieure du pied.

La chair est blanche, parfumée et d'une saveur de noisette.

C'est un bon comestible, qui apparaît communément sous les feuillus dès le mois de mai, le premier du genre dans la saison.

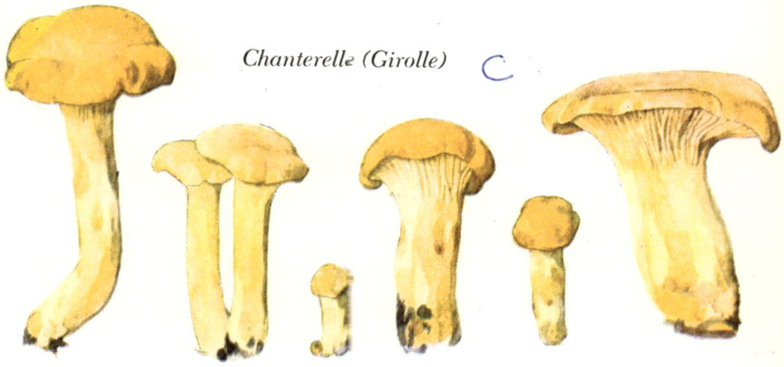

Chanterelle (Girolle)

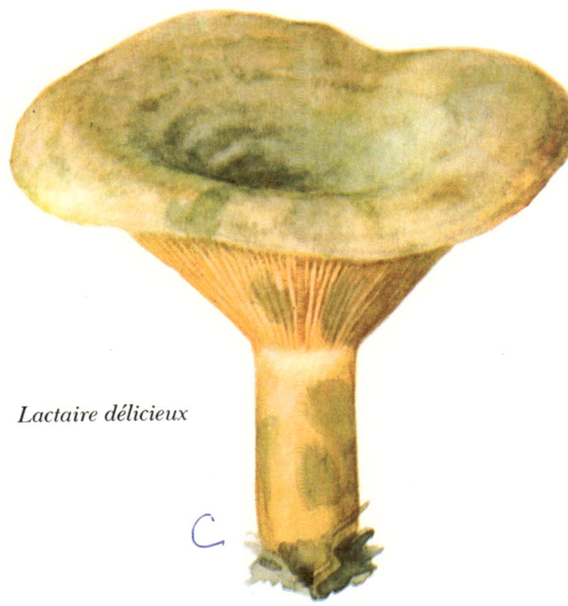

Lactaire délicieux

Russule comestible

Palomet (Russule verdoyante)

Vachette (Lactaire laiteux)

CHARBONNIÈRE — *Russula cyanoxantha (SCHAEFF. ex SCHW.) FR.*

Cette Russule très commune se reconnaît à son chapeau charnu, élastique, de couleur verdâtre ou violacée, se décolorant fréquemment par plages. Par temps humide la cuticule est un peu visqueuse, brillante et ornée de rayures plus foncées. Les bords du chapeau sont aigus et souvent redressés.
Les lamelles sont blanches, serrées, minces, élastiques, de consistance «lardacée» et ne se brisent pas à la pression, le pied est épais, blanc, devenant creux avec l'âge.
C'est ıne espèce typique des forêts des feuillus, mais des conifères de toute la zone tempérée de l'hémisphère Nord, mais qu'on retrouve sous toutes les plantations d'Eucalyptus des tropiques.
C'est un assez bon comestible, quoique sans grand parfum, et qui se prépare de toutes sortes de façons. Elle est surtout agréable bien grillée.

TRICHOLOME CHEVALIER — *Tricholoma flavovirens (equestre) (FR. ex PERS.) LUNDLL.*
Famille: Tricholomacées

Le Tricholome chevalier est un champignon à chapeau irrégulièrement memelonné, d'abord un peu anguleux, de 8 à 10 cm de diamètre. Le fond de la couleur est jaune verdâtre, mais il est parsemé de méchules plus foncées. Il est légèrement visqueux par temps humide et la cuticule s'enlève facilement.
Les lamelles sont d'un beau jaune d'or, adnées et émarginées. Le pied est cylindrique, légèrement renflé à la base, lisse, de couleur soufre lavé d'olivâtre, parfois teinté de brun.
La chair est blanche ou à peine teintée de jaune et elle est finement parfumée.
Le Tricholome chevalier apparaît par colonies entières sous les conifères, surtout en sol siliceux. D'où son abondance sous les Pins des Landes, où il fait l'objet de récoltes massives. C'est un champignon tardif, qui commence à apparaître en septembre mais peut durer jusqu'en décembre.
C'est un excellent comestible, ferme et parfumé.

PRÉTENTIEUX — *Tricholoma portentosum (FR.) QUÉL.*

Le Prétentieux se caractérise par un chapeau assez charnu, conique, irrégulièrement lobé et incurvé, de 8 à 12 cm de diamètre, d'abord voûté, plus tard étalé, muni d'un mamelon central obtus. Sa couleur est difficile à définir, car il s'y mêle des gris de fond avec des reflets verdâtres, brunâtres et violacés, avec des stries rayonnantes noirâtres et très fines. Les lamelles sont épaisses, grisonnantes, découpées par une dent près du pied et légèrement décurrentes. Le pied est cylindrique, parfois prolongé par une pseudoracine, blanc, grisâtre ou verdâtre et soyeux. La chair a un léger parfum de farine. Elle est blanchâtre, parfois légèrement grise et porte souvent des reflets jaunes en haut du pied.
C'est aussi un Champignon des conifères en terrain siliceux. Il surabonde dans les Vosges où on le conserve en tonneaux avec du sel, comme la choucroute. On le trouve souvent en compagnie de l'espèce précédente.
C'est un des meilleurs comestibles malgré son aspect peu décoratif, et il est souvent vendu sur les marchés.

ARMILLAIRE COULEUR DE MIEL — *Armillariella (Clitocybe) mellea (FR. ex FL. DAN.) RICK.*

Cette Armillaire présente ses carpophores rarement isolés, et presque toujours en touffes qui peuvent être énormes. Les chapeaux mesurent de 4 à 15 cm, leur couleur générale, très variable, va du doré au brun et ils sont constamment couverts de petites mèches brunes, plus denses au centre. Chez les jeunes sujets le chapeau est relié au pied par un anneau membraneux ou cotonneux qui cache les lamelles. Le bord du chapeau est très mince et se retrousse avec l'âge.
Le pied cylindrique, parfois légèrement renflé à la base (ou très renflé dans la variété obesa) est de couleur jaunâtre, plus ou moins noirâtre à la base. Il est strié au-dessus de l'anneau, et son anneau est également pailleté à la partie supérieure. L'intérieur du pied est blanc.
Les lamelles, décurrentes sur le pied, sont d'abord blanchâtres, puis se tachent de roux et de brun. Chez les sujets avancés, tout le champignon se poudre d'une épaisse couche de spores blanches.
La chair est blanche, d'odeur peu agréable et de saveur astringente.
Cette Armillaire apparaît souvent par colonies entières comme un dangereux parasite des troncs d'arbres de toute espèce, qu'ils soient vivants ou morts, dans le monde entier. On la trouve généralement

en fin de saison et son apparition marque pour les mycologues la fin des champignons de forêt.
Il est facile de découvrir, en soulevant les écorces des arbres attaqués, les cordonnets mycéliens de ce parasite. Ils sont d'abord blancs et phosphorescents, puis deviennent presque noirs. Ils s'insinuent entre l'écorce et l'arbre, la détachent, et l'arbre meurt. Ces cordons, appelés rhizomorphes, s'étendent au loin et peuvent passer d'un arbre à un autre par les racines et le contaminer. Il arrive que ce champignon cause de grands ravages dans les forêts, et aussi dans les vergers, où il passe d'un pommier à l'autre sans qu'on puisse l'en empêcher.
C'est aussi un champignon comestible, mais médiocre. Il faut prendre des jeunes sujets seulement les chapeaux, et les faire bouillir avant de les accommoder. A peu près pas consommé en France, on dit que certains pays de l'Est en sont friands. Il est probable aussi que sa saveur dépend en grande partie de l'essence de l'arbre parasité, et il y a dans cette espèce peut-être autant de «races» que d'arbres susceptibles de l'héberger.

AMANITE TUE-MOUCHES — *Amanita muscaria (FR. ex L.) HOOK.*
Famille: Amanitacées

L'Amanite tue-mouches se reconnaît aisément à son chapeau caractéristique, d'abord sphérique, ensuite étalé à l'horizontale et qui mesure de 10 à 20 cm de diamètre. Sa couleur générale est vermillon et il

Tricholome chevalier

Charbonnière

Prétentieux

Armillaire couleur de miel

Amanite tue-mouches

s'orne de petites verrues d'un blanc jaunâtre qui sont les restes de la volve qui au début enveloppait tout le carpophore. Il arrive que la pluie ou la vétusté fassent tomber toutes ces écailles et que le chapeau soit en fin de compte nu.
Les lamelles sont larges, serrées, minces et d'un blanc crème.
Le pied, également blanc, est puissant, renflé à la base en forme de bulbe, atténué dans le haut. Sa région inférieure porte des cercles concentriques de verrues, autres restes de la volve.
Sous le chapeau, en haut du pied, se déploie un anneau blanc bordé de jaune qui unit le pied au chapeau dans le jeune âge et recouvre alors les lamelles.
La chair est blanche, teintée de jaune sous la cuticule, de goût faible et sans odeur.
On trouve cette Amanite sous les Epicéas et sous les Bouleaux dans l'hémisphère Nord, et en Australie. Sa forme remarquable et sa couleur éclatante font de ce beau champignon un symbole de la vie des forêts, il est souvent utilisé comme motif décoratif, et il joue un rôle important dans les contes de fées. Il a une réputation maléfique, et il a longtemps fait partie de l'arsenal des sorcières, du fait qu'il avait la réputation d'être mortel. En fait, sa toxicité réelle n'a rien à voir avec la légende: il ne contient que des traces de muscarine, un peu de muscaridine, et des traces de mycotoxine et de choline. Dans certaines régions on récolte pour le manger le pied qui est la partie la moins dangereuse et on le consomme sans problème. Cependant, l'Amanite tue-moches contient des substances mal connues qui ont un effet à la fois stupéfiant, excitant et enivrant, et ceux qui en ont absorbé sont victimes de délires effrayants et parfois dangereux. D'ailleurs, les Lapons, les Samoyèdes et d'autres peuples semblables en faisaient une boisson enivrante qu'on buvait au cours de cérémonies secrètes.
Son nom lui vient de ce qu'on l'a utilisée pour éliminer les mouches: son chapeau placé sur une assiette pleine de lait attirait ces insectes, et les mouches qui en absorbaient étaient sinon empoisonnées du moins étourdies pour un moment.

GOLMOTE — *Amanita rubescens (FR. ed PERS.) S. F. GRAY.*

C'est une belle Amanite au chapeau de 6 à 20 cm de diamètre, de couleur beige rougeâtre, parfois plus sombre ou plus pâle. Ce chapeau est couvert de petites écailles farineuses d'un blanc rosé, irrégulièrement disposées sur la surface, planes, mais aussi verruqueuses et aiguës par le sec.
Les lamelles, d'abord d'un blanc pur, rougissent plus ou moins avec le temps ou se piquent de rouge.
Le pied est blanc, creux à la fin, renflé à la base en un bulbe conique, d'abord blanc, puis teinté de rouge, portant à la base une ou deux rangées de petites verrues. Il porte à sa partie supérieure une anneau blanc au-dessus, rougeâtre en dessous, strié à la partie supérieure.
La chair est d'abord blanchâtre, mais elle rougit rapidement et présente à l'état cru une saveur d'abord douceâtre, puis légèrement astringente.
C'est un champignon abondant dans toutes les forêts, surtout de conifères, de toute la zone tempérée de l'hémisphère Nord.
C'est un assez bon comestible, mais peu parfumé, et il déclenche chez certaines personnes de désagréables allergies. Cette Amanite est extrêmement variable de taille et de couleur, et se reconnaît à son rougissement, unique dans ce genre. Il ne faut pas la confondre avec l'Amanite panthère, qui est violemment toxique.

AMANITE CITRINE — *Amanita citrina (FR. ex SCHAEFF.) S. F. GRAY.*

L'Amanite citrine est un champignon au chapeau de 5 à 10 cm de diamètre, visqueux par temps humide, de couleur vert jaune à jaune citron, parfois blanc. La cuticule porte de petits flocons blanchâtres, de taille variable, irrégulièrement distribués et facilement lavés par la pluie.
Les lamelles sont blanches et serrées.
Le pied est mince, lisse, renflé à la base avec un gros rebord caractéristique. En haut du pied se trouve un anneau jaune clair, mince mais bien développé.
La chair blanche dégage une odeur écœurante de pommes de terre germées, et sa saveur devient nauséabonde après un instant de mastication.
Elle vient en été et en automne surtout sous les Chênes en terrain siliceux dans tout l'hémisphère Nord et en Australie.
On l'a longtemps considérée comme mortelle parce qu'on la distinguait mal de l'Amanite phalloïde. En fait, elle est inoffensive, mais son odeur et sa saveur déplaisantes empêchent de la consommer.

AMANITE PANTHÈRE — *Amanita pantherina (FR. ex D. C.) KROMBH.*

Cette Amanite a un chapeau de 8 à 12 cm de diamètre, strié à la marge (sauf sur les gros exemplaires), de couleur ocre à brun verdâtre, souvent plus foncé au centre. La cuticule porte des écailles d'un blanc pur, comme de la peau de lait (caractère spécifique) que parfois la pluie emporte.
Les lamelles sont blanches et serrées.
Le pied, élancé, lisse, un peu soyeux et brillant, ne présente pas de volve à sa base, mais une ou deux rangées d'écailles qui font comme des bagues. Au haut du pied se trouve un anneau mou, parfois incliné, ou même collé sur le pied, et jamais cannelé.
La chair est blanche, sans goût ni odeur.
Cette Amanite toxique se trouve dans toutes les forêts, la forme des conifères (abietum) étant beaucoup plus vigoureuse, de tout l'hémisphère Nord et en Afrique du Sud.
Elle contient une substance violemment vénéneuse, la mycoatropine, qui irrite la zone corticale du cerveau. En cas d'intoxication on voit apparaître rapidement, en moins d'une demi-heure, des troubles digestifs et une sensation d'ivresse. Sans être mortelle, cette intoxication est extrêmement désagréable.

AMANITE PHALLOÏDE — *Amanita phalloides (VAILL. ex FR.) SECR.*

L'Amanite phalloïde a généralement un chapeau de 5 à 15 cm de diamètre, légèrement charnu ou même épais, lisse, de couleur verdâtre à olivacé, parfois très pâle, ou vert presque jaune, ou gris-vert. Il est régulièrement tigré de fibrilles plus foncées. Le plus souvent la cuticule est absolument nue et ne porte que par exception des restes de la volve.
Les lamelles blanches, serrées, s'arrondissent au niveau du pied.
Le pied s'épaissit à la base, et sort d'une volve membraneuse, molle, sphérique, blanche, souvent cachée dans le sol, déchirée et lobée dans sa partie supérieure. Ce pied est blanc, mais souvent tigré de verdâtre, et il porte à son sommet un anneau ample, membraneux et d'un blanc jaunâtre.
La chair est blanche, teintée de jaune sous la cuticule. Elle a une odeur de rose dans le jeune âge, puis devient très écœurante dans la vétusté. La saveur est insignifiante.

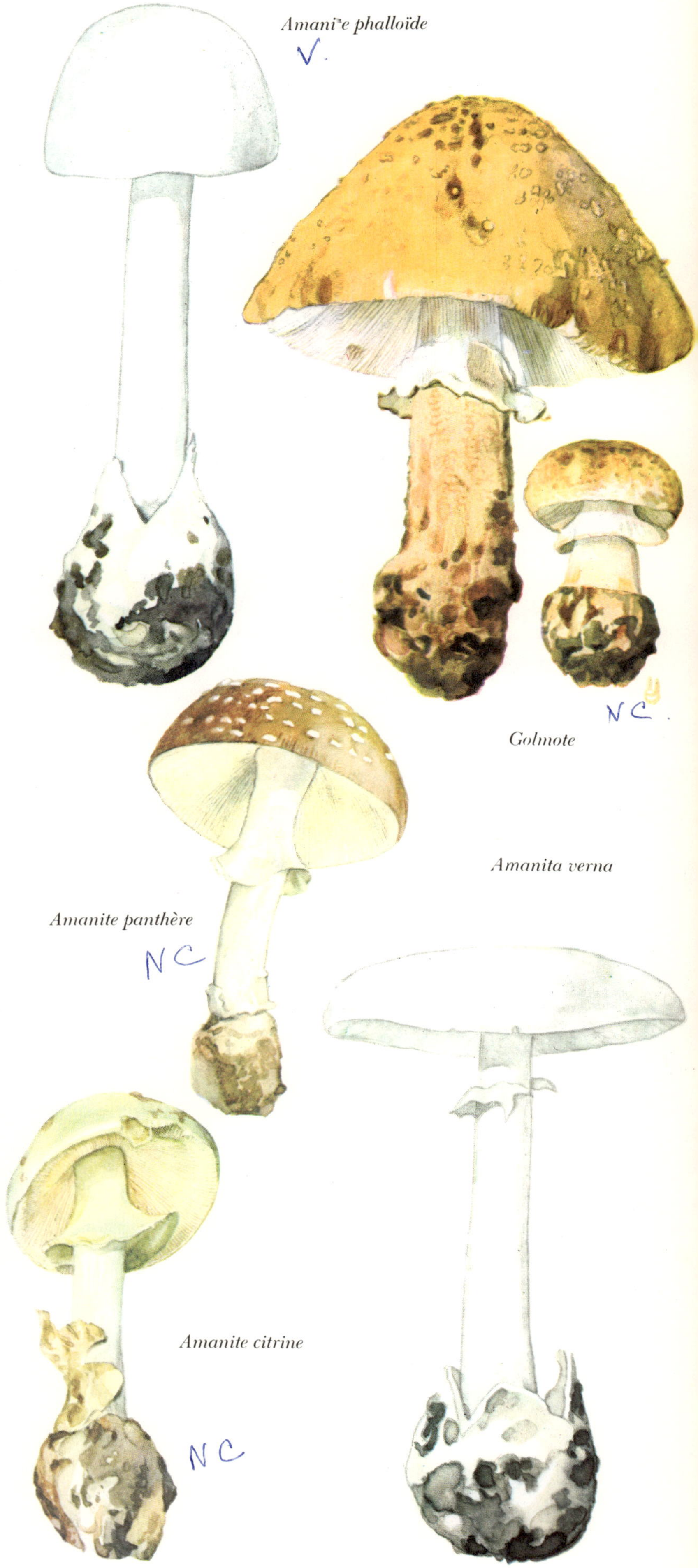

C'est le plus dangereux de tous les champignons, et on le trouve dans les forêts de feuillus et de conifères de tout l'hémisphère Nord, de l'Amérique à l'Asie. Elle a été introduite en Afrique du Sud et en Amérique du Sud, où elle est sans doute arrivée avec des plants ou des semences d'arbres.
Son chapeau verdâtre la fait confondre avec des champignons comestibles de la même couleur, en particulier certaines Russules, et elle est ainsi responsable de 90 % des empoisonnements mortels enregistrés en Europe. Elle contient toute une série de poisons violents qui agissent sur le foie, le cœur, les reins et les surrénales. Un autre poison attaque les hématies.
L'empoisonnement est très douloureux, la victime garde toute sa connaissance, mais la mort peut ne se produire qu'au bout de 5 à 10 jours.
Il en existe une espèce voisine *(Amanita verna FR.)* d'un blanc pur, qui vient dans les mêmes stations et qui est tout aussi toxique et se confond avec les grandes Psalliotes. Elle est heureusement assez rare et paraît être plutôt méridionale.

COULEMELLE — *Lepiota procera (FR. ex SCOP) QUÉL.*

C'est un très grand champignon à chapeau d'abord sphérique et refermé sur le pied (il a alors la forme d'une mailloche de grosse caisse), plus tard étalé et enfin plan, ressemblant un peu à une ombrelle. Il a de 10 à 35 cm de diamètre, et porte toujours au centre un mamelon obtus caractéristique, qui lui fait donner dans certaines provinces le nom de «nez de chat». De couleur d'abord brune, la cuticule se craquelle durant la croissance et le champignon est à la fin complètement couvert de belles écailles brunes disposées symétriquement. Mais le centre garde sa cuticule entière et reste d'un brun continu. On voit entre les écailles poindre la chair qui est d'un blanc pur et d'aspect un peu cotonneux.
Le pied est puissant et élancé, coriace et fibreux, creux, et peut atteindre 40 cm de haut. Il se termine à la base par un gros bulbe renflé. Il est facilement séparable du chapeau. Dans la jeunesse il est entièrement brun, mais cette couverture brune se dilacère et il en reste des chinures concentriques. Il porte en haut un large anneau mobile à double marge lobée. Les lamelles sont larges, serées, blanches, et séparées du pied par un espace vide.
La chair d'abord compacte devient avec l'âge cotonneuse, elle est blanche et d'un parfum très agréable. Celle du pied est absolument coriace.
C'est un excellent champignon, surtout quand il n'est pas encore déployé. On le trouve dans toute la zone tempérée de l'hémisphère Nord, uniquement en terrain acide ou décalcifié, sous les conifères et dans les pâturages. On le voit aussi en Australie, en Inde et en Afrique. Il est délicieux cuit sur le gril, assaisonné seulement d'un peu de beurre et de sel.

SCLÉRODERME ORANGÉ — *Scleroderma aurantinum PERS. ex L.*
Famille: Sclérodermatacées

Ce Scléroderme se caractérise par ses fructifications en forme de tubercules globuleux, atteignant 10 cm de diamètre qui apparaissent à la surface du sol. Leur cuticule, d'abord d'un blanc sale, vire ensuite à l'ocre doré et se sépare au sommet du champignon en plaquettes scarieuses.
La chair est d'abord blanche, puis verdâtre et enfin noir d'encre sous l'effet des spores qui mûrissent peu à peu en prenant un reflet violacé. Cette glèbe noire est parcourue par de fins cordonnets blancs qui sont des filaments stériles et qui donnent au champignon un aspect marbré.
Une fois les spores complètement mûres, l'ntérieur du champignon se dessèche et se transforme en un ensemble pulvérulent de couleur vert-gris. L'enveloppe se déchire enfin pour libérer les spores.
Le Scléroderme orangé croît sur les sols pauvres, sableux, dans les clairières, mais surtout sur les talus, de l'été à l'automne dans toute la zone tempérée de l'hémisphère Nord, et aussi en Afrique.
Sa saveur épicée rappelle un peu la truffe. Mais on ne pourrait à la rigueur ramasser que les exemplaires jeunes pour la consommation, quand leur chair est encore blanche. Il n'est pas récolté en France, et il se pourrait qu'il soit toxique à haute dose.

VESSE-DE-LOUP PERLÉE — *Lycoperdon perlatum PERS.*
Famille: Lycoperdacées

Cette Vesse-de-loup se présente sous la forme de carpophores atteignant 8 cm de haut, blancs, dont la surface est hérissée d'aiguilles molles et verruqueuses. Sous la cuticule solide, la chair fructifère est faite d'un tissu d'abord blanc, puis verdâtre. Avec l'âge, ce tissu devient mou et aqueux.

A la maturité des spores le carpophore se dessèche et l'intérieur se transforme en une poussière de spores invisibles qui s'échappent par une ostiole placée au sommet du champignon et qui ne s'ouvre qu'à ce moment-là. C'est un champignon très commun que l'on rencontre surtout sous les Epicéas, mais aussi dans les prés et les autres forêts. On la trouve depuis le commencement de l'été jusqu'aux premières gelées, et souvent par touffes entières.
Les sujets jeunes, encore fermes et blancs, sont assez parfumés. Mais sa consistance trop molle une fois cuite détourne peut-être injustement de son usage.

SATYRE PUANT — *Phallus impudicus PERS. ex L.*
Famille: Phallacées

C'est un champignon bien changeant suivant son âge: les sujets jeunes, encore enclos dans leur volve, ressemblent à des œufs blanchâtres, plus ou moins cachés sous la terre. Ils ont une peau coriace sous laquelle se trouve une couche gélatineuse reconnaissable au toucher, qui recouvre une espèce de bourgeon ferme et blanc qui est le futur pied. A ce stade le champignon n'a qu'une odeur aigrelette pas désagréable.
Au cours de la croissance, cette enveloppe se déchire et la volve ainsi formée laisse jaillir un long pied creux, cylindrique, de consistance caverneuse, qui porte à son sommet un chapeau en forme de dé couvert d'une matière épaisse, brun olive, qui renferme les spores. Cette couche se met rapidement à fondre et remplit alors tous les environs d'une odeur insupportable de cadavre en putréfaction.

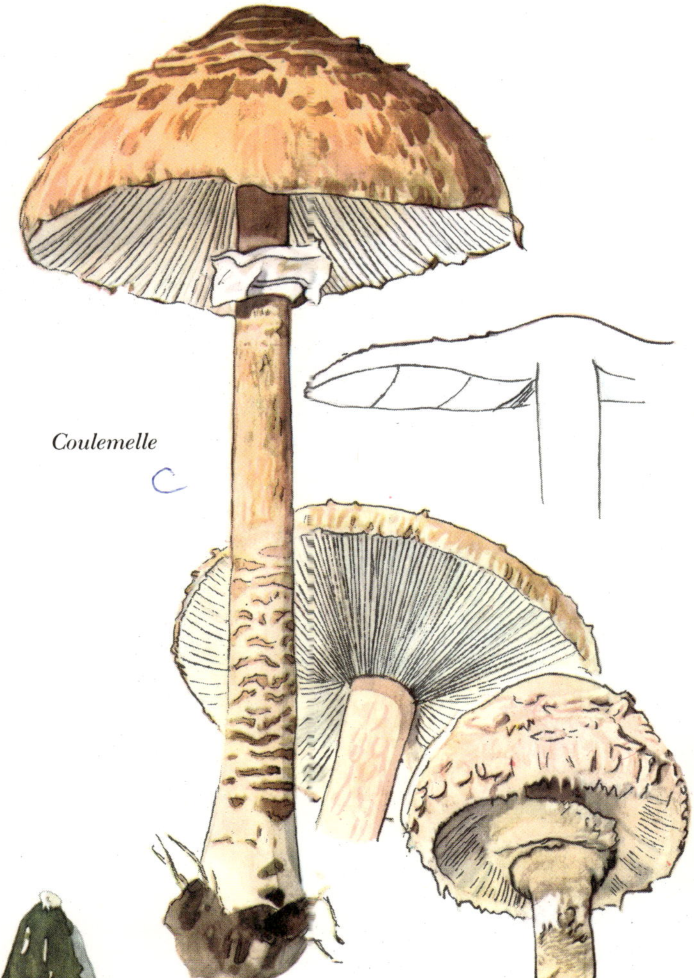

Coulemelle

Vesse-de-loup perlée

Satyre puant

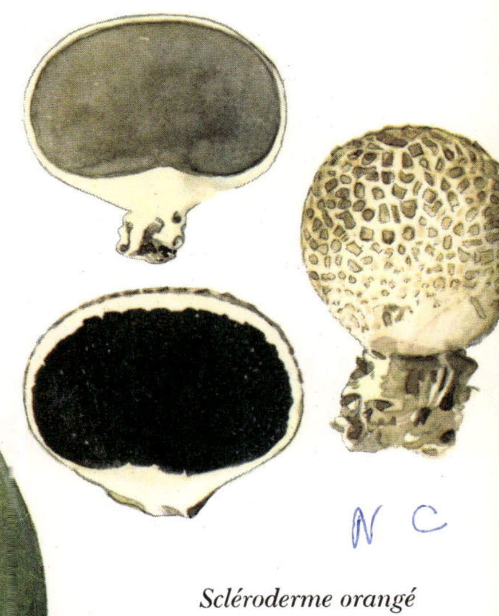

Scléroderme orangé

Cette odeur attire de partout les mouches qui l'avalent avec avidité et qui ensuite transportent en même temps les spores qui y sont contenues. Il ne reste alors qu'un petit chapeau blanc, creusé d'alvéoles comme une Morille, d'où son nom vulgaire de «Morille du diable».
C'est un champignon très curieux qui apparaît en été dans beaucoup de forêts, surtout sablonneuses, parfois aussi dans les parcs et les jardins, où il lui arrive de parasiter les racines des rosiers. On le voit souvent dès le mois d'avril, et jusqu'aux gelées.
On le trouve dans le monde entier, y compris sous les tropiques.
On prétend qu'à l'état d'œuf, ce champignon serait comestible. Mais ce doit être là une mauvaise plaisanterie de mycologues en veine de faire des farces à leurs collègues.

LICHENS — LICHENES

LICHEN DES CHIENS — *Peltigera canina HOFFM.*
Famille: Peltigéracées

Le Lichen des chiens se reconnaît aisément à son thalle largement foliacé qui peut atteindre plusieurs dm^2, vert-gris par temps humide, brunâtre par temps sec, tomenteux au revers et couvert d'une nervation réticulée. C'est une espèce banale des chemins forestiers et des bords de clairières. On trouve deux formes voisines, l'une couleur châtain, *Peltigera rufescens ZOFF.*, l'autre verdâtre, *Peltigera horizontalis HOFFM.* On a donné ce nom au Lichen des chiens parce que autrefois on s'imaginait qu'il était capable de les guérir de la rage.

CLADONIE DES RENNES — *Cladonia rangiferina WEB.*
Famille: Cladoniacées

Ce Lichen forme généralement de grands coussins étalés, parfois par plaques entières, surtout dans les pinèdes, au bord des clairières et des chemins dans les forêts. Les touffes fruticuleuses présentent de nombreux rameaux aux extrémités fines et retroussées. On rencontre souvent plusieurs espèces voisines comme la Cladonie sylvestre *(Cl. sylvestris HOFFM.)* dont les thalles fruticuleux sont flavescents et qui a les mêmes habitats que la précédente, ou des espèces en forme de coupelle comme la Cladonie coccifère *(Cl. coccifera WILLD.)*, couverte de fructifications d'un rouge brillant qui ornent les bords de la coupelle. Cette espèce abonde dans les coins ombragés et sur la mousse, ou même sur les souches d'arbres morts où on la trouve souvent en compagnie de la Cladonie digitée *(Cl. digitata SCH.)* dont les cupules ont une marge dentée, ou de la Cladonie frangée *(Cl. fimbriata F. FR.)* aux cupules grises et farineuses.

PARMÉLIE RENFLÉE — *Parmelia (Hypogymnia) physodes ACH.*
Famille: Parméliacées

Cette Parmélie présente un thalle gris, lobé, foliacé, brunâtre sur la face inférieure. Elle vient partout sur les troncs d'arbres. Sur les Tilleuls on trouve fréquemment la Parmélie du Tilleul *(Parmelia tiliacea FR.)* aux thalles gris cendré. A la même famille appartiennent les quelque 50 espèces du genre Cetraria. Parmi celles-ci, *Cetraria glauca ACH.* présente un thalle foliacé, faiblement lobé, et elle vit sur les troncs. Dans les clairières, au bord des chemins de forêts d'Europe moyenne et septentrionale on trouve fréquemment la Mousse d'Islande *(Cetraria islandica ACH.)* dont le thalle est dressé et foliacé, avec des lobes roulés en cornets et ciliés. Cette espèce est couramment récoltée pour ses propriétés toniques, analeptiques et émollientes. La pharmacopée française en fait grand cas.

MOUSSES — BRYOPHYTA

DICRANE EN BALAI — *Dicranum scoparium (L.) HEDW.*
Famille: Dicranacées

Les tiges de cette mousse atteignent 10 cm de haut et sont densément couvertes de petites feuilles falciformes, finement dentées au sommet. Les sporogones de couleur rouge mesurent de 2 à 4 cm, les capsules sont cylindriques, légèrement courbées et brunâtres. C'est une mou se forestière qui affectionne surtout les bois clairs de conifères, en plaine aussi bien qu'en montagne où on la trouve sur le sol, mais aussi sur les vieilles souches, les troncs des arbres tombés et les rochers.

Dans les habitats analogues on trouve souvent une espèce voisine, le

Lichen des chiens

Cladonia fimbriata

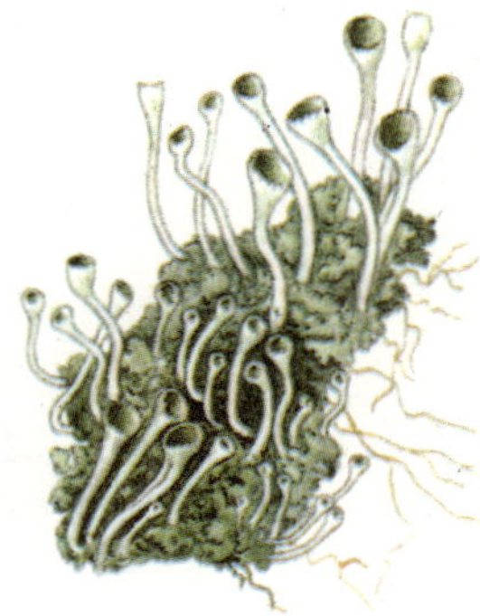

Cladonia digitata

Parmélie renflée

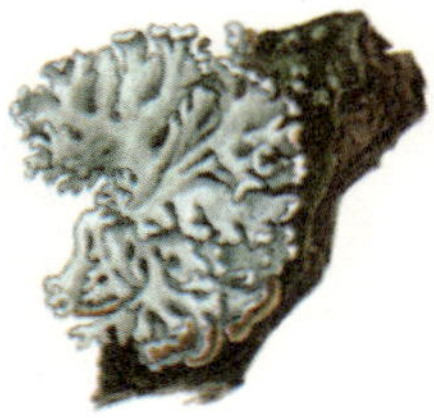

Cladonie des rennes

Cetraria islandica

DICRANE ONDULÉ — *Dicranum undulatum EHR.*

Ses feuilles d'un vert plus pâle sont ondulées transversalement.

LEUCOBRYUM GLAUQUE — *Leucobryum glaucum SCH.*
Famille: Leucobryacées

Le Leucobryum glauque se reconnaît immédiatement à ses coussins bombés, arrondis ou ovales, de couleur blanchâtre argentée. Les tigelles sont très serrées les unes contre les autres et portent de petites feuilles à marge retroussée et enroulée jusqu'au sommet. Ces feuilles comportent deux types de cellules: les unes sont vertes, les autres, d'aspect lacunaire, sont incolores, et ce sont elles qui donnent à cette mousse son aspect argenté.
Le Leucobryum glauque est une mousse dioïque, dont les sujets mâles ont un port plus robuste. Ses coussins épais retiennent une grande quantité d'eau, mais elle peut tout aussi bien supporter de longues périodes de sécheresse. C'est une mousse des pinèdes, mais qu'on trouve aussi sous les feuillus, toujours sur des sols pauvres, dégradés et dépourvus de calcium. Sa couleur claire et brillance la fait reconnaître de loin.

Dicrane en balai

Leucobryum glauque

Mnium ponctué

Polytric vulgaire

Hylocome à trois coins

Hypne de Schreber

Hylocome brillant

MNIUM PONCTUÉ — *Mnium punctatum HDW.*
Famille: Mniacées

On reconnaît le Mnium ponctué à ses tiges d'environ 5 cm de haut, lavées de pourpre sombre et qui portent de petites feuilles largement ovales, parfois arrondies, regroupées en rosette dense au sommet de la tige. Le pseudopode mesure de 2 à 4 cm et se termine par une capsule horizontale ou réfléchie. C'est une espèce abondante dans les endroits humides dans les bois, les tourbières, les bords de l'eau et autour des sources.

POLYTRIC VULGAIRE — *Polytrichum commune L.*
Famille: Polythrichacées

Le Polytric vulgaire est une grande Mousse qui atteint parfois 20 cm de haut, à feuilles vert sombre bordées de dents aiguës. Par temps humide, ces feuilles sont nettement écartées de la tige, mais par temps sec elles se serrent contre elle. Les capsules ont un opercule velu. Elles sont portées par une longue soie (jusqu'à 10 cm), de couleur rouge. Le Polytric vulgaire forme des tapis moelleux dans toutes les forêts, le long des ruisseaux ombragés, dans les clairières et près des lisières, etc. Il est fréquent dans les parties les moins humides des tourbières.

HYPNE DE SCHREBER — *Hypnum schreberi WILLD.*
Famille: Hypnacées

L'Hypne de Schreber se caractérise par ses tigelles d'une quinzaine de cm de haut, rougeâtres, ascendantes et distiques, ce qui leur donne une forme régulièrement pennée. Leurs extrémités sont nettement réfléchies. Les feuilles fortement bombées sont largement ovales et imbriquées les unes sur les autres. C'est aussi une espèce dioïque et qui n'est que rarement fertile. Elle forme alors des pseudopodes fins et flexibles de couleur rouge, terminés par une capsule allongée et arquée.
L'Hypne de Schreber forme des tapis entiers dans les forêts de conifères, dans les feuillus, sur le sol, sur les rochers, les vieux troncs, les souches, etc.

HYLOCOME BRILLANT — *Hylocomium splendens BR. SCH.*
Famille: Hylocomiacées

Cette mousse aux tigelles d'une vingtaine de cm,

raides, à ramifications pennées, forme des tapis d'un vert frais dans la plupart des forêts ombragées. Les tiges secondaires à nouveau pennées ont une disposition quinconciale et s'écartent de la tige principale presque à l'horizontale. Les feuilles allongées-ovales sont appliquées. L'Hylocome brillant est une mousse dioïque, dont les sujets femelles portent de longues soies (jusqu'à 4 cm) rouges, aux capsules inclinées. Cette espèce forme de grands tapis dans les forêts mêlées ou sous les Epicéas, surtout en altitude. On la trouve aussi sur les rochers, les grosses pierres, parfois aussi dans les clairières.

HYLOCOME À TROIS COINS — *Rhytiadelphus (Hylocomium) triquetrus WARN.*

Cette mousse présente des tigelles d'une quinzaine de cm, couchées ou dressées, irrégulièrement ramifiées. Les feuilles sont lancéolées et aiguës. C'est une mousse dioïque aux soies de 5 cm de long, toutes genouillées et de couleur rouge. On la rencontre souvent dans les lieux ombragés des forêts mêlées, surtout en terrrain calcaire.

LYCOPODIALES — LYCOPODINAE

LYCOPODE EN MASSUE — *Lycopodium clavatum L.*
Famille: Lycopodiacées

C'est une plante vivace à tige rampante qui peut dépasser 1 m de long, à ramifications irrégulièrement dichotomes. Tous les rameaux s'enracinent très facilement et portent des feuilles denses à la base, plus clairsemées au sommet sous les strobiles sporifères. Les feuilles sont petites, linéaires, lancéolées, avec une pointe au sommet.
Les sporophylles sont largement ovales et se terminent par une longue arête incolore. Elles sont ordinairement rangées en deux épis sporifères cylindriques, terminaux, portés par de longs pédicelles fins, couverts de petites feuilles appliquées.
Le Lycopode en massue est assez abondant par places de la plaine jusqu'en montagne, surtout dans les bois clairs et plutôt secs. On le trouve souvent sous les couverts de petits arbrisseaux rabougris, mais aussi dans les bruyères et les couverts de Nard *(Nardus stricta L.)* et dans les prairies sèches. Il est courant dans toute l'Europe à l'exception des régions steppiques et des rivages méditerranéens, en Asie, en Amérique, dans les montagnes de l'Afrique tropicale et dans les îles Hawaii. Il peut monter jusqu'à une altitude de 2300 m.
Les spores renferment jusqu'à 50% d'huile, des alcaloïdes, la lycopocine, la clavatine, la clavatoxine, du sucre, des acides, etc. Il faut cependant noter que seuls les exemplaires européens contiennent les 3 alcaloïdes cités: les Lycopodes américains ne contiennent que la Lycopodine.
Pour le moment, les grands producteurs de cette poudre sont l'Allemagne et l'U.R.S.S.

LYCOPODE SABINE — *Huperzia selago (Lycopodium selago) L. BERNH.*
Famille: Urostachylacées

C'est un Lycopode vivace, d'un beau vert sombre et brillant, cespiteux, aux tiges qui atteignent 25 cm de haut et ramifiées dès la base.
Les feuilles linéarirement lancéolées sont dréssées, molles et écartées de la tige.
Ce Lycopode ne forme pas de strobiles, à la différence de l'espèce précédente: les sporanges sont ici cachés derrière des sporophylles qui ressemblent aux feuilles normales, situées dans la moitié supérieure de la tige.
La multiplication peut aussi se faire au moyen de propagules spéciaux: ce sont des bourgeons particuliers, caducs, situés à l'aisselle des feuilles terminales. Le Lycopode Sabine est à peu près cosmopolite, à l'exception des régions chaudes. Au nord, il remonte jusqu'à une latitude de 81° et on le trouve également à 3000 m d'altitude. C'est une plante des forêts ombragées et humides, qui se plaît également dans les tourbières, sur les vieilles racines et sur les souches des arbres morts.

Lycopode Sabine

Lycopode en massue

EQUISÉTINALES — EQUISETINAE

PRÊLE DES BOIS — *Equisetum sylvaticum L.*
Famille: Equisetacées

Cette Prêle est vivace comme toutes les autres, ses rhizomes descendent jusqu'à 50 cm de profondeur et donnent naissance à des tiges de 15 à 60 cm de haut. Au printemps ces souches densément ramifiées émettent au-dessus du sol des tiges d'une cinquantaine de cm, dépourvues de chlorophylle, fertiles, simples, d'un rose cireux. Après la sortie des spores, ces rameaux verdissent et se ramifient régulièrement en verticilles de 10 à 16 brins. A côté de ces tiges, on voit apparaître également dès le printemps d'autres tiges stériles et vertes qui se ramifient tout de suite. Tous les rameaux sont toujours disposés en verticilles géométriques. On les reconnaît très facilement à leur port retombant en arc de cercle et à leurs nombreuses ramifications. Vus par le côté, ils forment des étages nettement différenciés.
Les gaines de chaque étage sont en entonnoir et légèrement renflées; leurs indentations sont concrescentes par 3—4 et forment des lobes obtus, scarieux, de couleur rougeâtre.
Cette Prêle forme d'habitude des colonies épaisses et étendues dans les bois humides et ombragés, de la plaine jusqu'à la montagne. Dans les Alpes, elle monte jusqu'à 1800 m.
Elle est fréquente dans tout l'hémisphère Nord, mais seulement dans les régions fraîches. Elle est d'ailleurs considérée comme un sûr indicareur d'un excès d'humidité du terrain.

FOUGÈRES — FILICINAE

FOUGÈRE MÂLE — *Dryopteris filix-mas (L.) SCHOTT.*
Famille: Polypodiacées

La Fougère mâle est une plante très robuste qui peut dépasser 1 m de haut, à souche épaisse et couverte de poils roux et qui porte une couche dense des restes des frondes mortes des années précédentes.
Les frondes se caractérisent par un pétiole jaunâtre, couvert d'écailles rousses et par un limbe allongé, aminci aux deux extrémités. Dans leur jeunesse, les frondes sont enroulées en crosse, ensuite elles adoptent leur silhouette pennée aux lobules profondément pennatifides, aux marges dentées.
C'est une Fougère sciaphile qu'on trouve abondamment dans les forêts, sur les pentes caillouteuses, dans les ravins, etc. Elle abonde surtout dans les hêtraies où elle forme parfois des colonies étendues et peut monter jusqu'à 2400 m d'altitude. Elle indique un sol humique et quand on la trouve sous les plantations d'Epicéas, c'est le signe qu'il y avait là auparavant une hêtraie ou tout au moins une forêt mixte. Elle est également cosmopolite, en ne manque que dans les zones polaires, ou dans l'Afrique tropicale et en Australie.
Toute la plante, mais surtout la souche, contient de éléments toxiques: certains sont très puissants, comme la filmarone, la filicine, l'acide flavoaspidinique, des tannins, du sucre, de l'amidon, etc. La plupart de ces substances sont très dangereuses et peuvent causer des empoisonnements, des troubles graves de la vue, ou même la mort chez les personnes au cœur fragile. Mais il ne vient à personne l'idée de consommer ce rhizome.
En France cette souche est constamment récoltée à des fins pharmaceutiques. On se sert classiquement de l'extrait du rhizome comme remède contre le ver solitaire. La médecine chinoise utilise sa décoction contre les maladies des voies urinaires et le suc frais est appliqué sur les plaies et les brûlures.

FOUGÈRE FEMELLE — *Athyrium filix-femina (L.) ROTH.*

C'est aussi une robuste Fougère à souche noirâtre couverte d'écailles brunes.
Les frondes dépassent 1 m de haut et se reconnaissent à leur pétiole roux, écailleux à la base et à leur limbe d'un vert gai, longuement lancéolé et aminci aux deux extrémités. Le limbe est 2—3 fois penné et présente jusqu'à 40 paires de lobules lancéolés et longuement aigus. Sur le revers des lobules se trouvent des sporanges falciformes et allongés.
La Fougère femelle est une plante abondante des forêts humides, surtout des hêtraies, de la plaine jusqu'en montagne. On la trouve dans presque toute l'Europe, dans les forêts nord-américaines, nord-asiatiques et nord-africaines, dans les parties froides de l'Amérique du Sud parfois aussi à Java. C'est donc une plante à peu près cosmopolite.
L'espèce est très variable et présente plusieurs formes dont plusieurs ont été sélectionnées par les horticulteurs.

FOUGÈRE AIGLE — *Pteridium aquilinum (L.) KUHN.*

C'est une Fougère puissante, qui peut dépasser 2 m de haut, dont la souche noire et épaisse se ramifie et peut dépasser plusieurs mètres de long, couverte d'écailles filiformes. Cette souche émet chaque année une fronde non persistante, portée par un pétiole triangulaire qui atteint à lui seul 1 m de haut. La section du pétiole montre à la base un dessin où il est permis de voir l'image stylisée d'un aigle à deux têtes, et qui est formée par les faisceaux vasculaires qui sont colorés. C'est de là que lui vient son adjectif spécifique «aquilinum», formé sur aquila, aigle. Les Suisses de leur côté voient dans ce dessin les initiales J. C. et dans de nombreuses régions cette Fougère porte le nom de «Fougère de Jésus-Christ» . . .
Les limbes sont nettement cunéiformes, de couleur vert clair, 2—3 fois pennés, rigides et presque étendus à l'horizontale. Les pennules sont lobées à la base, entières au sommet.
Les sporanges sont placés à la face inférieure des lobules et sont recouverts par leurs bords retroussés. C'est une Fougère très commune dans les bois clairs, dans les clairières, les lisières des bois, et fréquente surtout sur les sols dépourvus de calcaire ou décalcifiés, les grès, les granits et les sables. Elle forme souvent des colonies étendues qui peuvent recouvrir plusieurs km carrés, comme on le voit en Bretagne, au Pays basque ou dans les Vosges.
La souche et les feuilles contiennent une forte proportion de potasse, de tannins, mais aussi de l'amidon, une substance amère, la ptéraquiline. Dans certaines régions la souche est récoltée pour en extraire la potasse, ou l'amidon. En Nouvelle-Zélande, les Maoris la consomment une fois cuite.
Les grandes frondes sont utilisées comme litère, parfois comme fourrage. Autrefois on consommmait les jeunes pousses cuites à l'eau en guise d'asperges. Mais en grande quantité, il est probable qu'elle est un peu toxique comme le sont plus ou moins toutes les Fougères.
Quand elle envahit les terres cultivées, elle est très difficile à extirper, et seul un chaulage massif en vient à bout, car elle est résolument calcifuge.

PHEGOPTERIS À FEUILLES DE POLYPODE — *Phegopteris polypodioides FÉE.*

C'est une Fougère de 20 à 40 cm de haut, à longue

Blechnum en épi

Matteucia plume d'autruche

souche et à frondes portées par un pétiole long, jaunâtre et écailleux, plus long que le limbe.
Ce limbe est une fois penné, de couleur vert jaunâtre, et les lobules sont lancéolés et profondément lobés. On la reconnaît facilement au port caractéristique, nettement réfléchi, de la paire de lobules inférieurs, à peu près de même dimension que les paires suivantes. Un autre caractère distinctif est la forme de ces lobules inférieurs, concrescents avec le rachis.
Les sporanges sont dépourvus d'indusies, de forme générale sphérique, brun clair, situés sur le bord des lobules.
C'est une jolie Fougère qui se plaît surtout dans les bois humides et ombragés, sur les bords des ruisseaux dans les forêts, etc. Elle se plaît plutôt en altitude, depuis les plateaux jusqu'en montagne, et elle n'aime pas le calcaire. Elle est répandue dans toute la zone tempérée de l'hémisphère Nord et apparaît même en Corse et dans les Apennins.

BLECHNUM EN ÉPI — *Blechnum spicant (L.) ROTH.*

La souche de cette Fougère, solide, densément écailleuse, entièrement enterrée, émet d'abord plusieurs feuilles en rosette, coriaces, persistantes, de couleur vert très sombre, à limbe pennatipartite, divisé jusqu'au rachis.
Le centre de cette rosette chlorophyllienne donne ensuite naissance à une ou plusieurs feuilles fertiles (sporophylles) portées par un pétiole brun, long, et plus hautes que les feuilles stériles. Leurs limbes sont pennés de loin en loin et les pinnules sont linéaires, falciformes, enroulées vers le bas. Elles portent sur la face inférieure, placés le long de la nervure centrale, des sporanges allongés, confluents par la suite. Ces feuilles spéciales ne sont pas persistantes.
Le Blechnum en épi croît surtout dans les forêts d'Epicéas, en montagne ou sur les plateaux, parfois en groupes serrés. C'est une plante rare en plaine. Il est protégé dans de nombreux pays.

MATTEUCIA PLUME D'AUTRUCHE — *Matteucia struthiopteris (L.) TOD.*

C'est aussi une Fougère puissante, qui atteint jusqu'à 1,5 m de haut, à souche longue et abondamment ramifiée.
Les frondes géantes sont une fois pennées et forment des pinnules aiguës qui s'amincissent à la base. L'ensemble des frondes forme des touffes très géométriques en forme d'entonnoir.
Au centre de cet entonnoir apparaissent par la suite des sporophylles plus courtes (50—60 cm). Celles-ci sont aussi une fois pennées et les pinnules sont d'abord vertes et enroulées, plus tard elles brunissent en se déroulant pour se tordre en fin de cycle. Elles portent sur leur revers de grands sporanges qui les font ressembler à des plumes d'autruche au moment de leur maturité.
C'est une fougère des bois humides, des bords des eaux dans les forêts. On la trouve dans toute l'Europe, en Asie septentrionale et à l'est de l'Amérique du Nord. Elle est souvent cultivée dans les jardins et les cimetières pour son aspect décoratif, et comme elle est assez rare, elle est protégée dans plusieurs pays.

SPERMATOPHYTES — SPERMATOPHYTA

SYLVIE — *Anemone nemorosa L.*
Famille: Renonculacées

La Sylvie est une modeste Anémone vivace qui ne

dépasse pas 25 cm de haut, à souche fine, longue et traçante. L'extrémité de la souche émet très tôt au printemps une seule feuille trifoliée (c'est en fait un verticille de 3 petites feuilles) à folioles bi- ou trilobées.

Après cette feuille on voit sortir de terre une tige simple, qui porte dans son tiers supérieur 3 feuilles à nouveau trifoliées, dont les limbes s'étendent horizontalement.

Cette tige se termine par une seule fleur qui peut atteindre 4 cm de diamètre, formée de 6—8 pétales blancs, légèrement violacés ou rosés à l'extérieur et pourvue d'une grande quantité d'étamines. Par mauvais temps et la nuit, la fleur se referme et s'incline vers le sol, attitude qui protège les organes reproducteurs de l'humidité.

Les fruits sont des akènes couverts de soies scabres.

La Sylvie est une plante printanière extrêmement commune qu'on rencontre dans les bosquets feuillus, dans les hêtraies, dans les taillis et les prairies humides, surtout en terrain argileux de la plaine à la montagne. Elle commence à fleurir en mars, se maintient en avril et disparaît entièrement dès que les arbres sont feuillés. Elle forme presque toujours de vastes colonies.

Elle est courante dans trois zones distinctes : en Europe, à l'exception de la Sicile, de la Sardaigne et de la Grèce, elle s'étend à l'est jusqu'au cours moyen de la Volga et au nord jusqu'en Laponie *(ssp. europaea)*. Sa deuxième zone d'extension est l'Asie orientale, au-delà du fleuve Amour et jusqu'en Corée du Nord à l'est jusqu'au Japon, au nord jusqu'au Kamtchatka *(ssp. amurensis)*. On la trouve enfin en Amérique du Nord et en Californie jusqu'au sud du Canada et jusqu'à l'Alaska. C'est alors la *ssp. americana,* parfois considérée comme une espèce distincte, *Anemone americana L.*

A l'état frais toute la plante contient un alcaloïde toxique, l'anémonine, qui peut causer par frottement une vésication chez les personnes sensibles. Par ingestion, il semblerait que 30 plantes pourraient causer la mort d'un homme. Elle peut également causer des inflammations intestinales chez les animaux, mais seulement à l'état frais, car sa nocivité disparaît à la dessication.

ANÉMONE FAUSSE-RENONCULE — *Anemone ranunculoides L.*

La Fausse-Renoncule est une plante vivace à souche traçante et écailleuse qui ne donne que parfois naissance à une feuille unique, trifoliée et longuement pétiolée. Dans ce cas les folioles sont en fait sessiles, la centrale trilobée, les latérales bilobées.

La tige florifère porte des feuilles trilobées, sessiles, de même forme que les feuilles terrestres, étendues horizontalement.

Les fleurs sont solitaires ou par deux, portées par de longs pédoncules, d'un beau jaune doré qui permet de les distinguer de l'espèce précédente.

Elle fleurit également tôt au printemps dans les bois feuillus, les fourrés caillouteux, les taillis humides et les prés frais.

On la trouve dans presque toute l'Europe, elle a été introduite en Angleterre, dans le Caucase, les monts Taurus, en Sibérie et probablement au Tibet. Au Kamtchatka son suc sert à empoisonner les flèches. On la trouve avec la Sylvie, et elles peuvent ensemble constituer des hybrides.

ANÉMONE DES BOIS — *Anemone sylvestris L.*

C'est aussi une Anémone vivace (elles le sont toutes) d'une trentaine de cm de haut, à courte souche rampante de couleur ocre.

Elle ne forme souvent qu'une feuille terrestre tri-

Anémone Fausse-Renoncule

Sylvie

Anémone des bois

foliée dont la foliole médiane est trilobée et les deux autres bifoliées.
La tige florifère porte trois feuilles pétiolées palmatilobées, formées de 5 segments dentés.
Elle porte à son extrémité une fleur dressée, atteignant 4 cm de diamètre, longuement pétiolée. Les pétales sont blancs à l'intérieur, lavés de pourpre violacé à l'extérieur, velus, et renferment une grande quantité d'étamines jaunes.
Les fruits sont des akènes couverts de soies scabres.
L'Anémone des bois fleurit d'avril jusqu'en juin dans les bois clairs, les lisières de forêts et les broussailles surtout en plaine et dans la région des plateaux.
Elle existe sporadiquement dans toute l'Europe moyenne et du Sud, au Proche-Orient, au-delà du lac Baïkal, en Mongolie, en Mandchourie, en Sibérie orientale et au Kamtchatka. Elle est également vénéneuse.

FICAIRE — *Ficaria verna HUDS.*

C'est une plante vivace de 30 cm tout au plus, à racines fasciculées qui se renflent par endroits pour former de petits tubercules racinaires très riches en amidon.
Les tiges sont glabres et couchées et s'enracinent facilement sur leur parcours. Les feuilles terrestres longuement pétiolées sont ovoïdes-cordiformes, parfois réniformes, charnues, brillantes, plus ou moins dentées sur les bords. Leur brillant est dû à de nombreuses cellules épidermiques amylacées. Les feuilles caulinaires ont des pétioles plus courts et celles du bas portent souvent à leur aisselle des bourgeons de multiplication qui donnent naissance ensuite à des tubercules blanchâtres de la taille d'un grain de blé.
Les fleurs se reconnaissent à leurs 3 sépales verts et à leurs 6—12 pétales d'un jaune très brillant.
Les fruits sont de maigres akènes, disséminés par les fourmis qui se chargent ainsi de la dispersion de l'espèce. La Ficaire fleurit dès le mois de mars et jusqu'en mai, mais les graines ne se forment que rarement et la multiplication est assurée par les propagules axillaires et par les bulbilles racinaires que les fortes pluies arrachent par paquets.
Vers la fin de mai, toute la plante se dessèche et disparaît.
C'est une plante des taillis humides, des broussailles, mais aussi des vergers et des parcs, des plantations de framboisiers, où elle forme souvent de grandes colonies.
Elle est répandue dans toute l'Europe, dans le Caucase, et de la Sibérie occidentale jusqu'en Asie centrale.
Les sujets adultes sont toxiques: ils contiennent de la protoanémonine, de la saponine, mais aussi de la vitamine C. Sa saveur est amère et brûlante et les animaux l'évitent. Son suc a servi dans les Alpes et les Pyrénées à empoisonner les flèches. Mais les plantes toutes jeunes ne sont pas toxiques et on les mange en salade en Franche-Comté par exemple sous le nom de «rondelotte». D'autre part les hommes préhistoriques ont largement consommé les petits tubercules farineux.

BOUTON D'ARGENT — *Ranunculus aconitifolius L.*

C'est une plante robuste qui peut dépasser 1 m de haut, pourvue d'une courte souche qui émet des tiges abondamment ramifiées.
Les feuilles basiliaires portées par un long pétiole présentent un limbe palmé-trilobé. Le segment médian est trilobé, les latéraux bilobés, et les trois sont profondément dentés. Les feuilles caulinaires sont de même forme, mais la plupart du temps sessiles et elles diminuent de taille vers le sommet de la tige.
Les fleurs de type 5 sont blanches et leur calice est lavé de violet à l'extérieur.
Les fruits sont des akènes munis d'un bec court.
La floraison a lieu de mai à août dans les forêts humides des montagnes, les clairières, les fossés, à la lisière des bois, le long des ruisseaux ombragés de la zone alpine et subalpine. On trouve même cette Renoncule parmi les végétaux nains de la limite supérieure des forêts.
Le Bouton d'argent est répandu dans presque toute l'Europe, à l'exception de l'Angleterre. C'est une plante vénéneuse que le bétail évite.

HERBE DE SAINT-CHRISTOPHE — *Actaea spicata L.*

C'est une herbe vivace d'une soixantaine de cm de haut qui dégage une odeur presque fétide. La souche est forte, rousse, et émet au printemps des tiges dressées, parfois un peu ramifiées.
Les feuilles sont alternes, longuement pétiolées, 2—3 fois tripennées et plus ou moins horizontales. Les folioles sont ovales, aiguës et dentées.
Les petites fleurs qui renferment une grande quantité d'étamines forment des grappes longuement pédonculées. Elles ont un calice blanchâtre jaunis-

sant et des pétales linéaires transformés en nectaires et qui forment une corolle plane.
Les fruits sont des baies noires et brillantes qui contiennent des graines aplaties, hémisphériques, de couleur brunâtre. En fait, ces baies sont des follicules charnus.
La floraison a lieu de mai à juin, surtout dans les bois ombragés, les forêts mêlées ou feuillues, dans les ravins et le long des ruisseaux. C'est une espèce typique des hêtraies, mais elle peut manquer complètement par endroits.
Elle existe dans toute l'Europe, en Asie tempérée, peut-être jusqu'en Chine. On la trouve également en Amérique du Nord.
Toute la plante contient une protoanémonine toxique. Elle était autrefois considérée comme magique parce qu'elle permettait de découvrir les trésors cachés. Son ancien nom, *Radix Christiphoriana* tout comme ses noms vulgaires en anglais, en français, en italien ou en allemand, fait référence à saint Christophe, patron de tous les chercheurs de trésors. La racine a servi en médicine populaire et reste récoltée officiellement dans certains pays pour la fabrication de médicaments laxatifs, mais aussi narcotiques et tranquillisants. Elle ne semble plus en usage dans la pharmacopée française.

ANCOLIE COMMUNE — *Aquilegia vulgaris L.*

C'est une plante vivace qui dépasse 50 cm de haut, à courte souche épaisse qui émet des tiges fines, peu ramifiées et dressées.
Les feuilles basiliaires sont longuement pétiolées, une à deux fois pennatifides, à segments profondément dentés. Les folioles terminales sont lobées et obtuses. Les feuilles caulinaires sont plus petites et plus simples.
Les fleurs d'un bleu-violet, rarement blanches ou rosées, sont longuement pédonculées et réfléchies. Elles peuvent atteindre 5 cm de diamètre. Les sépales sont pétaloïdes et écartés, et ils se terminent par un éperon tourné vers l'intérieur, par une pointe obtuse et verdâtre. Les pétales se prolongent par un éperon recourbé vers l'intérieur; la fleur ne peut donc être pollinisée que par des bourdons ou d'autres insectes à longue trompe.
Les fruits sont des follicules allongés qui contiennent des graines d'un beau noir brillant.
L'Ancolie fleurit de mai à juin dans les taillis feuillus et dans les coteaux broussailleux, parfois aussi sur les pentes pierreuses ou le long des routes forestières et dans les prairies de la plaine jusqu'en montagne.
C'est une plante répandue en Europe moyenne et du Sud, qu'on trouve également en Asie tempérée jusqu'en Chine, ainsi qu'en Afrique du Nord et en Amérique du Nord où elle a été introduite.
La fleur d'aspect original servait d'amulette au Moyen Age contre les sorcelleris et le mauvais œil.
C'est une plante toxique qui contient un alcaloïde encore inconnu, surtout concentré dans la tige feuillée et dans les jeunes graines. La médecine populaire l'a utilisée pour soigner la jaunisse et comme topique

Bouton d'argent

Ficaire

Herbe de Saint-Christophe

Ancolie commune

sur les maladies de peau. Son usage est aujourd'hui complètement abandonné.
C'est une espèce très variable, et qui hybridée avec les espèces américaines et californiennes, a contribué largement à l'ornement de nos jardins.

TRINITAIRE (HERBE AU FOIE) — *Hepatica nobilis MILL.*

La Trinitaire est une herbe vivace de 5 à 15 cm de haut, à souche dure et rampante qui produit au printemps avant l'apparition des feuilles, des tiges uniflores considérées comme des pédoncules bien qu'elles portent immédiatement sous la fleur 3 bractées vertes imitant un calice.
Les fleurs se composent de 6 à 7 pétales d'un bleu très pur, parfois blancs, rosés ou carnés, et d'une grande quantité d'étamines blanchâtres et de pistils qui se transforment par la suite en akènes crochus.
Les feuilles n'apparaissent qu'après la floraison. Elles ont un limbe cordiforme, trilobé, très caractéristique, d'abord laineux puis glabre, de texture rigide, coriace, d'un beau vert sobre lavé de violet sur le revers. Ces feuilles persistent jusqu'au printemps suivant.
La floraison a lieu de mars à avril dans les taillis feuillus et les broussailles de la plaine jusqu'en montagne, surtout dans les terrains calcaires. En France elle est surtout cantonnée dans toutes les montagnes de l'Est.
Elle se rencontre dans 3 zones distinctes de l'hémisphère Nord: en Europe, à l'exception de la Hollande et de l'Angleterre, en Mandchourie, en Corée, au Japon et enfin dans la zone tempérée nord-américaine.
Toute la plante contient une faible quantite de protoanémonine, du saccharose, des tannins, etc. La médecine populaire l'utilisait autrefois pour soigner les maladies du foie (parce que la forme trilobée de ses feuilles avait la forme du foie!) et comme succédané du thé. Son nom d'Hépatique vient d'ailleurs du mot grec «hêpar» qui signifie foie.

PIGAMON À FEUILLES D'ANCOLIE — *Thalictrum aquilegiifolium L.*

C'est aussi une plante vivace dont les tiges dressées, ramifiées seulement au niveau de l'inflorescence, peuvent dépasser 1 m de haut.
Les feuilles sont 2—3 fois composées ou pennées et formées de folioles subovales profondément dentées.
Les fleurs à périanthe blanc verdâtre, caduc, se reconnaissent facilement à la forme des étamines aux longs filets serrés et violacés (parfois tout blancs) qui dépassent les stigmates et qui persistent en faisceaux après la chute du périanthe.
Les fruits réfléchis sont pyramidaux et ailés, de couleur brune.
Cette belle espèce fleurit de mai à juillet dans les bois frais, dans les broussailles et les fourrés des bords de l'eau dès la zone des plateaux, mais surtout en montagne. C'est aussi une plante toxique, surtout par ses racines qui sont très appréciées par les porcs, qui les déterrent et souvent s'empoisonnent avec inconscience. Presque toutes les espèces du genre contiennent dans leurs racines des matières tinctoriales jaunes qui ont été autrefois utilisées pour la teinture des laines.

ACONIT TUE-LOUPS *Aconitum lycoctonum L.*

C'est une plante vivace à fines racines fasciculées qui émettent des tiges abondamment ramifiées en largeur, et qui peuvent atteindre 1,30 m de haut.
Les feuilles sont alternes et présentent une forme générale arrondie à réniforme, elles sont palmées et faites de segments trilobés, largement cunéiformes.
Les fleurs sont jaunes, velues et présentent un casque cylindrique caractéristique. Elles sont groupées en panicules lâches et ne peuvent être fécondées que par des insectes à longue trompe.
Les fruits sont des follicules glabres qui renferment des graines foncées de forme pyramidale.
Cet Aconit fleurit de juin à août dans les bois clairs, dans les clairières, dans les ravins, etc. de la plaine jusqu'en montagne. En France on ne le trouve guère qu'à une certaine altitude, de même que dans toutes les régions méditerranéennes.
Il est fortement toxique car il contient toute une série d'alcaloïdes à laquelle il ne manque que l'aconitine qui se trouve chez les autres espèces du genre.
Son nom générique vient du grec «akoniton», indiquant une plante de rocaille «en akonais» et l'adjectif spécifique vient de «lycos», loup, et «kteinô», tuer, car la plante était autrefois utilisée pour fabriquer des boulettes de viande empoisonnée afin de détruire les loups et autres carnassiers.

ACONIT NAPEL — *Aconitum napellus L.*

C'est un Aconit vivace comme tous les autres, ancré dans le sol par un tubercule muni de longues racines. Chaque année on voit se former à côté de l'ancien tubercule un ou deux tubercules nouveaux destinés à remplacer le précédent qui est épuisé. Ils sont reliés à l'ancien par une courte tige. Ces nouveaux tubercules évidemment accumulent des substances nutritives pour l'année suivante.

Les tiges ne se ramifient qu'au niveau de l'inflorescence. Les feuilles présentent un limbe 5 à 7 fois palmatifide, dont les segments en parallélogrammes allongés sont découpés jusqu'au pétiole et deux fois profondément dentés.

Les fleurs sont violettes, rarement bleutées, rougeâtres ou blanchâtres, parfois même tachetées. Elles se reconnaissent aisément à leur casque hémisphérique et sont disposées en grappe fournie.

Les fruits sont des follicules qui contiennent plusieurs graines anguleuses.

L'Aconit Napel fleurit de juillet à septembre dans les endroits humides des forêts, le long des ruisseaux, sur les éboulis des pentes humides, dans les aulnaies et dans les endroits abondamment fumés, comme les alentours des bergeries. C'est une plante surtout montagnarde, commune en Europe, dans le Caucase, en Sibérie et jusqu'en Extrême-Orient et en Asie centrale. Il monte jusqu'à 3000 m en montagne. C'est une espèce très variable qui forme quantité d'hybrides.

Toute la plante est violemment toxique, et surtout les tubercules. On trouve déjà dans Pline une allusion à ses propriétés d' «arsenic végétal». Les tubercules contiennent toute une série d'alcaloïdes et notamment l'aconitine, un des poisons les plus efficaces qui soient, puisqu'il suffit de 3—4 milligrammes pour empoisonner un homme. La mort survient par paralysie du système nerveux central. Les plus dangereux sont les jeunes tubercules de petite taille.

Les vertus médicinales de la plante sont connues depuis bien avant notre ère et ses propriétés toxiques furent brillamment démontrées par Avicenne aux Xe et XIe siècles. Les peuples anciens l'utilisaient pour empoisonner les loups et les renards, comme l'espèce précédente, et les habitants du Népal en enduisaient les pointes de leur flèches.

Il est fréquemment planté dans les jardins pour la beauté de ses fleurs.

ASARET (CABARET) — *Asarum europaeum L.*
Famille: Aristolochiacées

C'est une petite plante vivace à mince souche ramifiée et rampante couverte de quelques écailles brun-vert. Cette souche s'accroît d'un article par an.

Les tiges de 5 à 10 cm sont ascendantes, couvertes de poils écailleux et terminées par une fleur sous laquelle on trouve généralement 2, parfois 3—4 feuilles persistantes longuement pétiolées. Ces feuilles

Trinitaire (Herbe au foie)

Pigamon à feuilles d'Ancolie

Aconit tue-loups

Aconit Napel

ont un limbe rigide et coriace, vert sombre à l'avers, plus clair au revers, légèrement échancrées à l'insertion du pétiole.

Les fleurs sont très discrètes: brièvement pédonculées, elles sont souvent appliquées contre le sol ou même cachées dans l'humus et les feuilles mortes. Le périanthe est charnu, en forme de clochette, brunâtre à l'extérieur, violet sombre à l'intérieur. Toute la plante dégage une odeur poivrée et, de même que la souche, une odeur camphrée quand on la froisse. Sa saveur est brûlante.

Les fruits sont des capsules ovoïdes et velues. Les fourmis, friandes des excroissances qui ornent les graines, se chargent de leur dispersion.

L'Asaret fleurit de mars à avril et vient souvent en colonies considérables dans les bosquets feuillus et caillouteux, et les fourrés ombragés de la plaine à la montagne. En France, il est commun dans les montagnes de l'Est. Il existe en Europe centrale et méridionale, en Angleterre et jusqu'en Suède. On le rencontre aussi en Asie Mineure et en Sibérie. Dans la strate herbacée des forêts dont il fait partie, cette plante est en fait un fossile vivant de l'ère tertiaire.

Au Moyen Age et dans l'Antiquité la médecine populaire en faisait grand usage: on en fabriquait des teintures et des sirops, et la souche séchée était un ingrédient indispensable des tabacs à priser. Son nom vulgaire de «cabaret» vient de ce que sa poudre violemment sternutatoire était administrée aux gens ivres-morts pour les faire revenir à eux.

La souche n'en contient pas moins un suc poivré qui renferme une substance toxique, l'asarone, qui irrite ou même paralyse l'appareil circulatoire et le système nerveux central et peut se montrer mortelle à haute dose. On y trouve également des mucilages, des tannins, de l'amidon, des substances amères, des acides, etc.

CORYDALE CREUSE — *Corydalis cava L.*
Famille: Fumariacées

La Corydale creuse est une herbe vivace d'une quarantaine de cm tout au plus, à tissu fortement succulent. Elle possède sous la terre un gros tubercule d'abord plein, puis creux, couvert de fines racines. En fin de floraison, ce tubercule souvent éclate en deux ou trois morceaux, munis chacun d'un bourgeon et capables de redonner une plante complète. Ce tubercule par ailleurs est d'origine caulinaire.

Au-dessus de la surface du sol, il émet une seule tige dressée, charnue, souvent lavée de pourpre, et qui porte seulement 2 feuilles d'un vert cendré pâle et 2 fois trifoliées. La forme générale du limbe est celle d'un large triangle et les folioles sont subovales et irrégulièrement dentées.

Les fleurs d'un mauve rougeâtre, parfois presque blanches, répandent une odeur très spéciale, qu'on appelle justement «odeur de Corydale», qui évoque un peu celle des poires fermentées. Elles se composent d'un calice caduc qui comporte deux sépales, et de 4 pétales dont celui du haut se prolonge par un éperon arqué. C'est dans cet éperon qu'est caché le nectar accesible seulement aux insectes à longue trompe.

L'inflorescence est une grappe terminale bien fournie, entrecoupée de bractées entières.

Les fruits sont des capsules brillantes et courtes qui renferment des graines d'un beau noir brillant, disséminées par les fourmis.

La floraison de la Corydale a lieu de mars à mai dans les bois clairs de feuillus dont le sol est suffisamment humeux, dans les hêtraies, souvent en grandes colonies. On la rencontre aussi sur les lisières, dans les vergers, les vignes, les haies, etc.

En France on ne la rencontre guère que dans l'Est, mais elle est très fréquente en Europe centrale et méridionale, et aussi dans les régions européennes de l'U.R.S.S. Dans le nord, elle remonte jusqu'en Scandinavie.

Les tubercules sont depuis longtemps utilisés en médecine populaire aussi bien qu'officielle.

Ils contiennent un certain nombre d'alcaloïdes, surtout la corydaline, la corycavine, et la bulbocapnine. Ces substances agissent sur le système nerveux, abaissent la tension artérielle, ralentissent le péristaltisme, mais sont toxiques, surtout la bulbocapnine, lorsqu'elles sont absorbées en forte quantité.

LUNAIRE VIVACE — *Lunaria redivia L.*
Famille: Crucifèracées

La Lunaire vivace est une herbe vivace qui peut mesurer 1,10 m de haut, à souche rampante qui produit des tiges simples de couleur pâle.

Les feuilles de la base sont opposées, pétiolées, à limbe arrondi-cordiforme, celles du sommet sont alternes et allongées en triangle.

Les fleurs mauve pâle, rarement blanchâtres, sont d'odeur suave et forment une riche grappe terminale. Mais c'est surtout la forme des fruits qui est remarquable: ce sont de larges silicules elliptiques aux extrémités mucronées, aux valves rigides séparées par une cloison parcheminée.

La floraison a lieu de mai à juillet. C'est une plante sporadique dans les forêts ombragées, dans les éboulis, les ravins, sur les sols humeux et le long des ruisseaux. En France elle se trouve dans toutes les montagnes de l'Est, des Ardennes aux Alpes, où elle monte jusqu'à 1400 m. Elle se trouve par ailleurs dans toute l'Europe, en Sibérie occidentale et en Amérique du Nord. Elle est protégée par endroits. Souvent cultivée dans les jardins, elle s'en évade facilement et ne tarde pas à s'acclimater en pleine nature. Les graines ont été autrefois utilisées en médecine.

ALLIAIRE OFFICINALE — *Alliaria officinalis ANDR.*

C'est une plante bisannuelle, parfois vivace, dont les parties écrasées répandent une forte odeur d'ail tout à fait caractéristique.

Les tiges sont dressées, d'habitude simples et pruinées d'une farine bleuâtre.

Les feuilles inférieures sont pétiolées et présentent un limbe réniforme aux marges dentées, les feuilles du haut, caulinaires, n'ont qu'un court pétiole et un limbe ovale-triangulaire, cordiforme à la base, irrégulièrement denté.

Les fleurs de petite taille sont blanches et disposées en larges panicules.

Les fruits sont de longues siliques, longuement pédonculées, d'épaisseur régulière et disposées obliquement ou même à la verticale.

Cette Alliaire fleurit en fin de mars jusqu'à juin dans les forêts fraîches de feuillus, dans les bocages, les fourrés, mais aussi dans les parcs, les décombres, les jardins où elle est une mauvaise herbe très multipliante, le long des murs et des clôtures, etc.

Elle est répandue dans toute l'Europe et en Asie occidentale, et a été introduite en Amérique du Nord. Elle a été très utilisée autrefois comme antiscorbutique, et comme vulnéraire.

VIOLETTE ODORANTE — *Viola odorata L.*
Famille: Violacées

Tout le monde connaît bien cette petite plante basse, symbole de la modestie, pourvue d'une souche épaisse qui donne naissance à de nombreux rejets traçants, vivaces, qui s'enracinent facilement, et qui fleuriront l'année suivante.

Les feuilles terrestres d'un vert foncé présentent un limbe arrondi réniforme, ou même ovale cordiforme. Les stipules sont largement ovales et aiguës au sommet.

Les fleurs d'un parfum suave sont portées par un long pédoncule. Les pétales sont violacés, parfois tout blancs, blanchâtres au niveau de l'onglet et le pétale inférieur s'étire en un long éperon à peu près rectiligne. Le calice est muni d'appendices dressés, nettement plus courts que l'éperon.

Les fruits sont des capsules qui contiennent une quantité de graines munies d'une excroissance charnue. Comme la floraison a lieu dès le mois d'avril, la plupart des fleurs restent stériles, sinon toutes. Mais aussitôt terminée cette floraison colorée et parfumée, on voit apparaître des fleurs à peu près dépourvues de corolle et à sépales fermés. Ces fleurs presque invisibles s'autofécondent et produisent des capsules pleines de graines viables.

La Violette odorante fleurit dans les taillis, les fourrés, et se naturalise souvent autour des maisons. Ses régions d'origine sont pourtant peu étendues: elle provient de la zone méditerranéenne jusqu'aux Alpes du Sud, jusqu'à la chaîne de l'Atlas en Afrique du Nord, de Mésopotamie et du Caucase. Elle est probablement naturalisée en Europe centrale.

C'est une plante médicinale qui contient des sucs amers, de l'acide salicylique et des saponines. La fleur séchée entre dans la composition de tisanes pectorales, et les confiseurs en font des bonbons. La racine, en infusion un peu forte, est vomitive et peut remplacer l'ipéca. Mais elle entre dans la composition de remèdes contre la coqueluche.

En France où la Violette est très appréciée depuis l'époque napoléonienne (l'impératrice Joséphine en avait la passion), on en extrait une essence rare et parfumée, inodore à l'état concentré. Mais étendue au 1/5000° ou au 1/10000°, elle dégage une forte odeur de violette d'une finesse inimitable. On la cultive en grand à Grasse pour cet usage, et on a procédé à des sélections qui permettent de plus hauts rendements en essence.

Selon la légende grecque, la Violette odorante n'est autre qu'une des filles d'Atlas, poursuivie par Phoebus, aux rênes de son char. Pour lui échapper, elle supplia Zeus de la soustraire aux rayons du soleil, elle fut exaucée et métamorphosée en violette, cachée à l'ombre des bois.

VIOLETTE DE RIVIN — *Viola riviniana (sylvestris) RCHB.*

C'est une Violette vivace dont la souche courte émet une rosette de feuilles terrestres. Les tiges sont dressées, d'une quinzaine de cm tout au plus, les feuilles ont un long pétiole et un limbe largement cordiforme, dentelé sur les bords.

Les stipules sont lancéolées et vaguement frangées. Les grandes fleurs d'un bleu-violet clair, blanchâtres à la gorge, sont formées par de larges pétales. Les appendices du calice sont arrondis-anguleux. L'éperon est solide, obtus, nettement cannelé, blanc ou à peine violacé.

Cette Violette fleurit d'avril à mai et vient couramment dans les bois clairs, les forêts à sol humeux et les broussailles.

STELLAIRE HOLOSTÉE (RÉVEIL-MATIN) — *Stellaria holostea L.*
Famille: Caryophyllacées — Silénoïdées

C'est une herbe vivace qui forme des touffes lâches sortant d'un rhizome fin et traçant. La souche porte deux sortes de tiges, les unes courtes et stériles, les autres d'une trentaine de cm, quadrangulaires et florifères.

Les feuilles étroites et lancéolées sont opposées par paires le long des tiges, légèrement concrescentes à la base, avec les bords et les revers rugueux.

Les grandes fleurs blanches présentent des pétales divisés presque jusqu'au milieu et forment des cymes bipares peu fournies.

Les fruits sont des capsules qui contiennent des graines verruqueuses.

La Stellaire holostée fleurit de mai à juin dans les bosquets chauds et secs, sur les pentes broussailleuses, dans les haies, de la plaine aux plateaux. Elle existe dans presque toute l'Europe, en Asie Mineure, à l'est jusqu'en Arménie et en Transcaucasie, au nord jusqu'en Finlande et en Scandinavie. Elle croît également en Afrique du Nord.

BARBE DE BOUC — *Aruncus dioicus (WALT.) FERNALD.*
Famille: Rosacées

La Barbe de bouc est une robuste plante vivace qui peut atteindre et dépasser 2 m de haut, à tiges dressées et à peine ramifiées.

Les feuilles qui peuvent mesurer 1 m de long sont largement triangulaires et longuement pétiolées. Le limbe est de 2 à 3 fois tripenné, les folioles aiguës deux fois, et elles sont fortement dentées.

Les petites fleurs à sexes séparés sont souvent portées

par des pieds différents. Les mâles sont de couleur crème, les femelles plus blanches. Elles forment d'épaisses et riches panicules complexes, composées de longues grappes retombantes à la maturité. Les fruits sont des follicules bruns.
La Barbe de bouc fleurit en juillet dans les forêts fraîches des montagnes, dans les ravins, le long des torrents et dans les clairières humides. Elle est commune en France dans les montagnes de l'Est.
Elle existe en Europe occidentale, centrale et orientale, en Asie tempérée et en Amérique du Nord.

FRAISIER — *Fragaria vesca L.*

C'est une herbe vivace à souche oblique et ramifiée, qui émet de longs stolons traçants et qui s'enracinent à tous leurs nœuds.
Longuement pétiolées, les feuilles de la rosette ont un limbe trifolié aux folioles ovales, sessiles, munies d'un acicule rouge. La foliole médiane est brièvement pétiolulée.
Les axes floraux apparaissent à l'aisselle des feuilles et mesurent une vingtaine de cm, de sorte qu'ils dépassent la rosette.
Les fleurs blanches, au calice réfléchi durant la fructification, forment des cymes peu fournies.
Les fruits sont de petits akènes noirs, portés par le réceptacle renflé, charnu, succulent et rouge. L'ensemble forme la fraise. Dans cette espèce, les fraises sont coniques ou tronconiques et se détachent facilement du calice.
On voit ce fraisier fleurir entre mai et juin dans les clairières, à la lisière des bois et sur les coteaux broussailleux, ou même sur les talus.
Il est répandu dans toute l'Europe et l'Asie tempérée, à l'est jusqu'au lac Baïkal, au nord jusqu'en Islande et au nord-ouest en Scandinavie. Il est absolument naturalisé en Asie orientale, au Japon, dans l'ensemble du continent américain, en Afrique du Sud à la Martinique, à Java, en Australie du Sud, en Tasmanie et en Nouvelle-Zélande.
Les fraises unanimement appréciées ne sont vraiment ramassées et consommées que depuis le Moyen Age.
Les feuilles du Fraisier contiennent des tannins et une essence parfumée d'odeur citronnée. On en fait des tisanes anti-inflammatoires, mais cette infusion peut provoquer des crises d'urticaire chez les personnes allergiques. Les feuilles servent aussi de topiques pour différentes inflammations.

POTENTILLE BLANCHE — *Potentilla alba L.*

La Potentille blanche est une herbe vivace à souche subligneuse d'une trentaine de cm de long et entière simple.
Les feuilles de la rosette sont 5-palmées et munies de grandes stipules membraneuses, soudées au pétiole.
Les folioles sont allongées, vert sombre à l'avers, argentées au revers du fait de la présence de nombreux poils appliquées.

Stellaire holostée (Réveil-matin)
Potentille blanche
Barbe de bouc
Violette de Rivin
Fraisier

Les grandes fleurs blanches comportent 20 étamines et forment des cymes uniflores ou pauciflores (5 fleurs au plus).
Les fruits sont des akènes velus.
La Potentille blanche fleurit de mai à juillet. C'est une plante des taillis secs et chauds, des chênaies, mais aussi des coteaux herbeux et des prairies sèches de la plaine en climat chaud.
Elle se trouve dans toute l'Europe moyenne.

BENOÎTE DES VILLES — *Geum urbanum L.*

La Benoîte est une plante vivace qui dépasse 50 cm de haut, à souche épaisse et simple portant une rosette de feuilles et des tiges anguleuses peu ou pas ramifiées. Les feuilles de la rosette sont pétiolées et se caractérisent par un limbe imparipenné, à folioles arrondies-ovales et pourvues de stipules imitant des folioles, mais les supérieures ne sont que trilobées et sessiles. Les fleurs sont peu apparentes: elles ont une corolle jaune vite caduque et un calice réfléchi après la floraison. Elles sont en outre munies d'un calicule.
Les fruits sont des akènes velus et crochus qui se fixent ainsi facilement à la toison des bêtes ou aux vêtements.
Cette Benoîte abonde dans les forêts de bocage, les fourrés, mais aussi elle s'introduit dans les parcs mal tenus, les jardins, les décombres et le long des chemins. Elle existe dans toute la zone tempérée de l'hémisphère Nord. Elle a été introduite en Australie. Les souches contiennent de l'amidon, du sucre, un suc amer et une essence éthérée qui se décompose à la dessication en dégageant un parfum d'Œillet. Elle a un goût curieux de Girofle et la souche séchée était utilisée autrefois comme remède populaire ou comme aromate dans la bière, le vin, les alcools de fruits et on en parfumait également les eaux dentifrices. En fait, cette souche a des propriétés excitantes et astringentes dont la tradition française fait toujours état.

GESSE PRINTANIÈRE — *Lathyrus (Orobus) vernus (L.) BERNH.*
Famille: Papilionacées

La Gesse printanière est une herbe vivace à courte souche épaisse et ramifiée et à tiges dressées, d'une quarantaine de cm, et anguleuse.
Les feuilles sont paripennées et comportent 2—4 paires de folioles ovales longuement aiguës. Le rachis foliaire se termine par un aiguillon.
Les fleurs papilionacées, légèrement inclinées vers le sol, sont formées d'une corolle pourpre violet, plus tard bleutée, aux ailes bleuâtres. Le calice en forme de clochette ne permet la pollinisation qu'aux bourdons.
Les fruits sont des gousses plates, brunes, écartées de la tige et contenant des graines brunes.
Cette Gesse fleurit au printemps, d'avril à mai, dans les bois feuillus de la plaine et des plateaux, surtout en terrain calcaire. Elle existe dans l'ensemble de l'Europe, à l'est jusqu'en Sibérie occidentale, au Caucase et en Asie Mineure.

GRANDE GESSE — *Lathyrus sylvestris L.*

C'est une plante robuste et vivace, munie dans le sol d'une longue souche rampante qui émet une foule de tiges couchées, grimpantes ou seulement ascendantes, atteignant 2 m de long. Ces tiges se reconnaissent à leur section quadrangulaire et aux deux ailes caractéristiques portées par deux angles opposés. Les feuilles pennées se limitent d'ordinaire à une seule paire de folioles et se terminent par une vrille ramifiée. Les stipules sont en demi fer de flèche. Les grandes fleurs roses, carnées ou parfois violacées se reconnaissent à leur carène brunâtre ou verdâtre et à leur calice en cloche aux lobes dentés. Elles sont groupées en inflorescences axillaires, sur un long axe. Les fruits sont de longues gousses brunes à surface réticulée.
La floraison a lieu de juillet à août dans les bois clairs, sur les coteaux broussailleux, à la lisière des forêts et dans les clairières, surtout en terrain calcaire. C'est une espèce abondante en Europe moyenne et méridionale, de l'Espagne à la mer Noire.

RÉGLISSE BÂTARDE — *Astragalus glycyphyllus L.*

Vivace, d'un vert gai, la Réglisse bâtarde se reconnaît à ses tiges couchées ou rampantes, parfois semiligneuses et qui peuvent mesurer jusqu'à 1 m de long. Les feuilles sont imparipennées et comportent de 4 à 7 paires de folioles largement ovales.
Les fleurs présentent un calice blanchâtre, en clochette, et une corolle ocrée, plus tard brune. Elles forment des grappes fournies portées par une longue hampe.

Le fruit est une gousse linéaire nettement falciforme. La Réglisse bâtarde fleurit à partir du mois de juin et souvent jusqu'en automne dans les clairières, à la lisière des bois et dans les broussailles du bord de l'eau, ainsi que dans les lieux herbeux de presque toute l'Europe et de l'Asie septentrionale.

LUPIN BLEU — *Lupinus polyphyllus LINDL.*

Le Lupin bleu est une robuste plante vivace dont les tiges dressées, feuillées et simples peuvent atteindre 1,50 m de haut.
La première année, la souche émet une large rosette de feuilles et les hampes florales n'apparaissent qu'au printemps suivant.
Les feuilles comportent un limbe palmé décoratif, composé de 13 à 15 segments lancéolés, soyeux au revers, porté par un long pétiole.
Les grandes fleurs au calice velu ont une corolle bleue, rarement blanchâtre, et composent de longues et belles grappes bien fournies, à port dressé, qui mesurent jusqu'à 50 cm de long.
Les gousses sont grandes et velues et elles recèlent une quantité de graines.
Le Lupin bleu est originaire de la côte ouest de l'Amérique du Nord et il est connu depuis longtemps comme plante cultivée. On le sème souvent en forêt où il sert de fourrage au gibier, ou bien on le sème dans les champs pour servir d'engrais vert. Il se multiplie rapidement et prospère même en mauvais sol sableux qu'il enrichit en matières azotées. On peut le cultiver comme fourrage et il supporte deux coupes par an. On le sème aussi pour consolider les talus au moyen de ses puissantes racines. Toutefois, il n'est pas durable en terrain calcaire. Ailleurs, ses touffes peuvent vivre 10 ans et bien davantage.
La floraison a lieu de juin à août dans les endroits clairs, les clairières, les lisères des bois et sur les coteaux. En France on le trouve abondamment en Alsace où il avait été semé sur les talus de chemins de fer au siècle dernier, et d'où il s'est étendu.
Toute la plante, mais surtout les graines, contient des glucosides et deux alcaloïdes toxiques, la lupinine et l'hydroxylupinine. Ces deux alcaloïdes disparaissent cependant par un traitement qui permet de torréfier les graines et de les utiliser comme ersatz du café. Mais le plus grand mérite de ce Lupin est d'être à l'origine des merveilleux hybrides qui ornent maintenant tous les jardins.

Gesse printanière

Benoîte des villes

Grande Gesse

Réglisse bâtarde

Lupin bleu

SURELLE — *Oxalis acetosella L.*
Famille: Oxalidacées

C'est une petite plante vivace qui ne dépasse pas 15 cm de haut, toute fragile et succulente, à fine souche traçante couverte d'écailles charnues. La tige est complètement contractée et les feuilles et les fleurs semblent être portées par la souche elle-même. Les feuilles longuement pétiolées sont trifoliées et ressemblent à du trèfle. Les folioles sont cordiformes, d'un vert pâle, et souvent lavées de rouge au revers. La nuit ou par mauvais temps, elles se replient vers le bas le long de la nervure centrale et les pétioles s'inclinent. Ces mouvements de sommeil, dits «mouvements nyctinastiques», peuvent être artificiellement provoqués en couvrant la plante d'un objet opaque, chapeau, pot de fleurs, etc.
Les fleurs présentent un calice velu et des pétales subcordiformes, blancs veinés de violet et souvent violacés au revers. La nuit et par mauvais temps, elles se referment et se courbent vers le sol. A côté de ces fleurs normales on voit souvent apparaître des fleurs qui ressemblent à des bourgeons: ce sont des fleurs cléistogames qui s'autofécondent par leur propre pollen.
Les fruits sont des capsules d'environ 1 cm de long, qui s'ouvrent par une fente dorsale en projetant les graines au loin.
La floraison a lieu d'avril à mai, dans les bois ombragés et humeux. La Surelle forme souvent de véritables tapis et affectionne tout particulièrement les souches et les troncs pourris. Elle peut monter jusqu'à 2000 m en altitude.
Toute la plante a une forte saveur acide, due à la présence d'une forte quantité d'acide oxalique et de ses sels. C'est une plante un peu toxique, quoique les enfants mangent ses feuilles sous le nom de «pain de coucou» sans grand dommage. Il faut de 4 à 5 g d'acide oxalique pour provoquer un empoisonnement mortel, mais il faudrait avaler quelques kilos de ces feuilles pour atteindre cette dose.

MERCURIALE VIVACE — *Mercurialis perennis L.*
Famille: Euphorbiacées

C'est une plante vivace à rhizome ramifié et traçant qui devient violet par séchage. Toute la plante bleuit d'ailleurs à la dessication.
Les tiges sont dressées, simples, de section quadrangulaire, feuillées dans leur partie supérieure. Les feuilles opposées à pétiole court sont ovales-allongées et dentées.
La Mercuriale vivace est une plante dioïque à fleurs unisexuées. Les mâles, staminées, ont un périanthe vert et forment des glomérules groupés en grappes raides et peu fournies. Les femelles, pistillées, sont également vertes et placées par 1—2 à l'aisselle des feuilles supérieures. Elles sont pourvues d'un long pédoncule.
Les fruits sont des capsules biloculées, couvertes de soies et qui se décomposent en 2 parties qui contiennent chacune une seule graine. Ces graines, grises, sphériques, craquelées, sont projetées au loin par l'éclatement et la torsion des parois de la capsule.
Cette plante fleurit d'avril à mai et on la trouve le plus souvent par colonies entières dans les bois ombragés à sol humeux, de la plaine à la montagne. Elle est typique des hêtraies et se rencontre aussi dans les bocages.
Elle existe dans presque toute l'Europe, à l'est jusqu'au Caucase, et aussi en Afrique du Nord.
Toute la plante est toxique: elle contient une essence parfumée, des saponines, des tannins, mais aussi un glucoside qui se dégrade en libérant de l'acide cyanhydrique. Les graines sont oléagineuses. Quand cette Mercuriale se trouve en excès dans le fourrage, elle peut intoxiquer le bétail.
On a utilisé les feuilles comme laxatif et comme topique contre les brûlures, les abcès et les plaies suppurantes. Les graines étaient administrées autrefois dans nos campagnes comme purgatifs. Ces propriétés auraient été découvertes et révélées par le dieu Mercure, et le nom de la plante lui a été donné en l'honneur de cette divinité.

NE-ME-TOUCHEZ-PAS — *Impatiens noli-tangere L.*
Famille: Balsaminacées

L'Impatiente, ou Ne-me-touchez-pas, est une herbe annuelle d'à peu près 1 m de haut à tiges dressées, ramifiées au-dessus de la moitié inférieure, qui se distinguent à l'épaississement noueux de leurs parties inférieures. Toute la plante est succulente, fragile, et se fane rapidement.
Les feuilles alternes sont allongées-ovoïdes, aiguës, dentées et la base du pétiole porte plusieurs glandes nectarifères.
Les fleurs sont bien visibles et de forme caracté-

ristique: inclinées vers le sol, elles présentent un calice flavescent étiré en un long éperon courbe, et une corolle jaune doré, ponctuée de rouge à la gorge. Elles sont groupées en grappes axillaires pauciflores. Les fruits sont des capsules cylindriques qui éclatent à la maturité au moindre contact et se contractent brusquement en projetant au loin les graines qu'elles contiennent.

L'Impatiente fleurit de juillet à août dans les bois humides, en France surtout dans les montagnes. Elle forme d'habitude de grandes colonies que la première gelée anéantit. Elle offre cette particularité que surabondante certaines années, elle disparaît complètement de ses stations pour y réapparaître plusieurs années plus tard.

Elle est commune en Europe moyenne et dans une partie de l'Europe méridionale, au Proche-Orient, en Sibérie, au Kamchatka, en Chine et au Japon. Dans certaines régions, on utilisait ses feuilles pour en faire une tisane laxative.

On trouve depuis quelques années dans l'est de la France une espèce voisine, venue de Russie et maintenant naturalisée dans les forêts des Vosges:

IMPATIENTE À PETITES FLEURS — *Impatiens parviflora DC.*

Elle est plus petite que la précédente, les fleurs sont jaunes, plus petites et présentent un éperon droit. Elle est originaire en fait de la Sibérie orientale, de la Mongolie et du Turkestan d'où elle a conquis peu à peu toute l'Europe. Elle a été également «importée» aux Etats-Unis. Elle forme comme l'autre de grandes colonies dans les bois humides et les broussailles. Et quand elle s'est installée dans un parc, elle y devient indestructible, tant ses graines se disséminent avec virulence.

EPILOBE EN ÉPI (LAURIER DE SAINT-ANTOINE) — *Epilobium angustifolium (spicatum) (L.) SCOP.*
Famille: Onagrariacées

C'est une plante vivace qui atteint 1,20 m de haut, à rhizome traçant, qui porte des tiges feuillées, droites, simples et bien feuillées.

Les feuilles sont allongées à linéaires, lancéolées, longuement aiguës, cendrées sur le revers. Dans la région supérieure de la tige, elles se transforment graduellement en bractées.

Surelle

Mercuriale vivace

Ne-me-touchez-pas

Herbe aux goutteux

Epilobe en épi (Laurier de Saint-Antoine)

Les fleurs présentent un calice rougeâtre et duveteux et une corolle pourprée, rarement blanchâtre. Elles sont groupées en longues grappes terminales bien fournies.
Les fruits sont des capsules oblongues, densément duveteuses, contenant de toutes petites graines munies d'une longue soie.
C'est une espèce particulièrement tenace qui forme souvent de grands massifs dans les clairières, à la lisière des bois, dans les coupes fraîches, etc. Elle fleurit de juin à août et au moment de la fructification, ses graines ailées portées par le vent s'envolent au loin, de sorte qu'elle peut coloniser rapidement de grands espaces, surtout sur les talus, dans les décombres et les lieux déserts. En montagne, cet Epilobe monte jusqu'à 2000 m d'altitude.
C'est une espèce à peu près cosmopolite: en Europe elle remonte jusqu'en Islande, aux Shetland et à l'extrême nord de la Norvège, elle existe dans la plus grande partie de l'Asie, en Amérique du Nord et au Groenland. Elle ne manque vraiment qu'en Afrique.
Dans certaines régions, ses feuilles servent à faire une infusion qui imite le thé à s'y méprendre . . .

HERBE AUX GOUTTEUX — *Aegopodium podagraria L.*
Famille: Ombelliféracées

Vivace, haute parfois d'un mètre, l'Herbe aux goutteux est toute couverte de soies courtes et fines, presque imperceptibles, et elle dégage une odeur déplaisante. Le pied produit une abondance de rejets souterrains qui assurent sa multiplication et en font une des adventices les plus détestables des parcs et des jardins d'où elle est à peu près inexpugnable.
Les tiges sont rameuses, cannelées-anguleuses et creuses.
A la base de la plante on trouve des feuilles longuement pétiolées, entières ou triséquées, ensuite, en remontant le long de la tige, viennent des feuilles à petiole engainant et à limbe 1—2 fois trifolié. Enfin, en haut de la tige, on trouve des feuilles de plus en plus simples, les dernières tout à fait entières. Les folioles des feuilles composées sont généralement irrégulières.
Les petites fleurs blanches ou rosées sont groupées en ombelles d'ombellules, mais les involucres et les involucelles manquent complètement.
Les fruits sont des diakènes côtelés de couleur claire.
La floraison a lieu de juin à juillet, et la plante forme souvent de véritables colonies dans les bois humides de la plaine, et souvent dans les parcs et les vergers.
Elle monte en altitude jusqu'à 2000 m.
Elle existe dans presque toute l'Europe, en Asie Mineure, dans le Caucase et en Sibérie. Elle a été secondairement introduite en Amérique du Nord où elle est maintenant complètement naturalisée.
C'est une plante médicinale: les tiges écrasées s'utilisaient autrefois en topiques sur les plaies, ou en cataplasmes contre la goutte et l'arthrose. On la considérait aussi comme un bon antidote, et utile contre les piqûres d'abeilles et d'autres insectes, etc.
Les graines contiennent une huile volatile vert clair, au parfum plaisant, mais d'un goût extrêmement brûlant.

SANICLE — *Sanicula europaea L.*

C'est une herbe vivace d'une quarantaine de cm tout au plus, pourvue sous terre d'une courte souche rampante et fibreuse, très traçante, et qui produit des tiges dressées à angles aigus.
Les feuilles basiliaires sont longuement pétiolées et leur limbe présente un contour arrondi-cordé, 3—5 fois palmé; chaque segment est à son tour formé de 3—5 lobes à bords dentés. Les feuilles caulinaires sont souvent absentes et quand elles existent, elles se limitent à 2 ou 3, sessiles et moins découpées.
Les petites fleurs à corolle blanche ou rougeâtre se reconnaissent à leurs étamines nettement saillantes, les hermaphrodites presque sessiles, les mâles légèrement pédonculées. Elles sont groupées en petites ombelles agglomérées, et forment une inflorescence terminale en pseudo-ombelle peu fournie.
Les fruits sont des diakènes ovales, couverts de poils crochus. Ces diakènes se divisent à la maturité en deux sections qui s'accrochent facilement aux toisons des animaux qui se chargent ainsi de leur dispersion.
La Sanicle fleurit de mai à juin. On la rencontre surtout dans les forêts mêlées ou feuillues, à sol humeux, de la plaine jusqu'à la montagne, souvent dans la végétation rabougrie qui succède en altitude à la forêt. Elle est aussi caractéristique des hêtraies sous-montagneuses.
C'est une plante commune dans l'ensemble de l'Europe, en Asie occidentale, en Afrique du Nord, dans les montagnes de l'Afrique tropicale, au Cameroun par exemple, où elle monte jusqu'à 2500 m.
Le nom même de la Sanicle, qui vient du latin sanare,

soigner, prouve qu'il s'agit d'une plante médicinale. Ses propriétés étaient déjà connues et mises à profit au XIIe siècle, notamment par sainte Hildegarde. De nos jours, on continue dans certains pays à récolter la tige feuillée qui contient des essences parfumées, des tannins et des saponines. On lui reconnaît encore des vertus cicatrisantes, vulnéraires et astringentes. Mais son emploi est quand même bien restreint.

GRANDE ASTRANCE — *Astrantia major L.*

C'est une herbe vivace qui atteint 1 m de haut, à souche dure et couverte de fibres noires.

Cette souche émet des tiges dressées, pauvrement ramifiées dans leur partie supérieure.

Les feuilles basiliaires sont pétiolées, arrondies, réniformes et profondément 6 — 7 fois pennatifides, à segments ovales à bords dentés.

Les feuilles caulinaires sont ordinairement au nombre de deux, souvent réduites à une seule, profondément divisées en segments cunéiformes à sommet trilobé.

Les petites fleurs à corolle blanche, dont les lobes sont retroussés vers l'intérieur et laissent longuement dépasser les étamines, forment des ombelles aux extrémités des rameaux. Ces ombelles sont soutenues par de grandes bractées lancéolées, blanchâtres, veinées de rouge ou de vert pâle, étalées en rayons qui imitent une grande corolle.

Les fruits sont des diakènes carénés qui se clivent en deux portions égales.

La Grande Astrance fleurit de juin à août. C'est une plante des clairières, des lisières et des prairies forestières, parfois en plaine mais surtout en moyenne montagne, en terrain calcaire.

Elle vient en Europe moyenne et méridionale, à l'est jusqu'au Caucase, mais elle est seulement naturalisée en Angleterre et en Belgique. Elle est très variable et présente des types divers.

Elle a été utilisée par la médecine officielle, mais elle est bien déchue de sa gloire, quoiqu'on signale qu'en Pologne on en fabrique des apéritifs. Il semble cependant qu'elle contienne des substances plus ou moins toxiques et de nature encore inconnue.

ANGÉLIQUE DES BOIS — *Angelica sylvestris L.*

Bisannuelle et parfois vivace, l'Angélique des bois est une herbe presque géante qui dépasse souvent 2 m de haut. Elle est ancrée dans le sol par une grosse souche à odeur de carotte, et d'une saveur amère et brûlante.

Les tiges sont robustes, dressées, ramifiées dans le haut, cannelées et couvertes d'une pruine blanche.

Les feuilles ont des pétioles en gouttière, creusés à l'intérieur d'une cavité en croissant et elles présentent au niveau de l'insertion de grandes gaines renflées. Pour les feuilles du bas, le limbe atteint 60 cm de long: il est de forme triangulaire, parfois jusqu'à 3 fois penné. Les feuilles du haut présentent aussi une gaine renflée qui enveloppe et protège les jeunes rameaux axillaires ainsi que les inflorescences en boutons. Ces gaines retiennent souvent de l'eau de pluie dans laquelle peuvent même s'installer quelques organismes aquatiques. Les feuilles supé-

Sanicle

Grande Astrance

Angélique des bois

rieures sont moins divisées, celles du sommet sont presque sessiles, le pétiole se limitant alors à la gaine. Dans les feuilles composées, les folioles sont ovales et dentées.
Les fleurs sont minuscules, blanches ou rosées, et groupées on ombellules fournies et rassemblées par 25—35 en grandes et denses ombelles hémisphériques.
Les fruits sont des diakènes plans, elliptiques, munis de deux larges ailes marginales.
L'Angélique des bois fleurit de juillet à septembre. Elle aime les bois clairs et humides, les coupes récentes, les clairières, les fourrés et les broussailles au bord de l'eau, mais aussi les tourbières et les prairies trempées.
Elle se trouve dans presque toute l'Europe, en Asie Mineure, dans le Caucase, en Sibérie, et de l'Oural au lac Baïkal. Elle a été introduite au Canada. C'est une espèce très variable dont on connaît une grande diversité de formes.
On en a retrouvé des restes dans les cités lacustres de l'époque néolithique. Dans certaines régions les jeunes feuilles étaient autrefois consommées comme légume et la souche servait de remède contre les maladies de poitrine, de l'estomac et des reins. On l'utilise encore en médecine vétérinaire. La poudre de ses graines est très efficace contre les poux.

COUCOU — *Primula veris L. (= officinalis JACQ.)*
Famille: Primulacées

Le Coucou est une modeste herbe vivace, d'une trentaine de cm au plus, qui se reconnaît facilement à sa rosette de feuilles terrestres, oblongues, ondulées, crénelées et ridées. Le pétiole porte deux ailettes et le limbe est velu au revers et légèrement enroulé dans la jeunesse.
La rosette émet des hampes nues qui portent une ombelle de fleurs brièvement pédonculées. La corolle est entière, couleur jaune poussin, à gorge orangée, le calice est enflé, écarté de la corolle, anguleux, de couleur kaki. Toute la fleur dégage une agréable odeur de bergamote.
Les fruits sont des capsules ovales plus courtes que le calice.
Le coucou fleurit dès le mois d'avril et jusqu'en juin. On le rencontre surtout dans les bois clairs, les taillis, mais aussi dans les prés frais et le long des ruisseaux. Il est répandu dans toute l'Europe, à l'est en Asie jusqu'au fleuve Amour.
Il comptait autrefois au nombre des plantes magiques. Il éloignait les mauvais esprits et permettait de trouver les trésors cachés . . . En fait, l'inflorescence contient des saponines et s'utilise, séchée, en tisane contre les catarrhes, les maladies pulmonaires ou rénales. Cependant, ces saponines peuvent irriter les parois du tube digestif et une quantité excessive de cette infusion peut provoquer des vomissements.

PRIMEVÈRE ÉLEVÉE — *Primula elatior (L.) GRUFB.*

C'est aussi une Primevère vivace, qui atteint jusqu'à 30 cm au moment de la fructification, et elle présente également une rosette de feuilles ovales, oblongues, qui s'amincissent progressivement en pétiole. Les jeunes feuilles sont légèrement roulées, mais moins réticulées que dans l'espèce précédente. Le revers du limbe est vert-gris.
Les fleurs d'un jaune soufre sont inodores et la trompe de la corolle peut être jusqu'à 2 fois plus longue que le calice à 5 dents. Ce dernier n'est pas renflé, mais appliqué contre la trompe, jaune clair, à arêtes vertes.
Les fleurs sont groupées en ombelle plus ou moins unilatérale.
Les fruits sont des capsules cylindriques plus longues que le calice.
La Primevère fleurit de mars à mai dans les bois clairs et dans les fourrés, ainsi que dans les prairies fraîches, de la plaine jusqu'à la zone alpine. Elle monte d'habitude plus haut que le Coucou et peut arriver jusqu'à 2600 m d'altitude. Dans l'est de la France, elle est fréquente même en plaine.
Elle existe en Europe moyenne, de la pointe de l'Angleterre jusqu'au nord de la Russie, et au nord jusqu'en Suède. On la trouve aussi dans le Caucase, le nord de la Perse, l'Oural et l'Altaï.
Dans la mythologie nordique, c'était la plante favorite des naïades et des nymphes, et la médecine populaire lui prêtait des vertus illimitées: elle soignait la toux et la laryngite, les rhumatismes et l'épilepsie, et même le bégaiement. Chauffé, son suc remettait les membres démis et les jeunes feuilles servaient à faire des potages et des salades.
Il faut dire que toute la plante, et surtout la souche, contient une abondance de saponine et on la récolte encore comme matière première de certaines tisanes médicinales et de divers remèdes, au moins en Europe centrale, car en France elle semble être sortie de l'usage.

Elle combattrait les insomnies, chasserait la migraine, faciliterait la respiration lors des catarrhes des voies respiratoires, etc.

SOLDANELLE — *Soldanella montana WILLD.*

La Soldanelle est une petite plante vivace qui mesure à peine 10 à 15 cm, à rhizome traçant qui porte une rosette de feuilles finement charnues, arrondies réniformes, et munies d'un long pétiole.
Le bord du limbe est finement dentelé.
Ces rosettes feuillées donnent naissance à des hampes florales qui portent des ombelles de 3 à 6 fleurs à pédoncules finement glanduleux.
Le calice comporte 5 lobes et la corolle d'un bleu violacé a la forme d'une clochette divisée à mi-hauteur en franges ténues et linéaires.
Les fruits sont des capsules ovoïdes qui éclatent par 5 indentations.
Ces fleurs d'une exquise beauté apparaissent de mai à juin dans les forêts humeuses de la montagne, au milieu des végétaux rabougris qui succèdent à la forêt, mais aussi dans les prairies montagnardes et les tourbières.
On la trouve dans les Pyrénées occidentales, dans les Alpes et le Jura, dans la forêt de Bohême, les Karpates et les montagnes balkaniques.
Elle est très variable, et elle est protégée dans de nombreux pays.

CYCLAMEN D'EUROPE — *Cyclamen europaeum L.*

C'est une plante vivace dont la forme de survie est assurée par un tubercule arrondi, légèrement aplati au sommet, ou même creusé. Pendant sa période de végétation, toute sa surface est hérissée de racines.
Les feuilles persistantes forment une rosette lâche. Leur limbe est charnu, arrondi-cordiforme, finement crénelé, vert sombre, tacheté de blanc sur l'avers, rougeâtre au revers, et porté par un long pétiole. De cette rosette sortent des pédoncules floraux toujours plus longs que les feuilles et qui portent de belles fleurs parfumées, réfléchies, à corolle pourprée ou carminé («rose cyclamen») dont les lobes sont retroussés en arrière.
Les fruits sont des capsules sphériques qui renferment des graines rondes ne mûrissant que l'année suivante.
Au moment de la fructification les pédoncules s'enroulent en hélice et s'inclinent en posant la capsule sur le sol, ou même en l'enterrant, libérant ainsi la place pour de nouvelles fleurs.
Le Cyclamen d'Europe fleurit de juillet à octobre et se plaît sous les arbres feuillus, dans les bois humeux, les hêtraies, les broussailles, etc., surtout en sol calcaire. Il existe depuis les plateaux jusqu'en montagne où on le trouve aussi dans les prairies herbeuses et sur les rochers.
C'est une plante des Alpes calcaires septentrionales et méridionales, de l'ouest des Karpates au nord de la péninsule Balkanique, et jusqu'en Transcaucasie.
Il abonde particulièrement en Corse, en même temps que le Cyclamen de Naples *(Cyclamen neapolitanum).*

Primevère élevée

Coucou

Cyclamen d'Europe

Soldanelle

PYROLE À FEUILLES RONDES — *Pyrola rotundifolia L.*
Famille: Pyrolacées

Glabre, à feuilles persistantes, à tiges d'une quarantaine de cm, la Pyrole à feuilles rondes est pourvue d'une souche rampante et ramifiée qui émet des tiges florales dressées ou ascendantes, triangulaires, rarement ramifiées dans leur région inférieure.
Les feuilles coriaces, largement ovales, ont un long pétiole et forment une rosette peu fournie. Ces feuilles terrestres sont persistantes. Les tiges ne portent que de larges écailles embrassantes qui manquent dans le haut.
Les fleurs se caractérisent par une corolle en clochette, blanche ou à peine rosée, et un court calice. Elles sont groupées en une grappe pauciflore et on en voit dépasser les styles saillants.
Le fruit est une capsule.
Cette plante fleurit de juin à juillet et peut former des colonies entières dans les bois clairs de conifères, toujours sur sol sec, dans les végétaux rabougris qui succèdent à la forêt, mais aussi dans les clairières moussues.
Elle existe dans presque toute l'Europe, au Proche-Orient, en Asie septentrionale et jusqu'au-delà du lac Baïkal et de l'Altaï.

PYROLE À UNE FLEUR — *Moneses uniflora (L.) ALEF.*

C'est aussi une plante vivace, qui dépasse parfois 10 cm de haut, à rhizome muni de rejets filiformes et à tige dressée et anguleuse.
Les feuilles coriaces, persistantes, arrondies ou en spatule, pétiolées, sont groupées en rosette.
La tige se termine par une seule grande fleur d'odeur suave et inclinée, à corolle blanche et à calice flavescent.
Les fruits sont des capsules dressées, à la différence de la fleur.
La floraison a lieu de mai à juillet dans les coins humides et moussus des forêts des plateaux et surtout des montagnes, surtout dans les hêtraies.
Elle est répandue dans presque toute l'Europe, en Asie Mineure, dans le Caucase, de la Sibérie jusqu'au fleuve Amour et au Japon. Elle vient également en Amérique du Nord, jusqu'au Colorado et au Mexique. En France, elle se trouve dans presque toutes nos montagnes, mais elle n'est jamais très commune.

PETITE CENTAURÉE — *Centaurium umbellatum GILIB.*
Famille: Gentianacées

C'est une plante annuelle qui peut atteindre 50 cm de haut ou davantage, à tiges dressées, de section quadrangulaire, ramifiées dichotomiquement dans la région supérieure.
Les feuilles de la rosette sont subovales à ovales, et elles s'amincissent en un court pétiole. Les feuilles caulinaires sont opposées, aiguës et lancéolées.
Les fleurs sont courtement pédonculées ou même sessiles et forment des cymes bipares. La corolle en tube aux lobes étalés est rouge, rosée, rarement blanchâtre.
Les fruits sont des capsules étroites et cylindriques qui contiennent une abondance de graines.
La floraison a lieu de juin en juillet et jusqu'en septembre. La Petite Centaurée vient dans les clairières, les coupes récentes, les lisières des bois, les prairies, mais aussi sur les coteaux secs.
Elle se trouve dans presque toute l'Europe, en Asie occidentale et centrale, en Afrique du Nord et en Amérique du Nord. On la connaît depuis toujours comme plante médicinale. Le tradition française la considère surtout comme un dépuratif majeur dont on fait une cure au printemps.

PETITE PERVENCHE — *Vinca minor L.*
Famille: Apocynacées

C'est une plante vivace, un sous-arbrisseau d'une vingtaine de cm, à souche traçante, parfois longue de plusieurs mètres, qui s'enracine aux nœuds. Les tiges feuillées sont également rampantes, souvent ligneuses à la base.
Les feuilles à court pétiole sont coriaces, vert sombre, elliptiques à lancéolées.
Les fleurs présentent une corolle en entonnoir, bleue ou bleu-violacé, solitaire et longuement pédonculée à l'aisselle des feuilles. Les lobes de la corolle sont irréguliers, de forme générale ovale à cunéiforme, tordus vers la gauche.
Les fruits sont des follicules concrescents par la base, contenant des graines brunes, mais presque toujours stériles.
La Petite Pervenche fleurit d'avril à mai et forme le plus souvent de vastes tapis dans les bois, les fourrés, souvent sur les rochers, dans les vignes, etc. On la cultive souvent dans les jardins où on en voit des

formes à fleurs blanches ou pourpres, et elle se naturalise facilement.

Elle abonde en Europe moyenne et méridionale, au nord jusqu'en Angleterre, en Asie Mineure et dans le Caucase.

Cette plante toujours verte était considérée comme magique dans les anciens temps: au Moyen Age elle permettait aussi bien de jeter un sort que d'en conjurer un, et elle joue un grand rôle dans de nombreuses fables et légendes. Elle predisait la mort ou le mariage, et elle était utilisée pour tresser des couronnes mortuaires et de mariées . . .

PULMONAIRE OFFICINALE — *Pulmonaria officinalis L.*
Famille: Borraginacées

C'est une plante vivace d'une trentaine de cm au plus, à fine souche ramifiée qui émet des hampes florales en même temps que des rejets qui ne fleuriront que l'année suivante. Comme il est de règle dans la famille, toute la plante est couverte de poils rugueux. Les feuilles basiliaires sont ovales, cordiformes et amincies en pétioles, les caulinaires sont ovales et presque sessiles. L'avers des feuilles est généralement tacheté de blanc.

Les fleurs brièvement pédonculées ont une corolle en entonnoir à gorge velue, d'abord rose, puis mauve-violet, bleue après la pollinisation. Elles sont groupées en cymes scorpioïdes abondantes et interrompues par des bractées.

Les fruits sont des polyakènes nus.

La Pulmoniare fleurit dès le mois de mars et abonde d'habitude dans les bois feuillus de presque toute l'Europe, à l'ouest jusqu'aux Ardennes et au Jura français, à l'est jusqu'au sud de la partie européenne de l'U.R.S.S.

CONSOUDE TUBÉREUSE — *Symphytum tuberosum L.*

C'est aussi une plante vivace courtement velue, d'une trentaine de cm. Elle est pourvue sous terre d'une souche enflée en tubercule qui porte des tiges dresées, cannelées et presque simples.

Les feuilles largement lancéolées ont un pétiole ailé, décurrent le long de la tige. Les feuilles du bas se flétrissent très tôt en saison.

Les fleurs inclinées et brièvement velues sont groupées en cymes scorpioïdes pauciflores et entrecoupées de bractées. La corolle est d'un blanc jaunâtre, en trompe

renflée, et le calice porte des divisions profondes.
Les fruits sont des polyakènes verruqueux.
La floraison a lieu d'avril à mai et la plante croît dans les bois humides et humeux, les forêts de bocages, les broussailles, mais aussi dans les prairies humides. On la rencontre souvent dans les aulnaies, les châtaigneraies et dans les clairières.
La Consoude tubéreuse vient en Europe moyenne et méridionale, dans le sud-est de l'Asie, elle est rare en Angleterre et a été secondairement introduite en Ecosse ainsi qu'en Amérique du Nord où elle s'est naturalisée dans l'état du Connecticut. En France, elle est localisée dans le Midi, le centre et le Sud-Ouest.

ORTIE JAUNE — *Lamium goleobdolon (L.) NATH.*
Famille: Labiacées

C'est une plante vivace d'une cinquantaine de cm, à tiges simples et pourvue de nombreux rejets qui s'enracinent de toutes parts.
Les feuilles longuement pétiolées sont ovales cordiformes, aiguës et dentées. En hiver, le limbe des feuilles inférieures est tacheté de blanc et lavé de violet-pourpre au revers.
Les fleurs labiées présentent un calice découpé en 5 dents velues et une grande corolle jaune. Elles forment des verticilles fournis à l'aisselle des feuilles et des bractées supérieures.
Les fruits sont des tétrakènes noirs à chair blanche. La floraison a lieu d'avril à juillet dans les bois frais et les broussailles de presque toute l'Europe, à l'est jusqu'à l'U.R.S.S., à l'Oural, au Caucase et en Iran. La forme et la coloration des feuilles présentent de nombreuses variations. La coloration rouge et les taches blanches sur le limbe permettraient à la plante une plus juste dispersion de ses températures internes. Mais ce n'est qu'une hypothèse un peu aventurée.

MÉLITTE — *Melittis melissophyllum L.*

Vivace, mesurant une cinquantaine de centimètres, la Mélitte est une plante à forte souche portant des tiges dressées, couvertes d'un duvet tomenteux.
Les feuilles pétiolées sont ovales et cordées, aiguës, et dégagent un parfum de coumarine lorsqu'on les froisse.
Les fleurs atteignent jusqu'à 4 cm de longueur: elles comportent un calice largement évasé et une corolle à longue trompe. L'ensemble de la fleur est blanc ou rosé et la lèvre inférieure de la corolle est jaune, parfois tachetée de rose ou ornée d'un dessin pourpré.
Les fruits sont des akènes lisses et pyramidaux.
La floraison a lieu de mai à juin dans les bois de feuillus chauds, sur les coteaux broussailleux, rarement dans les forêts de conifères. La Mélitte affectionne les climats chauds et un substrat calcaire.
Elle n'existe qu'en Europe centrale et méridionale. Dans certains pays, elle est protégée. La médecine populaire l'utilisait autrefois pour nettoyer les plaies, pour traiter certains catarrhes, etc.

ÉPIAIRE DES BOIS — *Stachys sylvatica L.*

L'Epiaire des bois est une plante vivace aux tiges de plus d'un mètre de haut, toutes couvertes d'un dense duvet mou. Ces tiges sont dressées et visqueuses dans le haut de par la présence de nombreuses petites glandes.
Les feuilles longuement pétiolées sont largement ovales en cœur, à bords dentés. Dans la partie supérieure de la plante elles se transforment graduellement en bractées.
Les fleurs labiées présentent un calice en clochette et une corolle pourprée, rarement flavescente ou blanchâtre.
Les fruits sont des polyakènes trigones.
L'Epiaire des bois fleurit de juin à septembre et peut former des groupes considérables dans les forêts humides, mêlées ou feuillues, dans les clairières et dans les endroits broussailleux. Elle existe dans presque toute l'Europe, au nord jusqu'en Irlande, aux îles Shetland et en Scandinavie. A l'est on la trouve jusqu'en Sibérie, à l'Oural et à l'Altaï.

CHANVRE SAUVAGE — *Galeopsis speciosa MILL.*

Le Chanvre sauvage (bien mal nommé) est une herbe annuelle d'un mètre de haut à peu près, aux tiges couvertes de soies hérissées et nettement renflées sous les nœuds.
Les feuilles ovales, largement cunéiformes à la base, aiguës et dentées sont portées par un long pétiole.
Les fleurs sont grandes et se reconnaissent à leur calice plus court que la trompe de la corolle qui est jaune pâle, avec le lobe médian de la lèvre inférieure ourlé de blanc et orné d'un dessin pourpre foncé.

Les fruits sont des tétrakènes, et la graine est disséminée par les animaux sauvages et domestiques, surtout, dit-on, par les corneilles.
Le Chanvre sauvage fleurit de juin à septembre dans les bois clairs, les clairières, à la lisière de la forêt et dans les buissons, souvent aussi dans les lieux déserts, les décombres, et les champs mal soignés, où il peut devenir gênant.
On le trouve surtout en Europe moyenne et orientale, au nord jusqu'en Grande-Bretagne et en Scandinavie jusqu'au 70e parallèle. En France, il n'est signalé qu'en Bretagne, en Dauphiné, dans le Lyonnais et dans le Midi.
C'est une espèce variable: le dessin de la lèvre inférieure surtout évolue selon l'éclairement de la station.

BELLADONE — *Atropa bella-donna L.*
Famille: Solanacées

C'est une plante vivace qui atteint 1,60 m de haut, et elle se caractérise par une puissante souche cylindrique qui porte des tiges rigides, dressées, à angles obtus et ramifiées en fourche.
Les feuilles sont ovales à elliptiques, de taille variable, légèrement duveteuses. Elles sont alternes dans la région inférieure de la plante, apparemment opposées sur les tiges florifères. Dans ce cas, l'une des deux feuilles est toujours plus grande que l'autre.
Les fleurs sont réfléchies et solitaires: elles sont formées d'un calice persistant comportant 5 lobes et d'une corolle en clochette cylindrique qui présente le même nombre de lobes, d'un brun violacé à l'extérieur, d'un gris jaunâtre à l'intérieur et marbrée de pourpre. Au moment de la fructification le calice s'élargit et se déploie en étoile.
Les fruits sont des baies noires brillantes de grande taille, portées par le calice agrandi. Elles contiennent un suc rouge violacé abondant et une quantité de graines réniformes.
La Belladone fleurit de juin à août. C'est une plante des bois feuillus, des clairières ombragées, abondante surtout dans les hêtraies et sur les remblais des routes forestières.
On la trouve dans toute l'Europe, en Asie Mineure, dans le Caucase et en Afrique du Nord. Comme elle est souvent cultivée, elle s'est naturalisée dans beaucoup de stations. En France on peut la trouver dans à peu près tous les massifs forestiers. Elle a cette particularité d'apparaître parfois en masse dans un

Ortie jaune
Mélite
Épiaire des bois
Belladone
Chanvre sauvage

endroit donné, de s'y maintenir quelques année, puis d'en disparaître tout à coup et sans raison explicable, comme la Jusquiame.

Tous les organes de la plante contiennent des alcaloïdes violemment toxiques: de l'hyoscyamine, de l'atropine, et aussi dans la racine de la scopolamine et de la belladonine. Tous ces sucs agissent sur le système nerveux: l'empoisonnement se manifeste par un dessèchement de la cavité buccale, une dilatation des pupilles, une accélération du pouls, une sensation d'ivresse, une certaine irritabilité, des visions chimériques, puis un sommeil comateux et enfin la mort par paralysie de l'appareil respiratoire. Un décigramme de ces alcaloïdes peut représenter une dose mortelle.

Ajoutée en petites quantités au fourrage des chevaux, la tige feuillée leur donnait de l'entrain et faisait briller leur pelage.

La Belladone est une matière première importante pour la fabrication de nombreux médicaments: elle est abondamment cultivée à cet effet, surtout en Angleterre et aux Etats-Unis.

Le nom générique «Atropa» vient du grec Atropos, qui est le nom de celle des trois Parques qui était chargée de couper le fil de la vie. «Bella-donna», belle dame, rappelle qu'autrefois les courtisanes de Venise s'instillaient le suc des fruits dans les yeux pour élargir leurs pupilles et pour leur donner ainsi un éclat plus attirant.

VÉRONIQUE OFFICINALE — *Veronica officinalis L.*
Famille: Scrofulariacées

C'est une plante vivace qui peut atteindre 25 cm de haut, à souche cylindrique et rampante.

Les tiges sont couvertes de poils rugueux, elles sont couchées, ascendantes au sommet, et s'enracinent facilement.

Les feuilles opposées présentent un court pétiole et un limbe ovale à largement lancéolé, à bords dentés.

Les fleurs, petites, ont un calice de type 4 et une corolle circulaire, quadrilobée et largement évasée, violet pâle ou d'un bleu-violet. Les pétales supérieurs sont légèrement plus grands que les autres. Les fleurs forment des grappes axillaires bien fournies.

Les fruits sont des capsules cordiformes, légèrement échancrées au sommet, qui contiennent des graines lenticulaires.

Elle fleurit de juin à juillet dans les forêts sèches, surtout dans les pinèdes, dans les clairières, et à la lisière des bois, mais aussi sur les talus et dans les pâtures.

Elle existe dans toute l'Europe, au Proche-Orient et en Amérique du Nord.

DIGITALE À GRANDES FLEURS — *Digitalis grandiflora MILL.*

C'est une herbe vivace qui dépasse 1 m de haut, à souche cylindrique qui porte des tiges dressées, glabres à la base, couvertes d'un duvet glanduleux au sommet.

Les feuilles alternes sont sessiles par leur base arrondie, celles du bas allongées et sublancéolées et celles du haut ovales-lancéolées.

Les grandes fleurs inclinées ont une corolle tubulaire à marge lobée: l'extérieur du tube est jaune, l'intérieur tacheté de brun. Parmi les 4 étamines, deux sont nettement plus longues que les autres. Ces fleurs sont groupées en un long épi unilatéral, interrompu par des bractées lancéolées.

Les fruits sont des capsules enfermées dans le calice et contiennent un grand nombre de graines.

Elle fleurit de juin à juillet dans les bois clairs, les clairières et les coteaux pierreux envahis par l'herbe. Elle est surtout calcicole.

En Europe on la rencontre des Pyrénées jusqu'aux régions sud de la partie européenne de l'U.R.S.S. jusqu'en Sibérie occidentale et en Asie Mineure.

Toute la plante, mais surtout les feuilles contiennent une série de glucosides toxiques: digitoxine, digitophylline, digitaline, gitine; de la digitaline et de la digitonine dans les graines, etc. Toutes ces substances ont des effets cardiaques, modifient la circulation sanguine et entrent dans la composition de nombreux remèdes pour le cœur. Cependant, l'abus de ces médicaments ou leur emploi inconsidéré sont dangereux et peuvent facilement amener la mort. Mais dans la pharmacopée française, on utilise peu la Digitale à grandes fleurs, et on lui préfère l'espèce suivante.

DIGITALE POURPRE (GANT DE NOTRE-DAME)
Digitalis purpurea L.

Voici une autre Digitale, robuste, bisannuelle, à fleurs pourpres bien plus grandes, tachetées à l'intérieur de macules sombres ourlées de zones claires.

Elle fleurit dans les clairières des bois surtout en

Europe occidentale et s'étend rapidement vers l'Europe centrale. On la cultive souvent dans ses variétés horticoles dans les jardins d'agrément et elle colonise facilement les environs. Elle ne se trouve guère que dans les terrains siliceux, mais dans toute la France. Elle s'est complètement naturalisée à l'île de la Réunion.

Elle a les mêmes propriétés que la précédente, la médecine irlandaise l'utilisait déjà au Ve siècle, et ailleurs son usage est attesté depuis le XIe siècle.

LATHRÉE ÉCAILLEUSE — *Lathraea squamaria L.*
Famille: Orobanchacées

C'est une plante vivace, parasite, sans chlorophylle, dont la plus grande partie se cache sous la terre. C'est là qu'est enfouie sa longue souche couverte d'écailles charnues et blanches qui forment des cavités distribuées sur 4 rangs. L'extrémité de cette souche porte de fines ramifications qui se gonflent au contact des racines des arbres et pénètrent sous leur écorce par un dispositif spécial qui leur permet de pomper la sève dont la plante se nourrit. Ce n'est qu'au bout d'une dizaine d'années après la germination que la souche devenue puissante émet hors du sol des tiges charnues, dressées, de couleur rosâtre, couvertes de feuilles écailleuses également roses.

Les fleurs en trompe évasée ont un calice rose, couvert de poils glanduleux et une corolle bilabiée d'un rose carné, avec une lèvre inférieure rouge. Ces fleurs sont disposées à l'aisselle de bractées écailleuses et forment une grappe épaisse et unilatérale, d'abord infléchie en arc de cercle.

Les fruits sont des capsules qui contiennent des graines sombres et réticulées.

Cette curieuse plante fleurit de mars à mai dans les forêts feuillues et humeuses aux basses altitudes, où elle parasite les racines des arbres et des arbustes à feuilles. Elle est très rare sur les racines des Epicéas, mais on la voit aussi sur la vigne où elle peut être dangereuse.

On la rencontre dans toute l'Europe, en Asie tempérée, et jusque dans l'Himalaya. En France, on la voit un peu partout, mais elle n'est jamais commune.

ASPÉRULE ODORANTE — *Asperula odorata L.*
Famille: Rubiacées

L'Aspérule (ou Reine de mai) est une plante vivace

Digitale à grandes fleurs

Véronique officinale

Lathrée écailleuse

Aspérule odorante

Digitale pourpre (Gant de Notre-Dame)

d'une trentaine de cm, à souche fine et traçante qui porte des tiges dressées et quadrangulaires.
Les feuilles qui dégagent un parfum de coumarine, sont ovales-lancéolées et groupées en verticilles par 6—9. Elles ont une extrémité acuminée et des bords dentés.
Les petites fleurs blanches d'un parfum agréable ont une corolle en entonnoir, découpée jusqu'à mi-hauteur, et forment des inflorescences terminales portées par une longue hampe. Le calice est très réduit.
Les fruits sont des diakènes couverts de soies crochues.
L'Aspérule fleurit de mai à juin et forme souvent de véritables tapis dans les bois ombragés, surtout sous les hêtres. Elle peut monter jusqu'à 1600 m en montagne.
Elle abonde en Europe moyenne et septentrionale, en Sibérie et en Afrique du Nord. En Europe méridionale on ne la voit qu'en altitude.
Toute la plante contient une forte proportion de coumarine parfumée qui se libère surtout à la dessication, des tannins, des sucs amers, et un glucoside, l'aspéruloside. La médecine populaire l'emploie depuis toujours contre la jaunisse, les irrégularités du rythme cardiaque, les calculs rénaux et comme tranquillisant.

HIÈBLE — *Sambucus ebulus L.*
Famille: Caprifoliacées

C'est une plante vivace qui atteint 2 m de haut et qui dégage une odeur désagréable. La souche est rampante et terriblement traçante, et elle permet ainsi aux tiges simples et cannelées une extension rapide.
Les feuilles pétiolées, une à 2 fois pennées, se composent ordinairement de 4 paires de folioles irrégulières à la base et dentées. Les stipules sont également dentées.
Les petites fleurs blanches ou rosées ont une corolle circulaire aux anthères pourprées, puis noires. Elle sont groupées en larges inflorescences planes qui sont des cymes à 3 rameaux, et elles dégagent une odeur un peu écœurante d'amande amère.
Les fruits sont des drupes d'un noir brillant, portées par des pédoncules également noirs. Elles sont appréciées par les oiseaux qui se chargent de disséminer au loin la plante; surtout autour des maisons où elle devient souvent une mauvaise herbe «increvable» le long des murs ou dans les décombres.
L'Hièble fleurit de juin à août dans les clairières, le long des ruisseaux, dans les vignes qu'elle envahit, et dans les endroits négligés.
Elle existe en Europe moyenne et méridionale, en Afrique, en Asie occidentale et à Madère.
On l'a considérée autrefois comme vénéneuse, mais à tort. A côté des sucs amers, des tannins, des essences parfumées, etc. les feuilles ne contiennent qu'une faible quantité d'un glucoside qui peut se dégrader en acide cyanhydrique.

CAMPANULE À FEUILLES DE PÊCHER — *Campanula persicifolia L.*
Famille: Campanulacées

C'est une grande herbe vivace d'environ 1,20 m de haut, à forte souche rampante qui émet des tiges dressées, rarement ramifiées.
Les feuilles de la base sont subovales à lancéolées, amincies en pétiole. Les inférieures sont minces et lancéolées ou même linéaires et leur limbe est cilié, alors qu'il est crénelé chez les autres feuilles.
Les fleurs atteignent 4 cm de diamètre. La corolle est d'un beau bleu-violet, parfois blanche, largement évasée en cloche découpée jusqu'au tiers de sa hauteur en 5 lobes lancéolés. Les fleurs sont d'abord écartées latéralement, puis complètement dressées et les courts pédoncules portent deux bractées.
Les fruits sont des capsules dressées qui s'ouvrent par 3 fentes et laissent s'échapper de très fines graines brunâtres.
La floraison a lieu de juin à septembre dans les bois, les clairières, dans les buissons et à la lisière des forêts. Cette belle Campanule est répandue dans toute l'Europe jusqu'au 60° latitude; on la trouve également en Sibérie et en Arménie.
On la cultive souvent dans les jardins de plantes vivaces, surtout dans ses variétés à fleurs pleines qui sont d'une rusticité absolue.

SÉNEÇON DES BOIS — *Senecio nemorensis L.*
Famille: Composacées

Vivace, atteignant 1,80 m de haut, le Séneçon des bois est une plante à courte souche qui émet parfois des rejets et porte des tiges dressées, anguleuses et densément feuillées, qui se ramifient parfois dans leur région supérieure en une panicule corymbiforme.
Les feuilles ovales sont soudées à la tige par leur base amincie: elles sont dentées et dégagent un parfum particulier, mais non désagréable.
Les fleurs jaunes forment des capitules à involucre

cylindrique: celles du centre sont tubulaires, celles de la périphérie en ligules, d'habitude limitées à 5. Les capitules sont rassemblés en larges inflorescences complexes qui rappellent une panicule.
Les fruits sont des akènes munis d'un long duvet. Le Séneçon des bois fleurit de juillet à septembre dans les clairières, à la lisière des bois, mais aussi en forêt, très souvent par colonies entières.
Il existe dans toute l'Europe, en Sibérie et au Caucase. C'est une espèce très variable, surtout dans la forme de ses feuilles.
Depuis le Moyen Age déjà, il est fréquemment utilisé dans la médecine populaire: le suc des feuilles entre dans la composition de pommades et d'emplâtres cicatrisants et la feuille elle même se pose comme topique sur les plaies suppurantes.

CHRYSANTHÈME À CORYMBES — *Chrysanthemum corymbosum L.*

C'est encore une plante vivace qui dépasse 1 m de haut, à souche oblique et cylindrique portant des tiges feuillées, dressées, ramifiées en corymbes au niveau de l'inflorescence.
Les feuilles sont allongées à pennatipartites, et comportent 2 à 7 paires de segments 2 fois dentés ou même pennatiséqués. Celles de la base sont pétiolées et celles du haut sessiles.
Les inflorescences se composent de fleurons centraux tubulaires de couleur jaune et de ligules périphériques blanches. L'involucre est ovale et les capitules sont regroupés par 3 à 10 pour former des corymbes complexes.
Les fruits sont des akènes à marge importante. La floraison a lieu de juillet à août dans les bois clairs, les clairières et les lisières, mais aussi sur les coteaux broussailleux et ensoleillés. C'est une plante qui préfère les pays chauds et les substrats calcaires, quoiqu'on la trouve sur les basaltes d'Auvergne. Il est répandu en Europe moyenne et orientale, en Asie Mineure et dans le Caucase. En France, on ne le rencontre qu'au sud de la Loire.
Toute la plante répand une odeur agréable et les sucs des fleurs ont la réputation de chasser ou même de supprimer certains insectes.

EUPATOIRE CHANVRINE — *Eupatorium cannabinum L.*

C'est une puissante plante vivace qui dépasse parfois

Campanule à feuilles de pêcher

Hièble

Séneçon des bois

Chrysanthème à corymbes

Eupatoire chanvrine

1,60 m, à souche cylindrique qui émet des tiges dressées, feuillées et couvertes d'un court duvet.
Les feuilles portées par un court pétiole sont opposées, palmées et découpées en 3—5 lobes dentés et sublancéolés.
Les capitules sont petits et se composent de 4 à 6 fleurons tubulaires rougeâtres ou rouge violacé munis de longs stigmates blancs. L'involucre est un court cylindre et les capitules sont groupés en larges inflorescences complexes planes et corymbiformes.
Les fruits sont des akènes verruqueux munis d'une aigrette blanche.
L'Eupatoire chanvrine fleurit de juillet à septembre dans les bois humides, les allées forestières, les fossés, les clairières, le long des ruisseaux, d'habitude en vastes colonies.
Elle existe dans toute l'Europe, en Asie Mineure, dans le Caucase, en Sibérie occidentale et en Amérique du Nord.
La tige comme la racine ont une saveur forte et amère: la médecine populaire les utilisait autrefois à cause de leur richesse en saponines, en résine, en tannins, en inuline, et en un glucoside toxique encore mal connu de nos jours, l'eupatorine. La plante est considérée par la tradition pharmaceutique française comme astringente et fébrifuge.

GNAPHALE DES BOIS — *Gnaphalium sylvaticum L.*

C'est une plante vivace haute d'une cinquantaine de cm au plus, à courte souche oblique et à tiges densément feuillées. La base des tiges porte des bourgeons qui sont la forme hivernale de persistance.
Les feuilles de la base sont lancéolées et s'amincissent en pétiole, celles du haut plus minces, ou même linéaires, et diminuent de taille en s'élevant sur la tige. Tous les limbes ont une surface duveteuse à l'avers, grise et tomenteuse au revers.
Les petites fleurs en tubules étroits de couleur brune forment des capitules de taille réduite qui comportent seulement 3—4 fleurs centrales et 60—70 fleurs périphériques. Ces capitules sont regroupés en glomérules aux aisselles des feuilles supérieures.
Les fruits sont des akènes velus munis d'une aigrette.
Le Gnaphale des bois fleurit de juillet à septembre dans les clairières, les forêts sèches et claires, surtout de conifères, et les pelouses sèches, les landes à bruyère et les coins secs des tourbières.
On le trouve dans toute l'Europe moyenne et septentrionale, dans le Caucase et en Amérique du Nord. On dit qu'en trop grande quantité dans le fourrage il diminue la production du lait chez le bétail.

PIED DE CHAT — *Antennaria dioica (L.) GAERT.*

Vivace, haute tout au plus de 25 cm, c'est une plante à souche rampante qui émet de nombreux stolons feuillés grâce auxquels elle colonise rapidement l'espace environnant. Toute la plante est blanche ou grisâtre, tomenteuse et soyeuse.
Les tiges sont dressées, feuillées et elles ne se ramifient que dans leur région supérieure au niveau des corymbes.
Les feuilles caulinaires sont lancéolées, celles du haut seulement linéaires, tandis que celles des rejets stériles sont spatulées, et toutes ont une surface grise tomenteuse, surtout sur le revers.
Le Pied de chat est une plante dioïque: certains sujets portent des capitules de fleurs mâles et hermaphrodites, d'autres uniquement des fleurs mâles. Jaune pâle ou rougeâtres, les fleurs hermaphrodites portent un duvet rouge et forment des capitules aux involucres blancs ou rosés. Les autres fleurs, rougeâtres ou roses, sont munies d'un duvet blanc et les bractées de leur involucre sont d'habitude pourprées, rarement blanches et toujours plus longues que les fleurs. Enfin les capitules forment par 3—13 des inflorescences corymbiformes.
Les fruits sont des akènes.
La floraison a lieu de mai à juillet et la plante forme le plus souvent de véritables et vastes colonies dans les bois clairs et secs, surtout les pinèdes, dans les clairières, à la lisière des forêts, mais aussi sur les pelouses sèches, les rochers, dans les pâtures et les bruyères. Cette plante évite les sols calcaires, et en France elle est surtout montagnarde.
Le Pied de chat existe en Europe moyenne et septentrionale, en Sibérie et en Amérique du Nord. Il peut monter jusqu'à 2850 m dans les Alpes.
On utilise encore les fleurs en tisane adoucissante et pectorale, et on a aussi tressé des couronnes avec les fleurs sèches.

HOMOGYNE DES ALPES — *Homogyne alpina (L.) CASS.*

C'est une plante vivace d'une trentaine de cm au plus, à souche fine couverte d'écailles laineuses et qui porte de nombreux rejets feuillés.

Les tiges dressées, grises et tomenteuses, sont souvent lavées de rouge ou de brun. Elles portent généralement deux écailles embrassantes et un capitule terminal. Les feuilles pétiolées sont coriaces, en cœur, réniformes, et légèrement crénelées. Leur revers est souvent lavé de violet et elles sont groupées en rosette. Les fleurs d'un violet sale sont en majorité tubuliformes et composent un capitule cylindrique.
Les fruits sont des akènes munis d'une aigrette. La floraison a lieu dans les forêts de montagne de mai à juillet, dans les clairières et parmi les végétaux nains qui succèdent à la forêt en altitude. On la trouve dans toutes les montagnes d'Europe.

LIS MARTAGON — *Lilium martagon L.*
Famille: Liliacées

Le Lis martagon est vivace comme tous les Lis. Il peut atteindre 1 m de haut, et il est pourvu dans le sol d'un bulbe ovoïde profondément enfoui de couleur jaunâtre.
Les tiges sont dressées, d'habitude rougeâtres et feuillées seulement dans leur partie médiane.
Les feuilles sont allongées ou subovales-lancéolées, celles du bas et celles du haut alternes, les médianes généralement verticillées.
Les grandes fleurs caractéristiques ont un périanthe pourpré et taché de brun, formé de pétales retroussés en arrière. Les 6 longues étamines à anthères rouges sont saillantes. La fleur dégage un parfum assez agréable et elle est pollinisée par les insectes nocturnes. Les fruits sont des capsules qui contiennent des graines brunes et plates.
Le Lis martagon fleurit de juin en août. C'est une plante des bois feuillus, des clairières et des coteaux broussailleux qui affectionne les sols calcaires. En France on trouve ce Lis presque uniquement en montagne. Il existe dans toute l'Europe, en Asie tempérée et jusqu'au Japon.
Les sangliers recherchent ses bulbes avec passion, et ils sont capables d'en détruire complètement les stations où ils sont passés. Sa cueillette est interdite dans beaucoup de pays.

MUGUET — *Convallaria majalis L.*

C'est une herbe vivace d'une trentaine de cm de haut, à rhizome rampant et articulé qui émet chaque année 2—3 feuilles pétiolées, elliptiques et lancéolées.

Pied de chat *Gnaphale des bois*

Homogyne des alpes

Lis martagon *Muguet*

La hampe florale, plus courte que les feuilles, apparaît latéralement et sort d'une écaille engainante.
Les fleurs, délicieusement parfumées, ont un périanthe blanc ou flavescent, entier, en forme de clochette. Elles sont inclinées, brièvement pédonculées et forment une grappe unilatérale.
Les fruits sont des baies rouges qui contiennent plusieurs graines.
Le Muguet fleurit de mai à juin et forme souvent de véritables tapis dans les bois ombragés de feuillus, dans les bocages, les clairières et les prairies de mon-

tagne. Il se trouve dans presque toute l'Europe et en Asie tempérée septentrionale, à l'est jusqu'en Chine et au Japon. On le trouve aussi çà et là en Amérique du Nord.
Il contient des glucosides toxiques: la convallotoxine, le convalloside, le convallataxol, une saponine, la convallarine, un alcaloïde, la majaline, divers acides, des essences parfumées, et des cristaux de carbonate de calcium. Ces substances diffusent même dans l'eau des fleurs coupées. Elles agissent sur le cœur comme la digitaline et la tige, le rhizome et surtout les fleurs sont récoltés pour la fabrication de médicaments. La médecine populaire l'utilise depuis le XVIe siècle contre les affections cardiaques, l'apoplexie et l'épilepsie. Les fleurs, riches en saponine, étaient également séchées et ajoutées aux tabacs à priser. Elles sont également utilisées dans l'industrie des parfums.

PARISETTE — *Paris quadrifolia L.*

La Parisette est une curieuse plante vivace d'une trentaine de cm de haut, à souche rampante et écailleuse. C'est à l'aisselle d'une de ces écailles qu'apparaît une tige dressée qui porte un seul verticille formé ordinairement de 4 feuilles, mais qui peuvent n'être que trois ou parfois aller jusqu'à 7. Ces feuilles largement elliptiques sont sessiles.
La fleur terminale et solitaire est portée par un long pédoncule. Elle est de type 4: les sépales verts et lancéolés, les pétales jaunes et en alêne, étalés en étoile, persistent après la fructification.
Les fruits sont de grosses baies d'un noir brillant et portent les restes réfléchis des pièces florales. Ils contiennent des graines brunes hémisphériques.
La Parisette fleurit de mai à juin. C'est une plante des bois feuillus et mêlés, des forêts, des bocages et des broussailles de l'Europe moyenne et septentrionale, plus rarement méridionale, d'Asie tempérée, de la Sibérie jusqu'à l'Altaï.
Les baies sont un poison violent. Toute la plante contient une saponine d'une extrême amertume, la paristyphine, de la paridine, de l'asparagine, de l'acide citrique, etc. Les graines contiennent en outre une matière lipidique et les baies une teinture rouge. La souche a une saveur brûlante et les feuilles écrasées dégagent une odeur fétide.
La médecine populaire utilisait autrefois la Parisette pour se protéger des maladies infectieuses et les feuilles servaient comme topiques sur les plaies et les abcès. Mais c'est une plante trop dangereuse pour qu'on puisse en recommander l'emploi.

SCEAU DE SALOMON — *Polygonatum multiflorum (L.) ALL.*

C'est une belle plante vivace, haute d'un mètre, à rhizome très épais et ramifié qui émet chaque année des tiges feuillées qui laissent en disparaissant des cicatrices arrondies en forme de sceau, d'où le nom vulgaire de cette espèce.
Les tiges ont une section circulaire. Elles sont inclinées vers le sol et portent d'abondantes feuilles alternes, ovales à elliptiques, rétrécies en coin à la base. Le revers du limbe est grisâtre.
Les fleurs sont petites et inodores. Le périanthe est entier, en forme de tube étroit découpé en 6 lobes verdâtres et duveteux. Ces fleurs blanches sont groupées par bouquets de 2—5 pour former des grappes pauciflores axillaires.
Les fruits sont des baies bleuâtres, d'un goût douceâtre et écœurant à la maturité qui renferment des graines sphériques et aplaties.
Le Sceau de Salomon fleurit de mai à juin dans les bois ombragés, surtout dans les hêtraies et les pinèdes, dans les fourrés, les buissons au bord de l'eau, mais aussi sur les coteaux et les rochers. Il préfère les sols calcaires.
A l'exception de la zone arctique, il existe dans toute l'Europe, en Asie tempérée et jusqu'au Japon. On le trouve aussi en Amérique du Nord.
Il contient probablement les mêmes sucs que le Muguet, mais il est infiniment moins toxique. Le rhizome est encore utilisé avec succès, coupé en tranches, pour ramollir les cors aux pieds qu'on peut ensuite extraire sans douleur.

AIL DES OURS — *Allium ursinum L.*

Voici encore une liliacée vivace d'une cinquantaine de cm de haut. On la reconnaît tout de suite à sa terrible odeur d'ail et à ses bulbes allongés mais très petits. Les tiges sont nues, de section triangulaire ou arrondie et la plante n'a que deux feuilles terrestres, larges, elliptiques et lancéolées, amincies en un long pétiole.
Les fleurs atteignent 1 cm de diamètre. Le périanthe de type 6 est d'un blanc lumineux, étalé en étoile. Les fleurs sont pédonculées et forment une ombelle

arrondie. Sous l'inflorescence se trouve un involucre caduc formé de 2—3 bractées.
Les fruits sont des capsules et les graines, disséminées par les fourmis, ne germent qu'au bout de 14 mois.
L'Ail des ours fleurit de mai à juillet et vient ordinairement par vastes colonies dans les bois feuillus ombragés, le long des ruisseaux dans les forêts et sous le couvert des végétaux nains en montagne.
A l'exception de la zone méditerranéenne proprement dite, on le trouve dans toute l'Europe, en Asie Mineure, dans le Caucase, en Sibérie et au Kamtchatka.
Les feuilles et les bulbes ont été autrefois utilisés en médecine populaire. Son odeur, bien plus fétide que celle des ails potagers, se communique au lait des bêtes qui en ont brouté, et sa présence dans un fourrage le rend inutilisable.

PETIT MUGUET — *Majanthemum bifolium (L.) SCHM.*

Haut d'une vingtaine de cm, le Petit Muguet est une herbe vivace à souche fine et traçante qui porte des tiges dressées qui n'ont ordinairement que 2 feuilles, rarement 3 ou au contraire une.
Les feuilles sont ovales en cœur, aiguës, nettement veinées et elles dégagent à l'état sec un léger parfum de coumarine. Le pétiole est très réduit.
Les fleurs ont un court pédoncule qui porte un périanthe de type 4, blanc ou jaunâtre, étalé en étoile. Elles dégagent une odeur faible mais agréable et forment des ombelles de 2—3 fleurs, elles-mêmes groupées en grappe.
Les fruits sont de petites baies d'abord roses tachées de brun, puis rouges à la maturité.
Le Petit Muguet fleurit d'avril à juin et vient surtout dans les forêts fraîches. Il est presque toujours associé au hêtre, mais vient aussi dans les tourbières de la plaine jusqu'à 2100 m d'altitude.
On le trouve dans toute la zone tempérée de l'hémisphère Nord et on ne lui connaît aucun usage.

PERCE-NEIGE — *Galanthus nivalis L.*
Famille: Amaryllidacées

C'est une petite plante vivace par son bulbe, d'une trentaine de cm de haut tout au plus, dont le bulbe est recouvert de 3 écailles brunes et qui émet, parfois avant même que la neige soit complètement fondue, 2 feuilles linéaires grisâtres, et une hampe dressée. Cette hampe porte, à l'aisselle d'une bractée verte

à marge scarieuse, une fleur unique, d'odeur peu agréable, blanche, à pédoncule réfléchi.
Les 3 pièces internes du périanthe sont droites, courtes et découpées en cœur au sommet avec une tache verte près de la pointe; les 3 pièces externes sont d'un blanc pur (dû, chose assez rare, à un pigment blanc) et nettement plus longues. La fleur comporte 6 étamines à anthères jaunes.
Les fruits sont des capsules triloculées qui contiennent des graines munies d'une excroissance dont les fourmis sont friandes, ce qui assure leur dispersion. Toute

la plante se flétrit très rapidement après la floraison. Celle-ci a lieu dès le mois de février et en mars. La Perce-neige est une espèce caractéristique des bois de plaine, des broussailles et des fourrés humides, plus rarement des prairies.
On la cultive souvent dans les jardins, où on en connaît une forme à fleurs pleines.
Elle existe dans toute l'Europe, des Pyrénées jusqu'au Don, en Crimée, dans le Caucase et en Asie Mineure. En France elle n'est spontanée que dans les Pyrenées, le centre et l'Ouest. Ailleurs elle n'est que subspontanée.

NIVÉOLE DE PRINTEMPS *(aussi PERCE-NEIGE)* — *Leucoium vernum L.*

La Nivéole de printemps est une herbe vivace à bulbe sphérique atteignant 2 cm de diamètre. Ce bulbe produit de 3 à 4 feuilles étroitement rubannées, longues d'une trentaine de cm, d'un beau vert sombre et brillant, entre lesquelles apparaît une hampe qui porte une bractée, très rarement deux, à l'aisselle de laquelle on trouve une fleur unique portée par un court pédoncule réfléchi.
Les fleurs de type 6 sont d'un blanc légèrement crémeux et chaque lobe de la corolle porte à son sommet une petite tache verte.
Cette Nivéole fleurit de février à avril dans les bois de la plaine (mais aussi en montagne, par exemple dans les Vosges et le Jura), les forêts feuillues et ombragées, dans les aulnaies, les hêtraies et parfois dans les prairies.

CALAMAGROSTIS TERRESTRE — *Calamagrostis epigeios (L.) ROTH.*
Famille: Graminacées

C'est une herbe vivace qui atteint 1,50 m de haut et qui forme de fortes touffes puissamment enracinées. La souche est grosse, rejetante et rampante, de couleur vert-gris. Les tiges sont rigides et très scabreuses sous les panicules.
Les feuilles atteignent 1 cm de large, elles sont rugueuses ainsi que les gaines, parfois planes, parfois enroulées. La ligule est frangée.
Les épillets, verts ou bruns, lavés de violet, forment une panicule fournie d'une trentaine de cm de long, lobée même pendant la floraison. Les glumes sont en alêne, les glumelles inférieures ont une consistance membraneuse et portent un faisceau de poils. Les arêtes sont plus longues que les glumes.

La floraison a lieu de juin à août. C'est une plante qui forme le plus souvent de vastes colonies dans les clairières, à la lisière des bois, sur les coteaux broussailleux et les rives sableuses. Elle est commune dans presque toute l'Europe et en Asie occidentale, orientale et septentrionale.
C'est une espèce très variable qui a donné naissance à un grand nombre de «races».
Sur les sols calcaires on trouve également le

CALAMAGROSTIS FAUX-ROSEAU — *Calamagrostis arundinacea (L.) ROTH.*

C'est aussi une espèce rejetante mais aux touffes beaucoup plus modestes et aux feuilles d'un vert sombre et brillant.
Les forêts des montagnes d'Europe moyenne et méridionale, et d'Asie tempérée abritent également le

CALAMAGROSTIS BARIOLÉ — *Calamagrostis varia SCHRAD. HOST.*

Enfin dans les forêts humides d'Europe moyenne et du Nord on trouve le

CALAMAGROSTIS LANCÉOLÉ — *Calamagrostis canescens (WEB.) ROTH.*

SABOT DE VÉNUS — *Cypripedium calceolus L.*
Famille: Orchidacées

C'est une Orchidée vivace qui atteint 50 cm de haut, à souche écailleuse, rampante et courte, pourvue de forts filaments racinaires.
Les tiges sont dressées, écailleuses à la base et portent de 3 à 4 feuilles alternes, de forme largement lancéolée, sessiles et embrassantes. Le limbe porte des nervures saillantes caractéristiques.
C'est à l'aisselle d'une bractée foliacée qu'apparaît la fleur caractéristique, qui comprend 6 pièces de la même couleur brun-pourpre. Les deux sépales latéraux sont concrescents et forment une pièce à deux pointes, le sépale supérieur est ovale-lancéolé, dressé, et les deux pétales latéraux sont lancéolés et écartés. Enfin, le pétale inférieur, appelé labelle, est renflé en sabot, jaune citron tacheté de rouge et veiné à l'intérieur. C'est à ce labelle que la plante doit son nom dans la plupart des langues. En fait, c'est un subtil piège à insectes: ceux-ci ne peuvent

sortir de sa prison qu'après avoir pollinisé la fleur et s'être collé sur la tête du pollen qui assurera d'autres fécondations.
Les fruits sont des capsules qui contiennent un nombre énorme de graines imperceptibles.
La floraison a lieu de mai à juillet. Le Sabot de Vénus est devenu une véritable rareté qu'on trouve parfois dans les bois de feuillus, les clairières broussailleuses et sur les coteaux, surtout en terrain calcaire. En France, il croît surtout sur le Plateau de Langres. C'est une plante d'Europe moyenne et septentrionale, qui vient également dans la région du Caucase et en Sibérie.

CÉPHALANTHÈRE PÂLISSANTE — *Cephalanthera damasonium (MILL.) DRUCE.*

C'est une plante vivace d'une cinquantaine de cm de haut, à souche rampante et à tiges glabres, écailleuses à la base et feuillées jusqu'au sommet.
Les feuilles alternes sont ovales-allongées à ovales-lancéolées et sessiles-embrassantes. Elles diminuent de taille vers le haut de la tige pour se transformer graduellement en bractées.
Les fleurs sont d'un blanc jaunâtre et forment un épi lâche par 5—8.
La floraison a lieu de mai à juin dans les bois clairs de feuillus et dans les buissons de la plaine jusqu'à 1300 m d'altitude.
C'est une plante d'Europe moyenne et méridionale qui remonte jusqu'au Danemark et jusqu'en Scandinavie, et qu'on trouve également dans les régions caucasiennes et en Asie Mineure.
En France, elle est fréquente dans les haies calcaires de noisetiers. Elle a la particularité de n'être fécondée que par les guêpes, et c'est peut-être la seule fleur que les guêpes visitent.

CÉPHALANTHÈRE ROUGE — *Cephalanthera rubra (L.) RICH.*

Elle se distingue de la précédente par une taille plus faible et par ses belles fleurs d'une belle couleur rouge ou purpurine.

EPIPACTIS À LARGES FEUILLES — *Epipactis helleborine (L.) CRANTZ.*

C'est encore une Orchidée vivace à larges feuilles,

Nivéole de printemps (aussi Perce-neige)

Calamagrostis terrestre

Sabot de Vénus

Céphalanthère pâlissante

Epipactis à larges feuilles

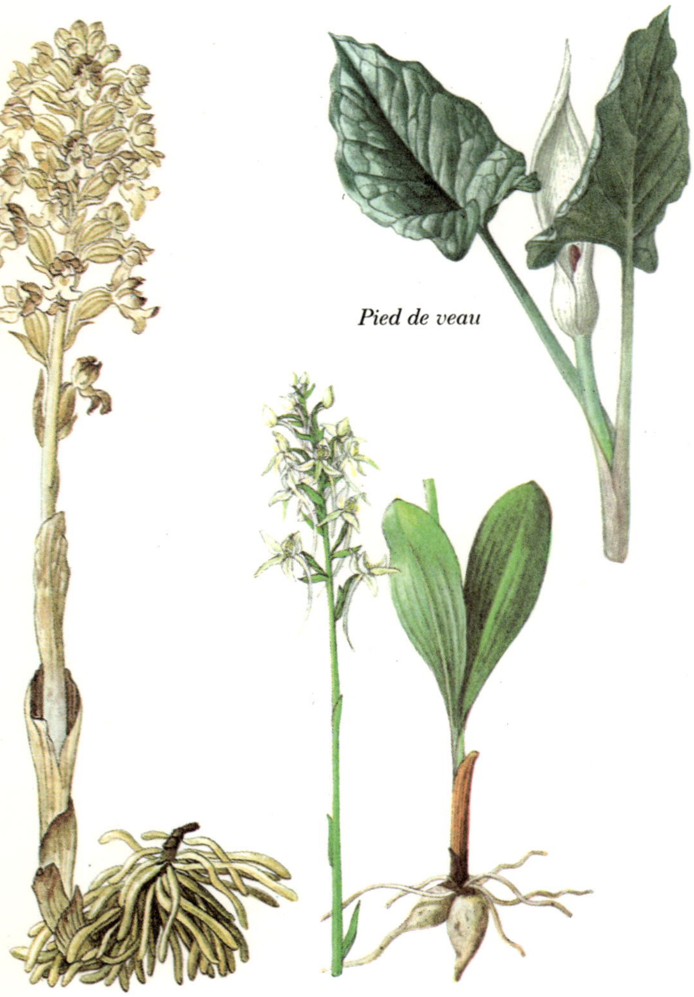

Pied de veau

Néottie nid d'oiseau *Platanthère à deux feuilles*

d'une cinquantaine de cm de haut, à courte souche épaisse qui porte des rejets stériles.
Les tiges sont dressées, parfois lavées de violacé, pubescentes au sommet, brunes et écailleuses à la base.
Les feuilles sont largement lancéolées à ovales-allongées, embrassantes par la base, celles du haut se transforment en bractées, pubescentes au revers.
Les fleurs sont verdâtres ou rose sale et portent deux gibbosités sur le devant du labelle. L'éperon est absent. D'abord inclinées, les fleurs sont écartées de la tige au moment de la floraison et forment un épi unilatéral, lâche et allongé.
La floraison a lieu de juin à août. C'est une plante des bois feuillus, rarement de conifères, qu'on trouve dans les clairières, dans les pelouses abritées et les broussailles. Elle existe dans l'ensemble de l'Europe à l'exception du nord, en Asie tempérée et jusqu'au Japon, dans l'Himalaya et en Afrique du Nord. C'est une espèce très variable.
Sur les sols calcaires des forêts claires d'Europe, des régions caucasiennes et de la Perse septentrionale, on trouve une espèce voisine:

EPIPACTIS CRAMOISI — *Epipactis atrorubens (HOFFM.) SCHULT.*

qui se caractérise par des fleurs pourpre foncé et délicatement parfumées.

NÉOTTIE NID D'OISEAU — *Neottia nidus-avis (L.) RICH.*

C'est une plante vivace, sans chlorophylle, d'une trentaine de cm de haut. Elle est munie d'une courte souche et d'un grand nombre de racines charnues et fasciculées, entremêlées et disposées à la façon d'un nid.
Les tiges ocre cireux portent plusieurs écailles appliquées. Les petites fleurs jaunâtres à fort parfum de miel sont dépourvues d'éperon et se caractérisent par un périanthe en casque. Elles apparaissent à l'aisselle de bractées lancéolées et sont pollinisées par les mouches.
Cette Néottie se nourrit des sucs des végétaux en putréfaction. Elle fleurit de mai à juin et les hampes florales persistent longtemps après le temps de la floraison. C'est une Orchidée des bois ombragés, surtout de hêtres, et rare sous les conifères.
Elle existe dans l'ensemble de l'Europe, au nord jusqu'en Islande, dans les régions caucasiennes et dans l'Oural. Elle n'est jamais commune.

PLATANTHÈRE À DEUX FEUILLES — *Platanthera bifolia (L.) RICH.*

L'Orchis à deux feuilles (c'est son nom usuel) est une Orchidée vivace qui compte deux bulbes ovoïdes ou allongés qui émettent une tige dressée, creuse ou cannelée. Ces tiges portent à la base deux écailles brunâtres et un peu plus haut 1 à 3 petites feuilles scarieuses.
A la base de la tige on trouve également deux feuilles opposées largement ovales.
Les grandes fleurs blanchâtres et délicieusement parfumées ont un éperon bien visible, parfois verdâtre, à extrémité amincie. Elles forment un épi lâche et cylindrique.
La floraison a lieu de juin à juillet. C'est une plante des bois clairs, mais surtout des prairies calcaires qui peut monter jusqu'à 2000 m d'altitude.

On la trouve dans toute l'Europe moyenne, en Asie Mineure, dans le Caucase, en Sibérie et en Afrique du Nord.
Dans les mêmes stations croît aussi la

PLATANTHÈRE À FLEURS VERTES — *Platanthera chlorantha (CUST.) RCHB.*

Cette Orchidée à fleurs verdâtres est pourvue d'un éperon renflé à son extrémité. Elle est plus rare que la précédente.

PIED DE VEAU — *Arum maculatum L.*
Famille: Aracées

Voici pour finir une plante vivace d'une cinquantaine de cm de haut, pourvue dans le sol d'une souche tuberculeuse qui émet des feuilles longuement pétiolées à limbe ovale-allongé à hasté, groupées autour d'une tige dressée, écailleuse à la base, et qui porte un spadice terminal enfermé dans une large spathe. Celle-ci est généralement d'un blanc verdâtre parfois lavée de rouge sur les bords et tachetée de rouge à l'intérieur. Elle atteint 15 cm de long et s'étrangle à la base de façon caractéristique.
La spathe enferme l'inflorescence, le spadice, formé de fleurs femelles à la base, de fleurs mâles dans la région médiane, surmontées par des fleurs stériles renflées en filaments épais et bulbeux. L'extrémité du spadice est nue et de couleur violacée. L'ensemble dégage une odeur très désagréable qui attire les insectes. Une fois prisonniers dans le cornet formé par la spathe, où règne une température supérieure à la température ambiante et où ils se nourrissent du nectar sécrété par les stigmates pollinisés, les insectes ne peuvent ressortir qu'après avoir accompli la pollinisation des fleurs et récolté du nouveau pollen. Les fruits sont des baies rouges toxiques qui contiennent plusieurs graines et les fructifications n'apparaissent qu'en été, quand le reste de la plante est déjà flétri.
Le Pied de veau fleurit entre avril et mai, et pousse dans les bois humides, les hêtraies et les broussailles. Il préfère les sols calcaires et vient en Europe moyenne et méridionale, dans le Caucase, en Algérie et à Madère.
Toute la plante, mais surtout la souche, est gorgée de sucs vénéneux: d'aroïne, d'une saponine, et d'un glucoside qui libère de l'acide cyanhydrique en se décomposant. Ces poisons agissent sur le cœur, mais sont éliminés par la cuisson, le séchage et la torréfaction La plante entière a une saveur terriblement brûlante due à des aiguilles de citrate de calcium. La souche contient jusqu'à 70% d'amidon: après la cuisson qui élimine à la fois la toxicité et le goût, il reste une substance comestible qui servait autrefois par endroits à «allonger» la farine, ou qui était vendue comme amidon sous le nom de «tapioca de Portland», ou de «Arrow-root de Portland». En France on s'est longtemps servi de cet amidon pour empeser les cols et les plastrons de chemises. C'est aussi depuis toujours une plante magique qui chassait les mauvais esprits, protégait les nouveau-nés dans leur berceau et apportait l'amour aux mal-aimés . . . Dans certaines régions d'Allemagne, le suc des baies servait aux jeunes filles de fard économique pour leurs joues.

VÉGÉTAUX LIGNEUX

ÉPICÉA — *Picea excelsa LINK.*
Famille: Pinacées

L'Epicéa est un arbre qui peut atteindre 50 m de haut (il y en avait un dans la forêt de la Joux, dans le Jura, qui mesurait 60 m), pourvu d'un système

Épicéa

radiculaire étalé et peu profond et sans pivot, si bien qu'il peut être assez facilement déraciné.
La cime est aiguë et pyramidale et les branches sont distribuées en verticilles réguliers. C'est le plus géométrique de nos conifères.
Les feuilles aiguës, les aiguilles, semblent écartées latéralement à la face inférieure des rameaux. Elles peuvent persister sur leur branche pendant près de 7 ans avant de tomber.
Les inflorescences mâles apparaissent à l'aisselle des aiguilles sur les rameaux de l'année précédente. D'abord de couleur rouge, elles deviennent jaunâtres en vieillissant. Les inflorescences femelles sont groupées aux extrémités des rameaux au plus haut de la ramure. Egalement de couleur rouge, elles sont

Pin sylvestre

pendantes même avant la pollinisation. Les cônes sont fuselés, pendant sous leur poids, et ne se désintègrent pas pour laisser sortir leurs graines.
L'Epicéa fleurit d'avril à juin. C'est un arbre originaire des montagnes d'Europe centrale et septentrionale qui s'étendait jusqu'en Laponie et dans les régions du nord de l'U.R.S.S. Il est arrivé dans les montagnes françaises après la dernière glaciation venant de l'est, alors que tous les feuillus sont remontés du Midi. A l'est, il touche aujourd'hui le bassin de la Volga, on le trouve dans les montagnes balkaniques, rarement dans les Pyrénées, où il a sans doute été introduit.
Mais son aire d'extension ne cesse de s'accroître, car il est planté partout pour son bois droit à croissance rapide, et dont les usages sont innombrables. Toutefois, chez nous c'est un arbre d'altitude qui n'atteint un grand âge et toute sa taille qu'à partir de 800—900 m d'altitude. De même ce n'est que là qu'il donne des semis naturels. En plaine, il a beau donner des graines fertiles, il ne se régénère jamais.

SAPIN — *Abies alba MILL.*

C'est un arbre puissant, qui atteint lui aussi 60 m de haut, au tronc tout droit et à ramure pyramidale ou cylindrique moins symétrique que celle de l'Epicéa. Chez les sujet âgés, dont les branches inférieures sont tombées, la cime est presque plane. L'écorce est lisse, d'un gris blanchâtre, et les branches sont implantées en verticilles presque horizontaux.
Les aiguilles planes et obtuses portent deux raies blanches au revers et sont implantées sur deux rangs dans un seul plan latéral, comme celles d'un peigne.
Le Sapin fleurit de mai à juin: les fleurs mâles solitaires sont cylindriques et jaunes, avec des anthères d'abord orange, puis jaunes. Les fleurs femelles sont groupées en cônes qui apparaissent sur le dessus des branches déjà lignifiées. Ces cônes restent dressés même à maturité et perdent leurs écailles sur l'arbre.
Le Sapin croît naturellement dans les montagnes d'Europe moyenne et méridionale et en Asie Mineure. En France, ses stations extrêmes se trouvent en Normandie. Cependant, en Europe centrale, par suite peut-être d'une diminution de l'humidité atmosphérique, cette espèce semble en régression depuis quelques années. Il lui faut une altitude de 800 à 1000 m, et autrefois dans les Vosges elle était seule, car l'Epicéa n'y été qu'introduit.

Sapin

Le bois est léger, rosé, de bonne qualité, résistant à l'humidité, et il porte des cernes annuels bien marqués. Les canaux sécréteurs de résine ne sont pas dans le bois mais dans l'écorce où ils forment des sortes de verrues.
On en a obtenu toute une série de formes, comme pour l'Epicéa, qui ornent les jardins.

PIN SYLVESTRE — *Pinus sylvestris L.*

C'est un arbre d'une quarantaine de m de haut, à forte racine pivotante dont le houppier est généralement large et plan. Le tronc est souvent tortueux et les branches ont des formes torturées. L'écorce est d'abord verdâtre, puis d'un rouge caractéristique. Quand elle atteint un certain âge, elle s'écaille par grosses plaques épaisses.
Les aiguilles longues de 5 à 7 cm sont groupées par faisceaux de deux sur des rameaux très courts.
Les fleurs mâles, d'un jaune soufré, contiennent une foule d'étamines et sont groupées en épis ovales sur la face inférieure des rameaux de l'année. Les fleurs femelles, d'un rose carné, sont solitaires ou groupées par 2—5 à l'extrémité des branches.
Les cônes sont d'abord verdâtres, puis bruns, ovales, pendants, et ils mettent deux ans pour atteindre leur maturité.
Le Pin sylvestre fleurit de mai à juin. C'est un arbre des sols sableux, des bruyères, des coteaux et des rochers — où il est particulièrement décoratif — de basse altitude (jusqu'à 600—700 m). C'est un des arbres les plus abondants de l'Europe moyenne et

Pin noir

Pin à crochets

Mélèze

septentrionale, ainsi que de l'Asie septentrionale. On le plante aujourd'hui sur de grandes étendues qui sans lui seraient stériles.

Le bois est très résineux et résistant à l'humidité, léger et plutôt mou. Il fournit éventuellement de la résine, mais beaucoup moins que le Pin maritime. L'écorce et les racines libèrent par distillation du goudron. Les bourgeons contiennent une huile essentielle et de la vitamine C: on en fait des infusions médicinales contre la bronchite, et à l'extérieur contre les rhumatismes. On en fait aussi des bonbons curieusement appelés «de bourgeons de sapin». Les aiguilles contiennent également un suc appelé pinisolvine, qui est bactéricide et tuberculostatique.

L'écorce est riche en fécule, qu'on voit briller en petits grains quand on la regarde au soleil. C'est pourquoi dans les temps de famine on en faisait une sorte de farine qui permettait d'attendre des temps meilleurs.

PIN NOIR — *Pinus nigra ARN.*

Ce Pin noir, appelé aussi Pin d'Autriche, est un arbre au large houppier à l'écorce d'un gris noirâtre. Dans la jeunesse, ses branches sont implantées en verticilles réguliers.

Les aiguilles rigides, qui mesurent jusqu'à 15 cm, sont groupées par faisceaux de deux et persistent sur l'arbre jusqu'à 4 ou 5 ans.

Les fleurs mâles, jaunâtres, sont groupées en inflorescences cylindriques. Les inflorescences femelles sont situées à l'extrémité des branches et prennent pendant la floraison une coloration pourprée. Après la pollinisation, les cônes s'écartent à l'horizontale. Ils mettent trois ans pour mûrir et sont alors grands, brillants, et tombent.

Le Pin noir fleurit de juin à juillet et pousse en sol calcaire de l'Espagne jusqu'aux Balkans, en Crimée et en Asie Mineure, en passant par l'Italie, la Corse et la Sicile. Au nord il monte jusqu'en Autriche, mais il est souvent planté dans toutes les stations sèches de toute l'Europe, ainsi que dans les parcs. Il n'est pas indigène en France et ne s'y trouve que planté. Il fournit un bois résineux surtout apprécié comme bois de charpente, mais il sert aussi à l'extraction de la résine et de la térébenthine.

PIN À CROCHETS — *Pinus mugho TURRA.*

Le Pin à crochets peut être un petit arbre, mais le plus souvent on le rencontre sous la forme d'un arbuste rampant ou dressé, pourvu d'un tronc droit accompagné de plusieurs troncs adjacents et plus ou moins couchés, à écorce grise et à branches ascendantes.
Les aiguilles sont d'un vert profond, légèrement recourbées, tordues et très finement dentées. Elles sont groupées par faisceaux de 2 et peuvent persister de 3 à 9 ans.
Les fleurs mâles sont jaunes, les femelles violâtres à pourprées et groupées par une ou deux à l'extrémité des pousses terminales.
Les cônes sont ovoïdes à coniques et peuvent être isolés ou groupés en verticilles de 2 à 4. Ils ont un port dressé, oblique ou horizontal et mûrissent au cours de la troisième année. Leurs écailles sont ornées d'une protubérance en forme de crochet qui a donné son nom vulgaire à cette espèce.
C'est une essence montagnarde européenne qu'on trouve souvent au-delà de la limite supérieure de la forêt ou sous sa forme arbustive plus ou moins couchée dans les tourbières de la plaine et des plateaux.
La forme de montagne fleurit en juin, la forme des tourbières plutôt en mai et les deux se localisent dans les montagnes européennes, les Pyrénées, les Apennins, les Karpates, les Alpes, le Jura et la péninsule Balkanique. La forme de haute montagne monte jusqu'à 2500 m d'altitude et forme alors des fourrés aplatis et impénétrables au-delà de la forêt proprement dite.

MÉLÈZE — *Larix decidua MILL.*

C'est un bel arbre qui atteint dans de bonnes conditions 50 m de haut, avec un système radiculaire énorme, à tronc droit et à houppier conique, irrégulier chez les sujets âgés. Il peut vivre jusqu'à 500 ans, et ses branches sont irrégulièrement implantées. Ses rameaux latéraux sont fins et pendants.
Les aiguilles sont longues, molles, d'un beau vert tendre, groupées par faisceaux au bout de rameaux tronqués appelés brachyblastes. Elles tombent en automne, après avoir pris toutes les couleurs du rouge et de l'or.
Les fleurs mâles sont d'un jaune soufré, sphériques et inclinées, les inflorescences femelles sont rouge carmin, parfois seulement rosées, verdâtres ou blanchâtres. Elles donnent à l'automne de petits cônes ovales et dressés.
Le Mélèze fleurit d'avril à juin et croît à l'état naturel dans les Alpes françaises, suisses et bavaroises ainsi que dans les Karpates et jusqu'aux plateaux polonais. Les anciennes constructions en bois montrent qu'il s'étendait autrefois beacoup plus loin à l'est. De nos jours il est souvent planté en Europe du centre et de l'Ouest où il a formé des races écologiques et géographiques. En France, les Mélèzes du Sundgau aux environs d'Altkirch sont en particulier adaptés au climat de la plaine. C'est un arbre très exigeant en lumière et qu'on trouve souvent le long des chemins forestiers. En France, il forme de belles forêts dans les Alpes méridionales au-dessus de 1500 m d'altitude. Le bois est magnifique et très estimé. C'est le seul conifère qui ait une valeur d'ébénisterie, à cause de sa compacité, de ses veines superbes et de sa riche couleur rouge. Autrefois on en faisait des mâts de bateaux et en le creusant des tuyaux pour conduire l'eau des sources. Sa résine est presque liquide et ressemble à du miel.

ORME BLANC — *Ulmus laevis PALL.*
Famille: Ulmacées

C'est un arbre robuste à ramure étalée. Les jeunes

Orme blanc

branches sont d'un brun brillant, les plus anciennes grises et les bourgeons atteignent 1 cm de long et présentent une extrémité aiguë.
Les feuilles ont un court pétiole et un limbe irrégulier à la base. Elles ont un revers tomenteux et une marge dentée.
Les petites fleurs à anthères rouges pendent par petits faisceaux au bout de longs pédoncules et la pollinisation se fait par le vent.
Les fruits sont des samarres arrondies, légèrement échancrées au sommet.
L'Orme blanc fleurit avant l'apparition des feuilles, entre mars et avril, et forme des bosquets le long des rivières, mais vient également dans les forêts mêlées humides et dans les buissons. On le plante fréquemment.
On le trouve en Europe centrale et du Sud-Est, dans le Caucase et l'Oural. Il semble presque inconnu en France.
Son bois comme celui de tous les Ormes est dur, lourd, compact, solide, et convient à une foule d'usages. Autrefois, on le réservait pour tous les travaux de charronnage, rais et essieux de voitures, etc. Son usage était également classique pour la fabrication des planches à hacher et pour les étals de bouchers.

Orme de montagne

ORME DE MONTAGNE — *Ulmus glabra HUDS.*

Cet Orme-ci, commun en France dans les régions de demi-montagne, a des feuilles rugueuses.
Les samarres sont ovales et au contraire de l'espèce précédente, irrégulières: l'akène se trouve à une distance de deux fois sa longueur de la marge antérieure.
C'est un arbre des forêts mêlées, des bois de plaine et de moyenne montagne de l'Europe moyenne et méridionale, du Caucase, de l'Asie Mineure et centrale, de Mandchourie et du Japon.

FRAMBOISIER — *Rubus idaeus L.*
Famille: Rosacées

Le Framboisier est un arbuste à rameaux simples, couverts surtout dans leur région antérieure d'aiguillons mous et peu vulnérants, souvent de couleur rougeâtre. Les tiges ne vivent que deux ans.
Les feuilles imparipennées se composent de 3—5 folioles blanches, tomenteuses au revers et dentées.
Les fleurs blanches renferment une quantité d'ovaires. Légèrement inclinées vers le sol, elles forment des panicules plutôt lâches au sommet des rameaux de l'année précédente.
Après la pollinisation les fleurs se transforment en petites drupes rouge ponceau ou parfois jaunâtres, portées par le réceptacle et forment un fruit complexe, la framboise.
La floraison a lieu en mai dans toute la zone tempérée de l'hémisphère Nord; dans les régions méridionales le framboisier ne se trouve qu'en altitude.
Les framboises font partie des «fruits rouges» et dans leur perfection allient toutes les qualités: saveur, parfum, couleur . . .
Depuis le XVIIe siècle, sa culture s'est généralisée en France, en Angleterre, puis aux Etats-Unis et la sélection a mis sur le marché de nombreux pieds à gros fruits, souvent remontants. Mais les espèces sauvages sont toujours les plus parfumées. On distille les framboises pour obtenir une eau-de-vie d'un prix élevé.
Les feuilles contiennent une forte proportion de vitamine C, de tannins et de flavones. On en fait un succédané du thé apprécié dans certains pays.

RONCE — *Rubus fruticosus L. spec. coll.*

Les Ronces sont des arbustes de taille très variable, à longs rameaux arqués, couchés ou rampants, parfois grimpants, couverts d'aiguillons acérés et de petites glandes en forme de soies dures. L'extrémité s'enracine facilement.
Les turions (c'est-à-dire les jeunes pousses) portent des feuilles palmées ou composées de 3—5 folioles, souvent piquantes sur l'arête, ovales et dentées.
Les pétioles portent également des aiguillons.
Les rameaux florifères portent d'habitude des feuilles composées de 3—5 folioles.
Les fleurs à calice velu ont une corolle blanche ou rosée et sont assemblées en panicules plus ou moins fournies selon les espèces aux aisselles des rameaux de deux ans.
Les ovaires nombreux, comme chez le Framboisier, donnent un fruit complexe formé de petites drupes noires, parfois bleuâtres et pruineuses. Ce sont les mûres.

Framboisier

Ronce

Merisier à grappes

La floraison a lieu de mai à août. Ce sont des végétaux communs dans les forêts, dans les clairières, les coupes récentes, les pâturages négligés, etc. On en trouve dans toute l'Europe.
L'espèce ainsi décrite est collective, et comprend en réalité rien que pour la France plus de 50 espèces différentes, mais dont la distinction est fort difficile, et on la laise d'habitude à des spécialistes, qui s'appellent des «batologues».
Les mûres sont des fruits acidulés et sucrés, un peu mucilagineux, qui permettent la fabrication d'excellentes gelées et de sirops pectoraux. Dans certaines régions de France, elles sont l'objet d'une curieuse méfiance, mais dans l'Est en particulier il s'en fait d'énormes récoltes qui se transforment en tartes, en beignets, en gelées, etc. Elles sont d'ailleurs connues depuis la néolithique.
Les feuilles sont très riches en substances astringentes, surtout des tannins, et on en fait des tisanes très efficaces en gargarismes contre les angines.

MERISIER À GRAPPES — *Prunus padus L.*

C'est un petit arbre à rejets un peu traçants et à branches écartées, souvent pendantes, rousses et brillantes.
Les feuilles sont pétiolées, subovales, aiguës, finement dentées et les pointes des indentations portent de petites glandes rougeâtres et caduques. Il se trouve également deux petites glandes à la naissance du pétiole. Les feuilles écrasées, surtout quand elles sont jeunes, dégagent un fort parfum d'amande amère.
Les fleurs blanches, très parfumées, forment des grappes pendantes d'une quinzaine de cm et ont aussi un relent cyanhydrique.
Les fruits sont des drupes noires disséminées abondamment par les oiseaux. La multiplication se fait aussi beaucoup par les rejets du pied et les branches enracinées.
Cet arbre fleurit d'avril à mai. C'est une espèce caractéristique des bois humides et des buissons des bords de l'eau. Il monte jusqu'à 1500 m en montagne et on le plante souvent comme arbre décoratif dans les parcs.
Il croît couramment en Ecosse et en Irlande, en France et jusqu'aux Pyrénées (mais il n'est jamais très commun quoique répandu), sporadiquement au Portugal et en Espagne occidentale, dans les Alpes, au nord de la péninsule Balkanique, en Arménie, en Afghanistan et dans l'Himalaya. En Asie centrale, son aire d'extension va jusqu'au Kamtchatka et en Sibérie.
A l'exception des fruits, toute la plante contient un glucoside toxique, l'amygdaline, qui se dégrade en acide cyanhydrique et en prulaurasine. Les drupes sont depuis toujours utilisées pour fabriquer des jus et des confitures, et de nos jours encore on en fait une eau-de-vie dans certaines régions d'Europe. En France, il n'y a aucune trace de son usage, sans doute parce que nous avons mieux comme arbres fruitiers, et aussi parce que cet arbre n'est pas assez commun pour justifier une exploitation suivie.
L'écorce servait autrefois comme remède contre le paludisme, la goutte, le rhumatisme, et aussi contre les troubles digestif et la syphilis. L'écorce interne, qui est verte, fournissait une teinture pour les tissus.
Le bois de ce Merisier est mou, également parfumé à l'amande amère. On en faisait autrefois des crosses de fusils et toutes sortes d'objets tournés. Les branches droites ont servi à faire des tuyaux de pipes dits en merisier, mais on a toujous préféré pour cet usage le Cerisier mahaleb, plus compact et plus agréablement parfumé.

SORBIER DES OISELEURS — *Sorbus aucuparia L.*

Le Sorbier est un arbuste et souvent un arbre à ra-

Sorbier des oiseleurs

Églantier des Alpes

meaux duveteux dans le jeune âge, gris-brun ou roux qui portent des bourgeons velus.
Les feuilles imparipennées sont formées de 4 à 9 paires de folioles allongées-lancéolées, fortement dentées et velues au revers.
Les petites fleurs blanches ont un calice pelucheux et une vingtaine d'étamines saillantes. Elles ont un parfum de triméthylamine et forment de larges inflorescences en panicules corymbiformes.
Les fruits sont de petites sphères rouges, très recherchées par les oiseaux.
Le Sorbier fleurit de mai à juillet. C'est un arbre des bois clairs, des clairières et des coteaux broussailleux et rocheux. Il monte jusqu'au sommet des montagnes, souvent au-delà de la limite supérieure de la forêt et on le plante souvent le long des routes forestières en altitude.
Il se trouve dans presque toute l'Europe, surtout dans le nord, en Asie Mineure et en Asie occidentale. Il est abondamment cultivé en Amérique du Nord comme arbre d'ornement. En France il n'existe guère que dans les massifs montagneux.

ÉGLANTIER DES ALPES — *Rosa pendulina L.*

C'est un vaste arbuste aux rameaux retombants qui se caractérise par une absence à peu près totale d'épines. Le peu qu'il en a se cantonne dans la région inférieure des branches où elles sont éparses et très fines.
Les feuilles vert sombre, toutes délicates, comportent de 7 à 11 folioles qui sont parfois jusqu'à 3 fois dentées.
Les grandes fleurs solitaires sont rouges. Leur pédoncule se reconnaît aisément aux petites glandes caractéristiques en forme de soies dont il est recouvert.
L'Eglantier des Alpes est une plante d'ombre et de lieux humides. Il se plaît surtout dans les forêts de chênes et de sapins, les broussailles des bords de l'eau et les fourrés, surtout en montagne. Il monte jusqu'à 2600 m d'altitude dans les Alpes et fleurit de mai en juillet.
C'est un arbuste courant en Europe moyenne et méridionale, qui présente une quantité de formes locales. Il est connu des botanistes français sous le nom de *Rosa alpina*, et ne se trouve chez nous qu'assez ou très haut dans toutes nos montagnes. C'est en tout cas la plus belle de nos églantines.

FAUX-ACACIA — *Robinia pseudo-acacia L.*
Famille: Papilionacées

Le Faux-Acacia est un arbre de première grandeur, parfois quand il est constamment recépé, un simple arbuste à rejets racinaires innombrables qui s'étendent très rapidement et colonisent en très peu de temps tout l'espace disponible.
Les organes jeunes portent de fortes épines falciformes qui proviennent de la transformation des stipules, brillantes et de couleur rougeâtre.
Les feuilles pétiolées sont imparipennées et comportent de 4 à 9 paires de folioles pétiolées, elliptiques et ovales.
Les fleurs papilionacées qui s'épanouissent de mai à juin sont fortement parfumées, d'une odeur qui rappelle la fleur d'oranger. Elles présentent un calice velu et une corolle blanche à étendard légèrement verdâtre en son milieu.
Les fruits sont des gousses moyennes et plates.
Originaire d'Amérique du Nord où il pousse à l'état sauvage dans les forêts feuillues de Caroline et de Virginie, le Faux-Acacia a pénétré artificiellement en Europe au début du XVIIe siècle, et le premier exemplaire se trouve encore au Jardin des Plantes à Paris. Il a colonisé à la même époque également l'Afrique du Nord, le Proche-Orient, et l'Asie occidentale ainsi que la Nouvelle-Zélande.
Les graines contiennent une huile industrielle. Elles ont servi, en temps de famine, et une fois moulues, à «rallonger» la farine et à la fin de la deuxième guerre mondiale cet usage a connu un renouveau

trop compréhensible... Torréfiées, elles donnent un ersatz de café aussi mauvais, mais pas plus, que tous les autres. Les gousses fraîches sont utilisées en Amérique pour fabriquer un sirop fortement enivrant et même narcotique.
Le bois est dur, brun, résistant à l'humidité et brûle bien même vert. On l'utilise spécialement pour fabriquer des échales pour la vigne et des piquets de pâtures.
Les fleurs fortement parfumées sécrètent un nectar abondant et les abeilles en tirent un miel très fin et qui ne cristallise que très lentement. En Alsace, on en fait des beignets, et en Turquie des sorbets.

Faux-Acacia

NOISETIER — *Corylus avellana L.*
Famille: Cupuliféracées

C'est un arbuste imposant par les touffes considérables qu'il produit d'habitude, et quelquefois, mais très rarement, un arbre, dont les jeunes rameaux sont couverts de poils glanduleux. Il se multiplie rapidement par les nombreuses pousses secondaires qui sortent de sa souche.
Les feuilles pétiolées ont un limbe arrondi-subovale, légèrement cordiforme à la base et deux fois denté au bord. Elles sont toutes couvertes de poils glanduleux.
Les fleurs mâles sont groupées en chatons qui peuvent mesurer jusqu'à 5 cm de long. On les trouve sur les rameaux tout formés dès l'automne de l'année précédente sous forme de petits cylindres brun-vert qui s'allongent au moment de la floraison. Les fleurs femelles sont à peine visibles: elles ressemblent à des bourgeons d'où émergent des stigmates filiformes de couleur rouge. Chaque fleur en comporte deux. Les fruits sont les noisettes entourées de bractées agrandies et frangées. La graine est blanche et le péricarpe «brun noisette».
Le Noisetier fleurit de mars à avril, avant l'apparition des feuilles, et il constitue avec le Saule marsault une des premières nourritures des abeilles.
C'est un arbuste des bois clairs, des lisières et des clairières, qui abonde également sur les coteaux et les surfaces déboisées ou négligées. Il entourait jadis les habitations de l'Europe centrale et septentrionale, installées sur les endroits gagnés sur la forêt. De nos jours le Noisetier est commun dans l'ensemble de l'Europe, de la Crimée, du Caucase et de l'Asie Mineure. En Suède il forme des forêts entières.

Noisetier

Charme

La graine contient jusqu'à 60% d'une huile délicieuse, des protéines, du sucre, etc. Sa valeur calorique est plus forte que celle d'une viande de porc grasse ou que celle des graines de Soja. Les Grecs et les Romains cultivaient déjà cet arbuste et en consommaient les fruits. Les noisettes s'utilisent en confiserie et en pâtisserie, et l'huile est un comestible de luxe qu'on ne trouve guère que dans les magasins spécialisés. Elle est aussi utilisée dans la fabrication des cosmétiques et de certaines pommades adoucissantes.
On cultive industriellement le Noisetier en Espagne qui détient le quasi-monopole du commerce des noisettes.
Pendant la dernière guerre on en a fumé les feuilles en guise de tabac (mais que n'a-t-on pas fumé?) et le bois, particulièrement souple, sert à fabriquer des cannes, des manches d'outils, etc. Les tiges bien droites de trois ou quatre ans donnent d'excellentes rames pour les haricots. Le charbon fait de son bois sert à la fabrication de la poudre et celui des ramilles est un excellent fusain.

CHARME — *Carpinus betulus L.*
Famille: Bétulacées

C'est généralement un arbre, rarement un arbuste, qui se présente souvent en bouquets, et qui présente une écorce lisse et claire avec une ramure étendue en ombrelle. Les jeunes rameaux sont duveteux, les branches sont glabres et brunes et les bourgeons sont particulièrement longs et aigus.
Les feuilles alternes, plus ou moins distiques, sont ovales-allongées, arrondies en pointe à la base et deux fois dentées. Dans leur jeunesse, elles sont repliées selon les nervures principales.
Les fleurs mâles sont groupées en chatons cylindriques qui ne se forment qu'au printemps. Quant aux fleurs femelles, elles forment des chatons dressés de couleur verte, assemblés par deux dans de grandes bractées foliacées à 3 lobes. Les stigmates sont rouges.
Le fruit est un akène abrité dans l'involucre foliacé dont le lobe médian est nettement plus long que les deux autres.
La floraison a lieu d'avril à mai. C'est un arbre des forêts mêlées et une essence vouée aux basses altitudes. Il supporte bien une situation ombragée et rejette abondamment de souche après la coupe. De plus, il supporte très bien la taille et de ce fait se trouve fréquemment planté dans les parcs et les jardins où on lui donne toutes les formes qu'on peut désirer. On le trouve dans toute l'Europe hormis les régions du nord et les climats steppiques, ainsi que dans le Caucase et la Perse.
Son bois blanc et solide sert à fabriquer toutes sortes d'instruments, et c'est surtout un excellent bois de feu. Ajoutons qu'on pourrait tirer une huile de bonne qualité de ses graines.

BOULEAU VERRUQUEUX — *Betula pendula ROTH.*

C'est un arbre au tronc fin et entouré d'une écorce caractéristique, blanche sur les branches fortes et dans la région supérieure du tronc. Cette coloration est due à une substance résineuse, la bétuline, contenue dans les cellules de l'écorce. Les jeunes rameaux sont bruns et couverts de petites glandes. L'écorce du pied est rugueuse et sombre et les branches d'abord dressées prennent par la suite un port pleureur très gracieux.
Les feuilles pétiolées ont un limbe triangulaire à cordiforme et sauf à la base bordé des dents aiguës et doubles. Dans leur jeune âge elles sont duvetées et visqueuses.
Les fleurs sont de deux sexes et forment des chatons retombants: les chatons femelles ont des bractées vert pâle et les stigmates des fleurs sont pourpres, tandis que les chatons mâles ont des bractées brunes et des fleurs à anthères jaunes.
Les fruits sont des samarres.
Le Bouleau verruqueux fleurit d'avril à mai. C'est un arbre commun sous les couverts des feuillus et des résineux, mais aussi à la lisière des bois et qui colonise volontiers les coupes des forêts de conifères. Certains exemplaires arrivent à se maintenir dans les fentes des roches où ils font un très bel effet.
Il existe dans toute l'Europe et dans la zone tempérée d l'Asie. En U.R.S.S. et en Finlande il peut former des forêts immenses, soit seul, soit associé au Tremble et à l'Aulne.
Les feuilles qui contiennent des saponines, des essences parfumées, des tannins, de la vitamine C, des substances antibiotiques et des sels minéraux, sont récoltées pour entrer dans la composition de tisanes médicinales. Autrefois, en France, on utilisait ces feuilles de façon originale pour soigner les rhumatismes: on ne remplissait le tissu d'un matelas, et on enveloppait le malade dedans. Il s'en suivait une énorme transpiration, et sans doute l'absorption par la peau

Bouleau verruqueux

Hêtre

d'une partie de l'acide salicylique ainsi dégagé. Le goudron obtenu par distillation de l'écorce et du bois, nommé «pix betulae» est encore utilisé contre les maladies de la peau. Avec les cendres de l'écorce on fabrique des peintures et des encres typographiques. La couche blanche de l'écorce donne un goudron et par distillation une huile, utilisée dans la préparation du cuir de Russie et qui lui donne son parfum caractéristique.

La sève qui s'écoule au printemps par les trous forés dans l'écorce a une saveur bien sucrée. Elle donne par fermentation une boisson appréciée dans les pays du nord et de l'est, et par cuisson un sirop épais analogue à celui d'érable.

Le bois de Bouleau, autrefois un peu méprisé, atteint aujourd'hui des cours exorbitants, parce qu'on l'utilise de plus en plus pour le déroulage, qui exige des troncs assez gros et réguliers.

Le Bouleau dont la croissance est rapide ne dépasse pas l'âge de 80 ans.

HÊTRE — *Fagus sylvatica L.*
Famille: Fagacées

C'est un arbre qui peut devenir géant, au tronc mince ou énorme couvert d'une écorce facilement reconnaissable, lisse, de couleur gris clair et luisante. Les bourgeons sont également caractéristiques, longs, aigus, roux et couverts d'écailles ciliées.

Les feuilles pétiolées sont alternes et distiques, à limbe largement ovale, en coin à la base, aigu et presque entier. Elles sont complètement glabres à l'exception de leurs marges ciliées et plissées selon les nervures dans leur extrême jeunesse.

Les fruits sont des faînes enfermées dans la cupule qui provient de la lignification des bractées.

La floraison a lieu d'avril à mai. Le Hêtre est un arbre des plateaux et des montagnes où il forme souvent des peuplements exclusifs. En altitude, il se mêle souvent aux Sapins et aux Epicéas. C'est une essence de lumière quand elle est adulte, et dont l'ombre absolue interdit la venue d'autres arbres. Elle exige un sol riche et surtout profond qu'elle contribue à enrichir par l'énorme apport en humus de ses feuilles tombées.

On le trouve dans toute l'Europe depuis les Pyrénées jusqu'à 60° de latitude nord.

Son bois est lourd, rose ou brun-rouge, excellent pour le chauffage, et il se prête particulièrement à la fabrication des meubles en bois courbé, qui en fait une consommation considérable.

Les faînes contiennent jusqu'à 20% d'huile et ont un goût de noisette. On les utilise parfois comme appoint de fourrage pour les animaux domestiques. Jusqu'au XVIIIe siècle, on menait le bétail paître dans les hêtraies et les chênaies, mais cet usage a été interdit depuis très longtemps en France. En Europe centrale, il a cessé pendant la Première Guerre mondiale, car les faînes ont alors été exclusivement récoltées pour la fabrication de l'huile. Dans l'est de la France, cette huile était encore couramment fabriquée au siècle dernier, et elle était réputée pour la qualité des fritures qu'elle permettait. Mais la récolte des faines est si longue et épuisante que cette fabrication a complètement cessé.

CHÊNE ROUVRE — *Quercus robur L.*

C'est un arbre puissant, au houppier volumineux et irrégulier, avec des branches toujours plus ou moins tourdues. Les jeunes rameaux sont duveteux et leur écorce est lisse, mais elle éclate en gros sillons longitudinaux avec le temps. C'est un arbre qui peut atteindre un âge énorme, et on en connaît plusieurs

Chêne rouvre

auxquels la renommée attribue quelques siècles, sinon un millénaire et davantage. En France il y en a un certain nombre qui sont classés comme monuments historiques.

Les feuilles présentent un court pétiole et un limbe coriace, velu dans la jeunesse, lobé, et portant deux oreillettes en cœur près du pétiole.

Les fleurs mâles forment des chatons retombants qui peuvent mesurer jusqu'à 4 cm de long. Elles ont un périanthe olivacé. Les fleurs femelles de leur côté sont groupées par 2 à 5 dans des glomérules pédonculés. Leur périanthe et leurs stigmates sont rougeâtres et elles sont pollinisées par le vent.

Les fruits sont des glands portés par une cupule écailleuse. Dans l'espèce ici décrite ils sont groupés par 2—5 et l'ensemble est toujours porté par un long pédoncule.

La floraison a lieu de mai à juin. Le Chêne rouvre peut soit former des forêts entières, soit s'associer aux forêts mêlées de la plaine jusqu'à 700 m dans les montagnes. Il est souvent planté, aussi bien en forêt que dans les parcs et le long des allées.

Il existe dans l'ensemble de l'Europe à l'exception des deux extrêmes, le Grand Nord et le Midi, dans le Caucase, en Asie Mineure et en Afrique du Nord. En France, les plus beaux, et qui sont célèbres, se trouvent dans la forêt de Tronçais. La Haute-Saône fournit aussi des fûts de 10 m de long et de 1 m de diamètre d'une valeur inestimable.

C'était autrefois un arbre sacré, voué aux dieux de la foudre et des éclairs: Perun chez les Slaves, Thor chez les Germains et Scandinaves. Chez nos ancêtres les Gaulois, c'était «l'arbre à palabres», sous lequel on rendait la justice, et le gui qu'on récoltait sur ses branches (il est extrêmement rare) était considéré comme un remède à tous les maux. Il donne un bois superbe, lourd, résistant à l'humidité, compact, qui convient à l'ébénisterie, à la tonnellerie, à la parqueterie, etc.

L'écorce est très riche en tannin et elle fournit à peu près la totalité du tan consacré à la fabrication des cuirs de luxe. On la récolte aussi à l'état jeune car elle contient de l'acide quercétrinique et des bactéricides qui en font le constituant de certains remèdes. La décoction de l'écorce soigne les catarrhes, les diarrhées, les inflammations, et à l'extérieur les engelures, les brûlures et sert de contrepoison contre les intoxications par les alcaloïdes et les sels métalliques. Les glands contiennent de la glucosine. Torréfiés et mélangés au chocolat, ils donnent un remède antidiarrhéique.

Chêne noir

CHÊNE NOIR — *Quercus petraea (MATT.) LIEBL.*

C'est un arbre fin et robuste, à houppier ovoïde et à branches relativement droites.

A la différence de l'espèce précédente, les feuilles ont un long pétiole et le limbe pennatilobé s'amincit en coin au niveau de l'insertion. Les feuilles brunissent à l'automne mais persistent ensuite sur l'arbre pour ne tomber qu'au printemps.

Les fleurs mâles forment de longs chatons, les femelles sont groupées par 2—7 et très courtement pédonculées.

Les glands présentent une cupule peu profonde et sont eux aussi très brièvement pédonculés, ou même complètement sessiles.

La floraison a lieu en mai et c'est un arbre des forêts mêlées, surtout en sol acide. Il est assez peu exigeant et peut même croître sur des rochers. Il est souvent planté en compagnie du Chêne rouvre avec lequel il forme de nombreux hybrides, parfois plus abondants dans la forêt que leurs parents à l'état pur. Mais il ne semble pas faire partie de la flore française. Le bois, l'écorce et les fruits ont les mêmes usages que ceux du Chêne rouvre, mais on dit que le charbon de bois fabriqué avec le Chêne noir est de meilleure qualité.

MARSAULT — *Salix caprea L.*
Famille: Salicacées

C'est un arbuste, parfois presque un arbre, à branches d'un beau brun brillant.
Les feuilles allongées ont un long pétiole et une forme générale étirée à largement ovale, aiguë, amincie ou arrondie près de l'insertion du pétiole. Elles sont dentées, brillantes à l'avers, grises et duveteuses au revers dans leur jeunesse avec une nervation très apparente.
Les fleurs mâles sont groupées en gros chatons dressés et très velus-argentés. Ils sont pourvus de grosses anthères jaunes et fleurissent en mars avant l'apparition des feuilles. Les fleurs femelles forment des chatons presque sessiles qui s'allongent pendant la floraison jusqu'à atteindre une dizaine de cm au moment de la fructification.
Le fruit est une capsule qui contient de très petites graines pourvues d'un duvet qui leur permet de voler au loin.
Le Marsault est un des premiers arbres à fleurir, de mars à mai selon l'altitude et on le voit dans le bocages, à la lisière des forêts, dans les clairières, dans les décombres qu'il colonise, comme le Bouleau, avec rapidité. On le trouve surtout en plaine, mais parfois jusqu'à 2000 m d'altitude.
Il est fréquent dans toute l'Europe, au nord jusqu'au 69° de latitude, en Asie tempérée et jusqu'en Chine septentrionale, au Japon et en Corée.

TREMBLE — *Populus tremula L.*

Le Tremble est un arbre qui peut atteindre 30 m

Marsault

Tremble

Fusain d'Europe

de haut avec une écorce d'abord lisse d'un jaune olivacé, puis plus tard craquelée et gris-noir.

Les jeunes bourgeons sont gluants et leurs écailles sont ciliées.

Les feuilles sont presque rondes, ou même en losange, légèrement dentées.

Les fleurs mâles ont des anthères d'abord rouges et les fleurs femelles présentent deux stigmates pourpres. Toutes sont groupées en longs chatons retombants à bractées brun sombre, de forme palmée.

Les fruits sont des capsules glabres qui contiennent deux graines munies d'un long duvet.

Le Tremble fleurit de mars à avril et croît dans les bocages frais, les bois mêlés et humides, les clairières, même si le sol est pauvre et sableux, pourvu qu'il y ait une nappe aquifère pas trop loin.

On le rencontre dans l'ensemble de l'Europe, dans le Caucase, en Sibérie et jusqu'au Japon ainsi qu'en Afrique du Nord. En U.R.S.S. il se trouve dans la région de la Volga où il constitue, mêlé au Pin, au Bouleau, à l'Epicéa et au Tilleul des forêts étendues.

Son bois est mou et léger, sans aucune valeur particulière. Il sert à la fabrication des allumettes, et autrefois les boulangers le recherchaient pour chauffer leurs fours, parce qu'il brûle vite en dégageant rapidement une belle chaleur sans fumée. Mais c'est quand même un arbre de peu de valeur.

Les bourgeons sont parfois récoltés car ils contiennent de la salicine, de la populine et des essences aromatiques: on en fait des infusions médicinales. La décoction des bourgeons soulagerait les brûlures.

FUSAIN D'EUROPE — *Euonymus europaeus L.*

Famille: Célastacées

C'est un arbuste, rarement un tout petit arbre à rameaux quadrangulaires (d'où son nom populaire de «bois-carré») parfois munis d'ailettes et verts dans leur jeunesse, plus tard grisâtres ou roux. Les branches un peu âgées et les troncs portent souvent des ailettes liégeuses.

Les feuilles sont pétiolées, allongées-lancéolées à subovoïdes, aiguës et amincies en triangle au niveau de l'insertion du pétiole. Elles se teignent en automne d'une belle couleur rouge. Les organes jeunes dégagent une odeur désagréable.

Les fleurs sont petites, la corolle jaune verdâtre est de type 5. Elles forment, groupées par 3 à 9 des inflorescences axillaires longuement pédonculées.

Les fruits sont des capsules tétragonales, rappelant un «bonnet d'évêque» (d'où un autre nom vulgaire du Fusain), et contiennent des graines blanches et oléagineuses entièrement enfermées dans un saccule de couleur rouge clair. Après l'ouverture de la capsule, les graines restent suspendues au bout d'un long filament. Elles sont très appréciées des oiseaux: grives, pies et surtout rouges-gorges, et l'extension du Fusain coïncide à peu près avec l'aire d'existence du rouge-gorge. Les graines ne germent qu'au bout d'une longue période de dormance et seulement après avoir subi l'action du gel.

Le Fusain d'Europe fleurit de mai à juin et vient dans les bois chauds, sur les talus, les rocailles, dans les broussailles et les clairières, etc.

Il existe dans presque toute l'Europe et jusqu'aux régions caucasiennes et en Asie Mineure.

Son bois jaune pâle, dense et sans veines, est utilisé en ébénisterie et en marqueterie, pour la fabrication de tuyaux de pipes, pour le tournage, ainsi que pour obtenir du charbon de bois, le fameux fusain des dessinateurs, et pour la fabrication de la poudre noire.

ÉRABLE PLANE — *Acer platanoides L.*

Famille: Acéracées

L'Erable plane est un grand arbre qui peut dépasser 20 m de haut, aux branches d'un beau brun brillant. Les jeunes rameaux blessés laissent sourdre un suc laiteux.

Les feuilles longuement pétiolées sont palmatiséquées et comportent 5 lobes aigus séparés par des sinus obtus.

Les fleurs d'un jaune verdâtre forment des corymbes fournis et dressés au moment de la floraison. Ils sont munis d'écailles caractéristiques à la base du pédoncule. Les fruits sont des disamarres aux ailes opposées en ligne droite.

L'Erable plane fleurit d'avril à mai et vient dans les bois feuillus de la plaine jusqu'au pied des montagnes. Il est souvent planté dans les bois, les allées et les parcs.

On le trouve dans presque toute l'Europe et jusqu'à 63° de latitude nord, en Asie occidentale et jusqu'à l'Oural. Il est souvent cultivé en Amérique du Nord, et au Canada une espèce voisine forme des forêts immenses, dont on tire un sirop célèbre, et dont la feuille est devenue l'emblème du pays. Il forme aussi des forêts du même genre en U.R.S.S.

ÉRABLE FAUX-PLATANE — *Acer pseudoplatanus L.*

C'est un arbre au houppier irrégulier et pourvu d'une écorce qui se détruit par écaillage d'une façon caractéristique. Les feuilles longuement pétiolées sont palmatiséquées à lobes ovales et elles présentent une double indentation obtuse. Lobes et sinus sont ici aigus. Le revers du limbe est glaucescent et la feuille est souvent entièrement lavée de rouge. Les fleurs de type 5, vert-jaune, forment des panicules retombantes. Les fruits sont des disamarres aux ailes presque alignées ou écartées en arc de cercle.

Le Faux-Platane fleurit de mai à juin et constitue une essence caractéristique des bois feuillus, des éboulis et des coteaux rocheux dans les stations peu élevées, quiqu'on le trouve jusq'à près de 1000 m dans les Vosges. On le trouve aussi dans les hêtraies de la zone sous-montagneuse et subalpine, et il est souvent planté dans les parcs.

C'est un arbre d'Europe moyenne et méridionale qu'on rencontre aussi en Asie occidentale. Il est cultivé sur le continent américain où il se naturalise souvent.

Son bois de très belle qualité est utilisé en ébénisterie, en gravure (grâce à la finesse de son grain), et en plaquage. On a retrouvé dans les cités lacustres de l'âge de la pierre des restes d'outils en bois de Faux-Platane . . .

Sa sève au goût sucré a servi de succédané au sucre et d'édulcorant à l'époque du blocus continental.

ACÉRAILLE — *Acer campestre L.*

C'est un arbre de deuxième grandeur, souvent

Érable plane

Acéraille

Érable Faux-Platane

réduit à l'état d'arbuste par une taille continue. Il a un tronc généralement tortueux et ses jeunes rameaux portent souvent des ailes tubéreuses.
Les feuilles raides sont longuement pétiolées et palmatiséquées, et elles comportent de 3 à 5 lobes entiers et obtus, séparés par des sinus arrondis découpés jusqu'au milieu du limbe.
Les fleurs ont un calice et une corolle jaunes. Elles sont duveteuses et forment par 10 à 20 des corymbes dressés.
Les fruits sont des disamarres aux ailes écartées à l'horizontale.
La floraison a lieu de mai à juin. L'Acéraille entre souvent dans la composition des bois clairs, et croît également à la lisière des forêts et sur les coteaux caillouteux et calcaires des régions chaudes de basse altitude.
On la trouve dans l'ensemble de l'Europe, à l'est jusqu'au Don et dans les régions caucasiennes.
Son bois dense et très dur se prête à toutes sortes d'emplois: facile à polir, il sert notamment en ébénisterie, dans la fabrication des instruments de musique (les dos de violons lui sont presque tous dus), en marqueterie et on en fait aussi de belles cannes.
Autrefois, le bois et l'écorce étaient un remède populaire contre les morsures de serpents, les maux de dents, etc., toutes vertus purment imaginaires, évidemment.

BOURDAINE — *Frangula alnus MILL.*
Famille: Rhamnacées

C'est un arbuste, parfois même un arbre qui peut atteindre 7 m de haut. La Bourdaine présente des branches fines et peu fournies, couvertes d'une écorce gris noirâtre, mouchetée de taches plus claires dues à la présence de nombreuses lenticelles respiratoires.
Les feuilles alternes ont un court pétiole en un limbe elliptique à subovoïde. Sur le revers du limbe la nervation est velue.
Les petites fleurs pédonculées ont un calice entier à la base et une corolle d'un blanc verdâtre. Elles sont groupées par 2—10 en cymes axillaires.
Les fruits sont des drupes violacées, rondes, qui contiennent trois graines oléagineuses.
La Bourdaine fleurit de mai à juin et vient dans les fourrés, dans la strate arbustive des fortês, dans les bocages, dans les aulnaies et dans les forêts de résineux, dans les broussailles des bords de l'eau et dans les roselières.
Son bois est d'excellente qualité, mais trop faible en épaisseur. Il sert surtout à fabriquer du charbon de bois destiné à la composition de la poudre noire. On en fait aussi de petits objets tournés, et il sert à établir de petites gravures.
L'écorce fraîche continent un suc toxique, la frangularoside, des glucosides antraquinoniques, etc. Elle a un effet étouffant qui disparaît cependant après le séchage. Elle est utilisée depuis des temps immémoriaux comme teinture et depuis le Moyen Age comme substance médicinale: laxatif presque trop efficace, elle remplaçait jadis, sous la dénomination de «rhebarbarum plebeiorum», c'est à dire «rhubarbe du peuple», la vraie rhubarbe qui venait d'Asie et coûtait fort cher. Elle était également considérée comme efficace contre les dartres et les maux de dents. Seule l'écorce est encore récoltée aujourd'hui pour entrer dans la composition de certains médicaments.

TILLEUL À FEUILLES EN CŒUR — *Tilia cordata MILL.*
Famille: Tiliacées

Ce Tilleul est un arbre grand et robuste qui peut vivre plusieurs siècles. Il a généralement un houppier diffus, en forme de cœur chez les exemplaires isolés.
Les feuilles pétiollées ont un limbe irrégulier, aigu, glaucescent au revers. Au revers également, au creux des nervures, on trouve des groupes caractéristiques de poils étoilés roux qui abritent souvent des acariens.
Les fleurs ont une corolle jaunâtre et forment une inflorescence réfléchie. Elles ont un long pédoncule concrescent presque jusqu'à mi-hauteur avec une bractée membraneuse. A la maturité, cette bractée sert de planeur et permet la dissémination du fruit par le vent.
Les fruits sont des akènes très durs qui ne germent qu'au bout de deux ans.
Ce Tilleul fleurit de juin à juillet et vient dans les bois feuillus, sur les éboulis et les coteaux broussailleux. Il est souvent planté dans les allées et en groupes, le long des rues de villes aussi où il supporte assez bien la pollution atmosphérique. C'est un arbre aimable et apprécié dans toute l'Europe.
On le trouve sur tout le continent européen et jusqu'à 68° de latitude nord aussi bien en Scandinavie qu'en Crimée, dans le Caucase et en Amérique du Nord.

Le Tilleul a toujours connu une grande faveur auprès de tous les peuples, mais surtout en Europe centrale, où il est un personnage important de toutes sortes de légendes et de traditions. Il a inspiré la symbolique populaire, la poésie, les arts et le folklore. Il est au contraire à peine signalé dans la tradition littéraire française, qui lui préfère l'Orme ou le Chêne, le Pommier aussi.

Le bois de Tilleul, blanc et mou, se prête très bien aux travaux de sculpture, et son tissu libérien, particulièrement souple et résistant, est utilisé comme lien en horticulture, et on en faisait autrefois les cordes de puits.

TILLEUL À GRANDES FEUILLES — *Tilia platyphyllos SCOP.*

C'est un arbre souvent géant, rarement réduit à la taille d'un arbuste, à feuilles nettement plus grandes que celles de l'espèce précédente. Au revers des

Tilleul à feuilles en cœur

Tilleul à grandes feuilles

Bourdaine

feuilles, les creux des nervures s'ornent de poils blancs. Les fleurs d'un blanc jaunâtre groupées par 3—9 en cymes bipares, donnent à la maturité des akènes durs et duveteux, ornés de plusieurs côtes saillantes. La floraison a lieu en juin. Le Tilleul à grandes feuilles est un arbre des bois aérés ou ombragés, mais il se plaît aussi au milieu des broussailles. Il a à peu près la même extension que l'espèce précédente, avec toutefois une préférence pour l'Europe moyenne et méridionale. Il peut former des forêts étendues en compagnie du Hêtre et de l'Erable. Toutefois, en France, il ne se rencontre guère qu'isolé au milieu des autres essences, et çà et là.
On trouve souvent des hybrides qui présentent des caractères intermédiaires entre les deux espèces ici décrites.

Bois-joli

BOIS-JOLI — *Daphne mezereum L.*
Famille: Thyméléacées

C'est un arbuste maigrement ramifié, qui atteint au plus 1,50 m, à rameaux solides et souples, duveteux dans leur jeunesse.
Les feuilles minces, alternes, ont un court pétiole et un limbe allongé et obtus. Elles sont d'un vert terne et apparaissent seulement après la floraison à l'extrémité des rameaux.
Les fleurs sont sessiles, sans corolle. Leur beau périanthe rose (parfois blanc), formé d'une longue trompe délicieusement parfumée, n'est qu'un calice pétaloïde. Ces fleurs sont groupées en petits bouquets axillaires dans les régions supérieures des rameaux encore nus, où elles forment des sortes de manchons très décoratifs. Leur parfum est si entêtant qu'il peut provoquer, dans une pièce close, de légers malaises. Les fruits sont des drupes succulentes, d'un rouge brillant chez les exemplaires ordinaires, jaunes chez les individus à fleurs blanches.
Le Bois-joli fleurit entre février et mars, parfois en janvier quand l'hiver est clément.
On le rencontre dans les forêts claires de feuillus, dans les bois mêlés, sur un sol humeux et calcaire. Il se trouve dans presque toute l'Europe, dans le Caucase, en Asie Mineure et en Sibérie jusqu'à l'Altaï. En France il hante les forêts montueuses, mais il est absent du Midi et de l'Ouest. Il monte dans les Alpes bien au-delà de la limite des forêts et forme dans les pelouses des buissons complètement aplatis qui fleurissent seulement entre juin et juillet.
C'est une plante très toxique: l'écorce, d'une amertume atroce, cotient plusieurs sucs vénéneux tels que la mézéréine, un glucoside appelé daphnine, qui se trouve aussi dans les fleurs.

CORNOUILLER SANGUIN — *Cornus sanguinea L.*
Famille: Cornacées

C'est un arbuste touffu à rameaux retombants qui portent surtout en automne une nervation rougeâtre. L'écorce est brillante.
Les feuilles pétiolées sont opposées, de couleur vert clair, avec un limbe largement elliptique et aigu au sommet.

Les fleurs blanches forment des cymes aplaties. Les fruits sont des drupes bleu-noir, parfois tachetées de blanc, qui continnent des graines oléagineuses. Le Cornouiller sanguin fleurit de mai à juin et croît dans les bocages, les bois mêlés, les coteaux broussailleux et les fourrés du bord de l'eau.
Il se trouve dans toute l'Europe moyenne, centrale et méridionale.
Les fruits contiennent un suc qui permet de teindre en bleu-gris les cuirs et l'huile a été utilisée pour l'éclairage et la savonnerie.
Ses rameaux souples sont utilisés en vannerie et son bois, dur et compact, donne d'excellents manches d'outils.
On plante parfois ce Cornouiller dans les jardins, pour profiter des belles teintes pourpres qu'il prend en automne.

Cornouiller sanguin

MYRTILLE — *Vaccinium myrtillus L.*
Famille: Ericacées

C'est un sous-arbrisseau bas, très ramifié, dont les branches principales se couchent tandis que les extrémités des rameaux se redressent. Le système radiculaire est d'une densité impénétrable.
Les feuilles sont caduques, arrondies-ovoïdes, avec un bord finement denticulé.
Les fleurs pédonculées présentent une corolle en clochette, vert pâle ou rosée, et un calice à peine visible. Les fruits sont des baies d'un bleu-noir, pruineuses, connues sous le nom de myrtilles ou de brimbelles dans les Vosges. Leur pulpe contient des graines minuscules et une forte proportion de pigments rouges.
La floraison a lieu d'avril à juin. La myrtille forme généralement des colonies étendues dans les bois clairs, à la lisière des forêts, autour des tourbières, sur les coteaux caillouteux et bien au-delà de la limite supérieure des forêts, mais toujours en terrain acide ou décalcifié.
On la trouve dans presque toute l'Europe et en Asie septentrionale. Dans le Midi elle ne se trouve qu'en altitude. On peut aussi la rencontrer en Amérique du Nord, où elle est en concurrence avec d'autres espèces plus puissantes, à plus gros fruits, qu'on se met à cultiver en Europe.
La myrtille est un fruit bien connu et très apprécié. On en fait des confitures, des tartes, des sirops, des vins de fruits, et on en colore certaines pâtisseries.

Myrtille

Airelle

Elles contiennent une forte proportion de tannins, d'acides organiques et de pigments dont on teignait autrefois les vêtements des esclaves. Les baies séchées sont un antidiarrhéique traditionnel, tandis que fraîches elles sont laxatives.
L'expérience a montré que les myrtilles améliorent la vision nocturne, et cette propriété curieuse a été mise à profit par les pilotes d'avions durant la dernière guerre. En France on fabrique également un médicament à base de myrtilles qui facilite la vision en lumière artificielle.
Outres les fruits, on récolte les feuilles qui contiennent un taux élevé de tannis, de vitamine C et d'une substance nommée néomyrtilline qui abaisse le taux de glycémie: elles sont utilisées pour traiter le diabète sous le nom d'«insuline végétale».

AIRELLE — *Vaccinium vitis-idaea L.*

Comme la Myrtille, l'Airelle est un sous-arbrisseau très ramifié aux rameaux très rampants et brièvement redressés à leur extrémité.
Les feuilles alternes, rigides, persistantes, sont disposées sur deux rangs. Le limbe est subovale, arrondi ou échancré au sommet, légèrement enroulé au bord, d'un vert brillant à l'avers, ponctuée de brun au revers. Les fleurs ont une corolle en clochette et un calice membraneaux à lobes ciliés. Les stigmates sont saillants et les fleurs forment des grappes pauciflores et retombantes.
Les fruits sont des baies d'abord blanchâtres, puis rouge vif qui forment une petite grappe latérale. Leur chair est légèrement farineuse, un peu amère, pleine de petites graines. Dans certaines régions elles mûrissent deux fois par an.
La floraison a lieu de mai à juin et cet arbuste forme souvent des colonies compactes dans les bois secs, surtout sous les Pins. On en trouve jusqu'à 3 000 m dans les Alpes.
L'Airelle existe surtout au centre et au nord de l'Europe, en France dans les Alpes et les Vosges, mais jusqu'au-delà du cercle polaire, à l'est sur tout le territoire de l'U.R.S.S. jusqu'au Japon. On la trouve également au Groenland et en Amérique du Nord.
Les airelles permettent de préparer des confitures aigrelettes qui accompagnent curieusement le gibier dans la cuisine des pays germaniques. Elles contiennent du sucre, de l'acide citrique, malique et benzoïque qui empêche l'altération des préparations qu'on en fait. Cependant, ces confitures ne conviennent pas aux personnes qui souffrent de calculs rénaux, à cause de leur taux excessif en acide oxalique.
Dans certains pays, les feuilles d'Airelle sont récoltées à des fins pharmaceutiques, car elles ont les mêmes propriétés que celles du Raisin d'ours *(Arctostaphylos uva-ursi SPR.)*. Les sucs qu'elles contiennent soulagent les inflammations biliaires et ont un effet diurétique. Mais leur excès peut être plus nuisible qu'utile.

FRÊNE ÉLEVÉ — *Fraxinus excelsior L.*
Famille: Oléacées

Le Frêne est un arbre de première grandeur à branches gris-vert qui portent des bourgeons caractéristiques, largement pyramidaux, noirs et tomenteux.
Les feuilles pétiolées sont opposées et se composent de 4 à 7 paires de folioles sessiles ovoïdes-lancéolées, aiguës au sommet, finement dentées au bord. Les feuilles n'apparaissent qu'après la floraison.
Les fleurs sont petites, nues, soit hermaphrodites, soit seulement mâles ou femelles. Elles se reconnaissent

Frêne élevé

Sureau à grappes

Sureau noir

Obier

entre autres par leurs étamines brun-rouge. Ces fleurs sont groupées en panicules d'abord dressées, puis retombantes et sont pollinisées par le vent.
Les fruits sont des samarres brunes et longues, groupées en riches bouquets retombants.
Le Frêne fleurit d'avril à mai et vient dans les forêts humides, dans les bocages, mais aussi dans des stations arides et caillouteuses. Il semble qu'il y en ait deux races différentes et adaptées à ces deux habitats contradictoires.
On le trouve dans tout l'Europe où il entre en composition des forêts feuillues, mais ne forme jamais de peuplements purs. Il s'étend jusqu'en Crimée et dans le Caucase. C'est une espèce très variable qui présente toute une série de formes.
Le bois de frêne est dur, souple, d'aspect soyeux quand il est bien raboté. On l'utilise en ébénisterie, pour la fabrication des skis, la parqueterie, les manches d'outils. Quand il a crû sur un terrain très sec, son bois peut être si dur qu'il devient presque impossible à travailler.
Les feuilles ont des propriétés médicinales; elle contiennent du sucre, du mannitol, des essences aromatiques, etc. et elles ont des effets laxatifs et diurétiques. La tisane est indiquée dans les maladies des reins ou pour nettoyer les plaies et les abcès. L'écorce fébrifuge a des effets comparables à ceux de la quinine.
La richesse chimique des feuilles explique aussi qu'on trouve souvent des Morilles sous les Frênes, car ces champignons aiment les terrains pleins de sucres et d'amidon qu'ils trouvent dans le terreau formé par les débris divers de cet arbre.

OBIER — *Viburnum opulus L.*
Famille: Caprifoliacées

C'est un arbuste ou un petit arbre dont les branches, dans la jeunesse, sont pleines d'une moelle blanche longtemps et on en connaît qui ont plus de 50 ans.
Les feuilles sont opposées et pétiolées, à limbe trilobé et palmé: les lobes aigus sont dentés au bord. A la base du limbe on trouve deux rangées de stipules rouges qui imitent des glandes nectarifères: ces nectaires attirent les fourmis qui protègent ensuite les feuilles contre d'autres agresseurs.
Les fleurs forment des inflorescences en forme de cymes et planes. On observe un curieux dimorphisme floral: les fleurs centrales sont petites blanc rougeâtre et hermaphrodites, les fleurs périphériques au contraire sont grandes, stériles et présentent 5 grands pétales blancs.
Les fruits sont des baies brillantes, légèrement aplaties, de couleur rouge corail, qui se maintiennent sur l'arbuste pendant longtemps, car les oiseaux n'y touchent pas.
L'Obier fleurit de mai à juin et se plaît dans les bois humides, dans les clairières, à la lisière des forêts, dans les bocages et surtout au bord des ruisseaux.
A l'exception des régions de l'extrême nord, il se trouve dans presque toute l'Europe, en Asie septentrionale et occidentale ainsi qu'en Amérique du Nord.
L'écorce contient de la salicine, de la tanine, du sucre, des acides et une substance amère encore mal connue, la viburnine. Les fruits contiennent des saponines, un pigment rouge et la même viburnine.
L'écorce était autrefois utilisée en médecine, mais elle est tombée en désuétude.
On cultive dans les jardins une forme dont toutes les fleurs sont stériles et pétalées, sous le nom de «Boule de neige». C'est un arbuste d'une rusticité absolue.

SUREAU NOIR — *Sambucus nigra L.*

C'est un arbuste ou un petit arbre dont les branches, dans la jeunesse, sont pleines d'une mœlle blanche et élastique. Les jeunes rameaux sont verts, puis gris et l'écorce porte des lenticelles très apparentes.
Les feuilles pétiolées, opposées, sont imparipennées, et comprennent de 2 à 3 paires de folioles elliptiques à allongées, dentées sauf dans la région inférieure du limbe. Elles répandent une odeur très désagréable quand on les écrase.
Les petites fleurs ont une corolle blanc crème. Elles ont un parfum fort et déplaisant et composent de larges cymes, planes et fournies.
Les fruits sont de petites baies noires et brillantes, pleines d'un suc violacé, et leur poids incline leur ensemble.
La floraison a lieu de juin à juillet. Le Sureau noir est un arbuste des forêts claires de feuillus et de conifères, des clairières, des lisières, des murs, des décharges publiques et des décombres. C'est un rudéral typique. Les oiseaux, friands des baies, se chargent de disséminer l'espèce autour des maisons et sur les sols cultivés.

On le trouve dans toute l'Europe, dans le Caucase, en Asie Mineure, en Arménie et en Iran. Il s'étend jusqu'aux confins de la Sibérie occidentale.
On a retrouvé des restes de ses baies déjà dans les sites néolithiques. Leurs propriétés médicinales sont connues depuis toujours. Les anciens Slaves vénéraient toute la plante et lui attribuaient des vertus magiques: le suc des fleurs leur servait à teindre les étoffes, mais aussi à peindre les visages de leurs dieux de bois.
Les feuilles et l'écorce du Sureau noir contiennent deux alcaloïdes, la sambucine et la sambunigrine qui peuvent se dégrader en acide cyanhydrique. En outre, les fleurs contiennent de la rutine, de la choline et des substances proches hormones. L'infusion de fleurs est fébrifuge et sudorifique. Les baies mûres sont riches en vitamines A et C. Leur suc sert depuis toujours à soigner les maladies névralgiques, les crampes d'estomac, etc. Prises en grande quantité, elles peuvent être cependant toxiques. On en fait des confitures, des vins de fruits, elles servent à aromatiser le vinaigre, à colorer les vins et les jus de fruits, etc.
On récolte à des fins pharmaceutiques la fleur et les fruits: la tisane soulage les rhumatismes, les inflammations, les refroidissements, les fièvres et sert aussi de laxatif.
On trouve sur le tronc des vieux Sureaux un curieux champignon gélatineux et noir: l'Oreille de Judas *(Auricularia auricula-Judae)* qui est le fameux champignon noir des Chinois, qui en son friands.

SUREAU À GRAPPES — *Sambucus racemosa L.*

C'est un modeste arbuste à écorce brun sombre, pleine d'une moelle couleur cannelle. Comme l'espèce précédente, le Sureau à grappes se dissémine très facilement grâce aux oiseaux.
Les feuilles pétiolées sont imparipennées et comportent de 2 à 3 paires de folioles allongées elliptiques, finement dentées et légèrement laineuses au revers. Les fleurs petites sont verdâtres et vite caduques. Elles ont une odeur de farine et sont groupées en grappes sphériques ou ovales. Les fruits sont de petites baies sphériques rouges et brillantes.
Les Sureau à grappes fleurit d'avril à mai et abonde dans les forêts montagneuses et sous-montagneuses, dans les clairières, surtout parmi les conifères et dans les moyennes montagnes.
On le trouve en Europe moyenne et méridionale, en Asie septentrionale, à l'est jusqu'au Japon. Il croît également en Amérique du Nord.
Les graines contiennent une quantité infime d'un glucoside, l'amygdaline. Les fruits séchés sont parfois utilisés en médecine populaire. Enfin, dans les Vosges on en tire par distillation une eau-de-vie délicate et très estimée.

INDEX DES NOMS FRANÇAIS

INDEX DES NOMS LATINS

TABLE